駿台

2024
大学入学共通テスト
実戦問題集

数学 I・A

駿台文庫編

は じ め に

　1990 年度から 31 年間にわたって実施されてきた大学入試センター試験に代わり，2021 年度から「大学入学共通テスト」が始まった。次回で 4 年目に突入する共通テストであるが，その問題には目新しいものも多く，次回どのような問題が出題されるか不安に感じる受験生も少なくないだろう。

　出題範囲については，従来通り教科書の範囲から出題されるので，教科書の内容を正しく把握していれば特に問題はないと思われる。また，共通テスト特有の思考力を問う問題については，様々なタイプの問題にあたっておくことが有効な対策となろう。

　本書は，本番に予想される問題のねらい・形式・内容・レベルなどを徹底的に研究した**実戦問題 5 回分**に加え，2023・2022 年度本試験，2021 年度本試験第 1 日程の**過去問題 3 回分**を収録した対策問題集である。そして，**わかりやすく，ポイントをついた解説によって学力を補強し，ゆるぎない自信を保証**しようとするものである。

　次に，特に注意すべき点を記しておく。

1　基礎事項は正確に覚えよ。　教科書をもう一度ていねいに読み返すこと。忘れていたことや知らなかったことは，内容をしっかり理解した上で徹底的に覚える。

2　公式・定理は的確に活用せよ。　限られた時間内に正しい結果を得るためには，何をどのように用いればよいかを的確に判断することが肝要。このためには，重要な公式や定理は，事実をただ暗記するのではなく，その意味と証明も理解し，どのような形で用いるのかをまとめておきたい。

3　図形を描け。　穴埋め問題だからといって，図やグラフをいい加減に扱ってはいけない。図形を正しく描けば，容易に解が見えてくることが多い。関数のグラフについても同じことが言える。

4　計算力をつける。　考え方が正しくても，途中の計算が違っていれば 0 点である。特に，答だけが要求される共通テストでは，よほど慎重に計算しないと駄目。普段から，易しい問題でも最後まで計算するようにしておくことがたいせつである。

5　解答欄に注意する。　解答欄の形を見れば，どのような答になるのか，大略の見当がつくことがある。考え違い・計算ミスを防ぐためにも，まず解答欄を見ておくとよい。

　この「**大学入学共通テスト 実戦問題集**」および姉妹編の「**大学入学共通テスト実戦パッケージ問題 青パック**」を徹底的に学習することによって，みごと栄冠を勝ち取られることを祈ってやまない。

（編集責任者）　吉川浩之・榎明夫

本書の特長と利用法

●特　長

1　実戦問題５回分，過去問題３回分の計８回分の問題を掲載！

　　計８回の全てに，ていねいでわかりやすい解説を施しました。また，本書収録の実戦問題は，全５回すべてが 2023 年度共通テスト本試の形式に対応しています。

2　重要事項の総復習ができる！

　　別冊巻頭には，共通テストに必要な重要事項をまとめた「直前チェック総整理」を掲載しています。コンパクトにまとめてありますので，限られた時間で効率よく重要事項をチェックすることができます。

3　各問に難易度を掲載！

　　８回分の全ての解説に，設問ごとの難易度を掲載しました。学習の際の参考としてください。

　　★…教科書と同レベル，★★…教科書よりやや難しい，★★★…教科書よりかなり難しい

4　自分の偏差値がわかる！

　　共通テスト本試験の各回の解答・解説のはじめに，大学入試センター公表の平均点と標準偏差をもとに作成した偏差値表を掲載しました。「自分の得点でどのくらいの偏差値になるのか」が一目でわかります。

5　わかりやすい解説で２次試験の準備も！

　　解説は，ていねいでわかりやすいだけでなく，そのテーマの背景，周辺の重要事項まで解説してありますので，２次試験の準備にも効果を発揮します。

●利用法

1　問題は，実際の試験に臨むつもりで，必ずマークシート解答用紙を用いて，制限時間を設けて取り組んでください。

2　解答したあとは，自己採点（結果は解答ページの自己採点欄に記入しておく）を行い，ウイークポイントの発見に役立ててください。ウイークポイントがあったら，再度同じ問題に挑戦し，わからないところは教科書や「直前チェック総整理」で調べるなどして克服しましょう！

●マークシート解答用紙を利用するにあたって

1　氏名・フリガナ，受験番号・試験場コードを記入する

　　受験番号・試験場コード欄には，クラス番号などを記入して，練習用として使用してください。

2　解答科目欄をマークする

　　特に，解答科目が無マークまたは複数マークの場合は，０点になります。

3　１つの欄には１つだけマークする

2024 年度版 共通テスト実戦問題集『数学Ⅰ・A』 出題分野一覧

科 目	分野	内容	第1回	第2回	第3回	第4回	第5回	2023本試	2022本試	2021第1日程
数学Ⅰ	数と式	実数	○	○	○	○	○	○		○
		整式の計算		○	○			○	○	
		1次不等式				○	○	○		
		集合と命題	○		○	○	○	○		
	2次関数	2次関数のグラフ	○	○	○	○	○	○	○	
		2次関数の最大・最小	○	○	○	○	○	○	○	○
		2次方程式・2次不等式				○	○		○	○
	図形と計量	三角比	○	○	○	○	○	○	○	○
		正弦定理・余弦定理	○	○	○	○	○	○	○	○
		図形の計量	○				○	○	○	○
	データの分析	データの代表値	○	○	○	○	○	○	○	○
		データの散らばり	○	○	○	○	○	○	○	○
		データの相関	○	○	○	○	○	○	○	○
数学A	場合の数と確率	場合の数				○	○	○	○	
		確率	○	○	○	○	○		○	○
		反復試行の確率		○			○			○
		条件付き確率	○							○
	整数の性質	約数と倍数	○	○	○			○		
		整数の除法と分類			○	○				○
		不定方程式		○		○	○	○	○	○
		記数法					○			
	図形の性質	三角形とその性質	○	○	○	○	○	○	○	○
		チェバ・メネラウスの定理	○	○		○	○		○	
		円の性質	○	○	○			○		○
		方べきの定理・接弦定理	○	○		○			○	○
		空間図形				○				

（注） 出題されている分野を○で上の表に示した。

2024 年度版 共通テスト実戦問題集『数学Ⅰ・A』 難易度一覧

	年度・回数	第1問	第2問	第3問	第4問	第5問
実戦問題	第1回	〔1〕…★ 〔2〕…★★	〔1〕…★★ 〔2〕…★★	★	★★	★★
	第2回	〔1〕…★ 〔2〕…★ 〔3〕…★★	〔1〕…★ 〔2〕…★ 〔3〕…★	★★	★★	★★
	第3回	〔1〕…★ 〔2〕…★ 〔3〕…★★★	〔1〕…★★ 〔2〕…★ 〔3〕…★	★★	★★	★★
	第4回	〔1〕…★ 〔2〕…★ 〔3〕…★★	〔1〕…★★ 〔2〕…★ 〔3〕…★★	〔1〕…★ 〔2〕…★★	〔1〕…★★ 〔2〕…★★	〔1〕…★★ 〔2〕…★★
	第5回	〔1〕…★ 〔2〕…★★ 〔3〕…★★	〔1〕…★★ 〔2〕…★★	★★	〔1〕…★★ 〔2〕…★	★★
過去問題	2023 本試験	〔1〕…★ 〔2〕…★★	〔1〕…★ 〔2〕…★	★	★	★★
	2022 本試験	〔1〕…★ 〔2〕…★ 〔3〕…★	〔1〕…★★ 〔2〕…★	★★	★★	★
	2021 第1日程	〔1〕…★ 〔2〕…★★	〔1〕…★ 〔2〕…★	★	★	★

（注）
1° 表記に用いた記号の意味は次の通りである。
  ★ ……教科書と同じレベル
  ★★ ……教科書よりやや難しいレベル
  ★★★……教科書よりかなり難しいレベル
2° 難易度評価は現行課程教科書を基準とした。

2024年度　大学入学共通テスト　出題教科・科目

以下は，大学入試センターが公表している大学入学共通テストの出題教科・科目等の一覧表です。

最新のものについて調べる場合は，下記のところへ原則として志願者本人がお問い合わせください。

●問い合わせ先　大学入試センター

　　　　TEL　03-3465-8600　（土日祝日を除く　9時30分〜17時）　http://www.dnc.ac.jp

教　科	グループ	出題科目	出題方法等	科目選択の方法等	試験時間(配点)
国　語		『国　語』	「国語総合」の内容を出題範囲とし，近代以降の文章，古典（古文，漢文）を出題する。		80分 （200点）
地理歴史		「世界史A」 「世界史B」 「日本史A」 「日本史B」 「地理A」 「地理B」	『倫理，政治・経済』は，「倫理」と「政治・経済」を総合した出題範囲とする。	左記出題科目の10科目のうちから最大2科目を選択し，解答する。 　ただし，同一名称を含む科目の組合せで2科目を選択することはできない。 　なお，受験する科目数は出願時に申し出ること。	1科目選択 60分（100点） 2科目選択 130分（うち解答時間120分） （200点）
公　民		「現代社会」 「倫　理」 「政治・経済」 『倫理，政治・経済』			
数　学	①	『数学I』 『数学I・数学A』	『数学I・数学A』は，「数学I」と「数学A」を総合した出題範囲とする。 　ただし，次に記す「数学A」の3項目の内容のうち，2項目以上を学習した者に対応した出題とし，問題を選択解答させる。 〔場合の数と確率，整数の性質，図形の性質〕	左記出題科目の2科目のうちから1科目を選択し，解答する。	70分 （100点）
	②	『数学II』 『数学II・数学B』 『簿記・会計』 『情報関係基礎』	『数学II・数学B』は，「数学II」と「数学B」を総合した出題範囲とする。 　ただし，次に記す「数学B」の3項目の内容のうち，2項目以上を学習した者に対応した出題とし，問題を選択解答させる。 〔数列，ベクトル，確率分布と統計的な推測〕	左記出題科目の4科目のうちから1科目を選択し，解答する。	60分 （100点）
理　科	①	「物理基礎」 「化学基礎」 「生物基礎」 「地学基礎」		左記出題科目の8科目のうちから下記のいずれかの選択方法により科目を選択し，解答する。 A　理科①から2科目 B　理科②から1科目 C　理科①から2科目及び 　　理科②から1科目 D　理科②から2科目 　なお，受験する科目の選択方法は出願時に申し出ること。	2科目選択 60分（100点） 1科目選択 60分（100点） 2科目選択 130分（うち解答時間120分）（200点）
	②	「物　理」 「化　学」 「生　物」 「地　学」			
外国語		『英　語』 『ドイツ語』 『フランス語』 『中国語』 『韓国語』	『英語』は，「コミュニケーション英語I」に加えて「コミュニケーション英語II」及び「英語表現I」を出題範囲とし，【リーディング】と【リスニング】を出題する。 　なお，【リスニング】には，聞き取る英語の音声を2回流す問題と，1回流す問題がある。	左記出題科目の5科目のうちから1科目を選択し，解答する。	『英　語』 【リーディング】 　80分（100点） 【リスニング】 　60分(うち解答時間30分)（100点） 『ドイツ語』，『フランス語』，『中国語』，『韓国語』 【筆記】 　80分（200点）

備考

1．「　」で記載されている科目は，高等学校学習指導要領上設定されている科目を表し，『　』はそれ以外の科目を表す。

2．地理歴史及び公民の「科目選択の方法等」欄中の「同一名称を含む科目の組合せ」とは，「世界史A」と「世界史B」，「日本史A」と「日本史B」，「地理A」と「地理B」，「倫理」と『倫理，政治・経済』及び「政治・経済」と『倫理，政治・経済』の組合せをいう。

3．地理歴史及び公民並びに理科②の試験時間において2科目を選択する場合は，解答順に第1解答科目及び第2解答科目に区分し各60分間で解答を行うが，第1解答科目及び第2解答科目の間に答案回収等を行うために必要な時間を加えた時間を試験時間とする。

4．理科①については，1科目のみの受験は認めない。

5．外国語において『英語』を選択する受験者は，原則として，リーディングとリスニングの双方を解答する。

6．リスニングは，音声問題を用い30分間で解答を行うが，解答開始前に受験者に配付したICプレーヤーの作動確認・音量調節を受験者本人が行うために必要な時間を加えた時間を試験時間とする。

2018〜2023年度　共通テスト・センター試験　受験者数・平均点の推移（大学入試センター公表）

センター試験←　　→共通テスト

科目名	2018年度 受験者数	2018年度 平均点	2019年度 受験者数	2019年度 平均点	2020年度 受験者数	2020年度 平均点	2021年度第1日程 受験者数	2021年度第1日程 平均点	2022年度 受験者数	2022年度 平均点	2023年度 受験者数	2023年度 平均点
英語 リーディング（筆記）	546,712	123.75	537,663	123.30	518,401	116.31	476,173	58.80	480,762	61.80	463,985	53.81
英語 リスニング	540,388	22.67	531,245	31.42	512,007	28.78	474,483	56.16	479,039	59.45	461,993	62.35
数学Ⅰ・数学A	396,479	61.91	392,486	59.68	382,151	51.88	356,492	57.68	357,357	37.96	346,628	55.65
数学Ⅱ・数学B	353,423	51.07	349,405	53.21	339,925	49.03	319,696	59.93	321,691	43.06	316,728	61.48
国　語	524,724	104.68	516,858	121.55	498,200	119.33	457,304	117.51	460,966	110.26	445,358	105.74
物理基礎	20,941	31.32	20,179	30.58	20,437	33.29	19,094	37.55	19,395	30.40	17,978	28.19
化学基礎	114,863	30.42	113,801	31.22	110,955	28.20	103,073	24.65	100,461	27.73	95,515	29.42
生物基礎	140,620	35.62	141,242	30.99	137,469	32.10	127,924	29.17	125,498	23.90	119,730	24.66
地学基礎	48,336	34.13	49,745	29.62	48,758	27.03	44,319	33.52	43,943	35.47	43,070	35.03
物　理	157,196	62.42	156,568	56.94	153,140	60.68	146,041	62.36	148,585	60.72	144,914	63.39
化　学	204,543	60.57	201,332	54.67	193,476	54.79	182,359	57.59	184,028	47.63	182,224	54.01
生　物	71,567	61.36	67,614	62.89	64,623	57.56	57,878	72.64	58,676	48.81	57,895	48.46
地　学	2,011	48.58	1,936	46.34	1,684	39.51	1,356	46.65	1,350	52.72	1,659	49.85
世界史B	92,753	67.97	93,230	65.36	91,609	62.97	85,689	63.49	82,985	65.83	78,185	58.43
日本史B	170,673	62.19	169,613	63.54	160,425	65.45	143,363	64.26	147,300	52.81	137,017	59.75
地理B	147,026	67.99	146,229	62.03	143,036	66.35	138,615	60.06	141,375	58.99	139,012	60.46
現代社会	80,407	58.22	75,824	56.76	73,276	57.30	68,983	58.40	63,604	60.84	64,676	59.46
倫　理	20,429	67.78	21,585	62.25	21,202	65.37	19,954	71.96	21,843	63.29	19,878	59.02
政治・経済	57,253	56.39	52,977	56.24	50,398	53.75	45,324	57.03	45,722	56.77	44,707	50.96
倫理，政治・経済	49,709	73.08	50,886	64.22	48,341	66.51	42,948	69.26	43,831	69.73	45,578	60.59

（注1）2020年度までのセンター試験『英語』は，筆記200点満点，リスニング50点満点である。
（注2）2021年度以降の共通テスト『英語』は，リーディング及びリスニングともに100点満点である。
（注3）2021年度第1日程及び2023年度の平均点は，得点調整後のものである。

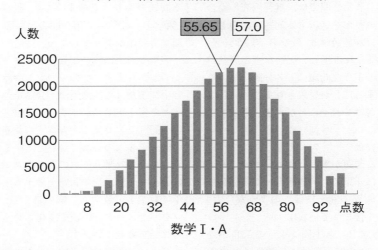

2023年度　共通テスト本試「数学Ⅰ・A」
データネット（自己採点集計）による得点別人数

上のグラフは，2023年度大学入学共通テストデータネット（自己採点集計）に参加した，数学Ⅰ・A：299,389名の得点別人数をグラフ化したものです。
　2023年度データネット集計による平均点は 57.0 ，大学入試センター公表の2022年度本試平均点は 55.65 です。

共通テスト 攻略のポイント

過去問・試行調査を徹底分析！

　1979 年度から始まった共通 1 次試験は，1990 年度からセンター試験と名前を変えて，2020 年度まで 42 年間にわたって実施されました。この間，何度か教育課程（カリキュラム）の変更があり，これに伴い出題分野も変化しながら毎年行われました。そして，2021 年度から「知識の深い理解と思考力・判断力・表現力を重視」する大学入学共通テストが始まりました。

　2023 年度の共通テストは 3 回目の共通テストでした。難しかった昨年と比べるとやさしくなっていますが，昨年同様，「数学Ⅰ・数学 A」の平均点の方が，「数学Ⅱ・数学 B」の平均点より低くなりました。

　ここでは，2023 ～ 2021 年度共通テストと 2017 年と 2018 年に行われた試行調査（プレテスト）を参考にして，共通テストの出題形式や問題の傾向と対策について考えてみたいと思います。

　共通テストの出題形式は，記述式問題の出題が導入見送りとなったため，センター試験と同じマークシート形式であり，数字または記号をマークして答える方式となります。センター試験では，計算結果としての数値をマークする場合が多かったのですが，共通テストでは，いくつかの記述の中から正しいもの（あるいは誤っているもの）を選ぶという選択式の問題が多くなっています。これは，センター試験でも「データの分析」の出題に見られていましたが，2023，2022 年度の共通テストでも多くの問題で選択の解答群が載っています。2021 年第 1 日程の「数学Ⅱ・数学 B」第 2 問では，試行調査の場合と同じように，グラフの概形を選択する問題が出題されています。また，第 2 日程の「数学Ⅱ・数学 B」第 1 問〔2〕では，3 つの考察から得られる正しい記述を選ぶ問題が出題されています。このような問題は，各分野における基本事項を正しく理解することが要求されるため，日頃の学習習慣として身に着けておくことが大事になってきます。

　共通テストの出題内容は，センター試験と比べて，「より考える力」を要求する問題が出題されています。本試験，試行調査のねらいは「思考力・判断力・表現力」を重視したことであり，実際の問題にはこのような「力」を要求される問題が多く含まれています。

　2023 年「数学Ⅱ・数学 B」第 1 問〔1〕の三角不等式の解を求める問題，2022 年「数学Ⅰ・数学 A」第 1 問〔3〕の AB の範囲を求める問題，第 2 問〔2〕の

解の個数を考える問題，「数学Ⅱ・数学 B」第 1 問〔2〕の対数の大小関係を調べる問題，また，2021 年第 1 日程の「数学Ⅰ・数学 A」第 1 問〔2〕における，正弦定理を利用する問題，第 2 日程の「数学Ⅱ・数学 B」第 4 問〔2〕における漸化式の問題など，与えられた条件から状況を正しく推測・判断していく能力を養うことも大切です。

　また，共通テストでは，従来のような「公式を用いて答を出す」ような問題も出題されましたが，試行調査と同様に

- ・公式の証明の過程を問う問題
- ・与えられた問題に対して，自らが変数を導入し，立式して答を出す問題
- ・条件を変えることによって，状況がどのように変わっていくかを問う問題
- ・高度な数学の問題を誘導によって解いていく問題

など，レベルの高い問題も出題されました。2023 年「数学Ⅰ・数学 A」の第 3 問，第 5 問，「数学Ⅱ・数学 B」の第 2 問〔2〕，また，2022 年「数学Ⅰ・数学 A」の第 3 問，第 4 問，第 5 問においては，同じテーマの問題を繰り返し解くという形の出題でした。特に，第 4 問「整数の性質」の問題は，不定方程式の解を求める定番の問題ですが，数値が大きいので計算が大変でした。

　また，2021 年第 2 日程の「数学Ⅰ・数学 A」第 4 問は，整数問題としてラグランジュの定理の具体例に関する問題であり，このような出題は，2018 年試行調査の「数学Ⅰ・数学 A」第 5 問の平面図形でフェルマー点に関する問題がありました。

　問題の形式についても，センター試験と異なる点がいくつかあります。その一つが，**会話文の導入**です。先生と生徒または生徒同士が，会話を通しながら問題の解決へと考察を進めていきます。2022 年「数学Ⅰ・数学 A」第 2 問〔1〕では 2 次方程式の共通解を考えるやや難しい問題を 2 人の会話で誘導しています。

　また，コンピュータのグラフ表示ソフトを用いた設定によって，グラフの問題を考える場面もあります。2022 年「数学Ⅰ・数学 A」第 2 問〔1〕で，2 次関数のグラフをパラメータ q の値を変化させることによってグラフの移動を考えています。

　さらに，問題の解法は一つだけに限りません。いわゆる別解がある場合は，2023 年「数学Ⅱ・数学 B」第 4

問では方針1と方針2の両方を考えて答を導く場合もありました。2022年「数学Ⅱ・数学B」第1問〔1〕「図形と方程式」，第4問「数列」，第5問「ベクトル」では2人の会話によって2通りの解法を提示しています。これも共通テストの特徴です。

いろいろな工夫がこらされた問題の形式ですが，このことによって問題文が長文になりますので，根気強く長文の問題を読み柔軟に対応する必要もあります。

最後に，問題の題材について，従来のように数学の問題を誘導に従って解いていく問題の他に，**日常生活における現実の問題を題材**とし，それを数学的に表現し解決するタイプの問題が出題されています。また，会話文の中で，誤った解法を検討し正しい解法へと導くプロセスを示す場合などがあり，過去の入試問題ではあまり扱われなかった題材が数学の問題として出題される可能性があります。この点については，「データの分析」のように，目新しいテーマに対する正しい理解と速い反応が要求されることになります。

以上のように，2023〜2021年度共通テストと試行調査をもとにして共通テストの出題内容について考えてきましたが，共通テストは3年実施されたとはいえ，新しい試みであるため未知の部分も多い状態です。まずは2023〜2021年度の問題に挑戦してみましょう。そして来年の共通テストに向けて着実に勉強を進めていきましょう。

● 共通テスト数学への取り組み方

当然のことではありますが，実力がなくては共通テストの数学は解くことができません。**基本的な定理，公式を単に記憶するだけではなく，その使い方にも慣れていなければなりません。**さらに，定石的な解法も覚えておく必要があります。

しかし，共通テストの性格上，**非常に特殊な知識や巧妙なテクニックといったものは必要ではありません。**あくまでも，教科書の範囲内の考え方や知識で十分に解決することができる問題が出題されます。したがって，教科書の内容を十分に学習し，公式や定理などの深い理解と考える力を養うことが重要になります。その上で共通テストの出題形式は2次試験とは異なり特殊ですから，このことを踏まえた効率のよい学習が必要でしょう。

共通テスト数学では，途中に空所があり，空所にあてはまる答を順にマークしていく形式が今後も引き続き出題されるものと予想されます。すなわち，最後の結果をいきなり問う形式ではなく，誘導に従って順次空所を埋めていくという形式です。つまり，自分で自由に方針を決定して，最終結果に向けて推論し計算していく2次試

験とは異なっています。まず最初に，出題者の意図した誘導の意味を把握しようとすることが先決です。出題者の意図した誘導の順に考えることさえできれば，最終の結果に到達することができるという点では気楽ではあります。ところが，これがなかなか難しいのです。設定された条件の下で，最終の結果に到達するアプローチは1つとは限らないし，出題者の意図した誘導の意味がつかみにくいこともあります。また，最初から出題者の意図を把握しきれずに，順次空所を埋めていくに従って，徐々に出題者の意図した誘導の意味が判然としてくるという場合もあります。

出題者の意図した誘導の意味を把握するためには，順次空所を埋めていくだけでは不十分です。最初の空所を埋める前に，**まず最初の空所から最終結果の空所まで，一通り目を通すことが肝心です。**一通り目を通すことにより，最終的に出題者がどのような内容を尋ねようとしているのか，また，そのためにどのようなプロセスを踏ませようとしているのかということを，途中の空所に埋めるべき内容から探らねばならないのです。

また，出題者の意図とは1つの解答方針です。数ある方針の中から，特に出題者の設定した解答方針を選び出すのですから，相当の実力が要求されます。問題を読んだとき，即座に，最終の解答を求めるための解答方針を複数思いつかねばなりません。その中から出題者の意図する解答方針を選び出すわけです。常日頃の学習態度が問われる部分です。「解ければよい」というような安易な学習態度では，共通テストの数学に対応することはできません。

しかし，共通テストの数学はマークシート形式であるため，それなりに対処しやすい面もあります。

空所のカタカナ1文字に対して，数学①（数学Ⅰまたは数学Ⅰ・数学A）では，符号−，±，0から9までの1つの数字，数学②（数学Ⅱまたは数学Ⅱ・数学B）では，符号−，0から9までの1つの数字，またはaからdまでのアルファベットのいずれかの1つがマークされます。したがって，自分の出した答に対して**マークされる部分が不足したり余ったりした場合は，明らかに間違いであるか，分数の場合は約分しきれていないことがわかります。**

また，$\boxed{\text{ア}}$ aの場合に，$\boxed{\text{ア}}$ に1が入ることはありません。……＋$\boxed{\text{ア}}$ aの場合に，$\boxed{\text{ア}}$ に−（マイナス）が入ることもありません。

特に座標平面上において，点の座標を求める場合，空所の形式から考えて整数値しか入らないとわかれば，丁寧に図やグラフを書くことにより，答の見当がつくこと

— 9 —

もあります。

　また，答はかならず入るのだから，１つ答が得られれば，これ以上答を探す必要もないし，十分性の確認をする必要もないということになります（ただし，これは必要条件としての答が正しい場合に限りますが）。

　このように，マークシート形式であるがゆえに，正解への手掛かりをつかむことができるというメリットもあります。

　以上が，共通テストの数学の一般的な特徴とそのための学習上の注意，および解答する場合の注意です。

　以下，出題科目別にねらわれる部分について考えてみましょう。

数学Ⅰ

　数と式，２次関数，図形と計量，データの分析から出題されます。

数と式

- **・多項式の展開と因数分解**
- **・有理数と無理数の計算**
　　分母の有理化，対称式を利用した求値問題など。
- **・１次不等式の解法**
　　不等式の性質についての理解，および不等式，連立不等式の解法など。
- **・絶対値記号を含む方程式・不等式の解法**
- **・集合と命題**
　　集合の記号の意味や用語の使い方に慣れる。また，必要条件と十分条件の問題，条件の否定，命題の逆・裏・対偶のつくり方を学習しておきましょう。
　　この分野は，他の分野との融合問題として出題されることがあります。

２次関数

- **・２次関数のグラフ（放物線）の性質**
　　頂点の座標，軸の方程式，グラフの平行移動，対称移動など。
- **・２次関数の最大・最小**
　　定義域に制限がある場合の最大値・最小値を求める問題，関数や定義域に文字を含む場合の最大・最小問題など。
- **・グラフとx軸の位置関係**
　　２次方程式の解法，判別式の利用，x軸との交

点の座標，放物線がx軸から切り取る線分の長さに関する問題など。
- **・２次不等式の解法**
　　グラフを利用した２次不等式の解法など。

　さらに，２次関数の立式や決定を問う問題が考えられます。

図形と計量

- **・三角比の定義と相互関係**
- **・正弦定理，余弦定理**
- **・三角形の面積公式**
- **・三角形の外接円，内接円の半径**

公式を利用していろいろな量の値を求める問題など。この分野は，図形の問題として出題されますから，三平方の定理，三角形の相似，円周角，円に内接する四角形の性質のような平面幾何の知識も学習しておきましょう。

データの分析

- **・データの代表値**
　　平均値，中央値（メジアン），最頻値（モード）などの値を求める。
- **・データの分布**
　　度数分布表，ヒストグラムを読み取る能力を問う。
- **・データの散らばり**
　　データの範囲，四分位数，四分位範囲などの値を求め，箱ひげ図の読み方を問う。さらに，分散，標準偏差の値を計算する。また，変数変換における分散，共分散，相関係数の値の変化を考える。
- **・データの相関**
　　散布図を読み相関関係を調べるとともに，共分散，相関係数の値を求める。

　以上のように，与えられたデータからいろいろな値を計算したり，表や図の読み方を問う問題が出題されています。

数学A

　場合の数と確率，整数の性質，図形の性質から出題されます。（３つの分野から２つの分野を選択して解答します。）

場合の数と確率

- **・場合の数**
　　集合の要素の個数，和の法則，積の法則を利用

－ 10 －

した数え上げ，順列，組合せの公式を用いた場
合の数の計算を問う。
- 確率
　場合の数を利用した確率の計算，および反復試
行の確率，条件付き確率の求め方を問う。
　特に，確率の問題では「外見上区別がつかないもので
も，かならず区別して考える」ということに注意しましょ
う。

整数の性質
- 素因数分解
- 最大公約数，最小公倍数の性質
- 余りによる整数の分類
- ユークリッドの互除法
- 不定方程式の解法
- n進法

　整数の性質に関する問題や方程式の整数解の問題な
ど。

図形の性質
- 三角形の性質
　三角形の角の二等分線の性質，三角形の重心，
外心，内心の性質やチェバの定理，メネラウス
の定理など。
- 円の性質
　円に内接する四角形の性質，円と直線の位置関
係，接弦定理（接線と弦の作る角の性質），方
べきの定理，2円の位置関係など。
- 空間図形の性質
　空間における直線や平面の位置関係，多面体の
性質など。

　平面図形，空間図形の性質を問う問題や求値問題に注
意しましょう。

解答上の注意

数 学 Ⅰ ・ 数 学 A

1　解答は，解答用紙の問題番号に対応した解答欄にマークしなさい。

2　問題の文中の　ア　，　イウ　などには，符号（−，±）又は数字（0〜9）が入ります。ア，イ，ウ，…の一つ一つは，これらのいずれか一つに対応します。それらを解答用紙のア，イ，ウ，…で示された解答欄にマークして答えなさい。

　　例　　アイウ　に − 83 と答えたいとき

ア	⊖ ± ⓪ ① ② ③ ④ ⑤ ⑥ ⑦ ⑧ ⑨
イ	⊖ ± ⓪ ① ② ③ ④ ⑤ ⑥ ⑦ ⑧ ⑨
ウ	⊖ ± ⓪ ① ② ③ ④ ⑤ ⑥ ⑦ ⑧ ⑨

3　分数形で解答する場合，分数の符号は分子につけ，分母につけてはいけません。

　　例えば，$\dfrac{\boxed{\text{エオ}}}{\boxed{\text{カ}}}$ に $-\dfrac{4}{5}$ と答えたいときは，$\dfrac{-4}{5}$ として答えなさい。

　　また，それ以上約分できない形で答えなさい。

　　例えば，$\dfrac{3}{4}$ と答えるところを，$\dfrac{6}{8}$ のように答えてはいけません。

4　小数の形で解答する場合，指定された桁数の一つ下の桁を四捨五入して答えなさい。また，必要に応じて，指定された桁まで⓪にマークしなさい。

　　例えば，$\boxed{\text{キ}}$ ．$\boxed{\text{クケ}}$ に 2.5 と答えたいときは，2.50 として答えなさい。

5　根号を含む形で解答する場合，根号の中に現れる自然数が最小となる形で答えなさい。

　　例えば，$\boxed{\text{コ}}\sqrt{\boxed{\text{サ}}}$ に $4\sqrt{2}$ と答えるところを，$2\sqrt{8}$ のように答えてはいけません。

6　根号を含む分数形で解答する場合，例えば $\dfrac{\boxed{\text{シ}}+\boxed{\text{ス}}\sqrt{\boxed{\text{セ}}}}{\boxed{\text{ソ}}}$ に $\dfrac{3+2\sqrt{2}}{2}$ と答えるところを，$\dfrac{6+4\sqrt{2}}{4}$ や $\dfrac{6+2\sqrt{8}}{4}$ のように答えてはいけません。

7　問題の文中に二重四角で表記された $\boxed{\boxed{\text{タ}}}$ などには，選択肢から一つを選んで，答えなさい。

8　同一の問題文中に $\boxed{\text{チツ}}$ ，$\boxed{\text{テ}}$ などが 2 度以上現れる場合，原則として，2 度目以降は，$\boxed{\text{チツ}}$ ，$\boxed{\text{テ}}$ のように細字で表記します。

— 12 —

第 1 回
実 戦 問 題

（100点　70分）

```
┌───── ● 標 準 所 要 時 間 ● ─────┐
│  第 1 問    21 分  │  第 4 問    14 分  │
│  第 2 問    21 分  │  第 5 問    14 分  │
│  第 3 問    14 分  │                   │
└───────────────────────────────────────┘
```

（注）　第1問・第2問は必答，第3問～第5問のうち2問選択解答

(注) この科目には，選択問題があります。

数 学 Ⅰ・A

第1問 （必答問題）（配点 30）

〔1〕 以下，$\sqrt{3}$ が無理数であることを用いてよい。

(1) a，b を有理数とする。次の二つの命題

A：「$a+b\sqrt{3}=0$ ならば，$a=b=0$」

B：「$a+b\sqrt{4}=0$ ならば，$a=b=0$」

の真偽の組合せとして，正しいものは $\boxed{\text{ア}}$ である。

$\boxed{\text{ア}}$ の解答群

	⓪	①	②	③
A	真	真	偽	偽
B	真	偽	真	偽

a，b を有理数，n を自然数とする。

$a+b\sqrt{n}=0$ であることは $a=b=0$ であるための $\boxed{\text{イ}}$。

$\boxed{\text{イ}}$ の解答群

⓪ 必要条件であるが，十分条件ではない

① 十分条件であるが，必要条件ではない

② 必要十分条件である

③ 必要条件でも十分条件でもない

（数学Ⅰ・数学A 第1問は次ページに続く。）

— 2 —

第1回　数I・A

(2)　α, β を 0 でない実数とする。

　　　命題：「α, β がともに有理数であるならば，$\alpha+\beta$, $\alpha\beta$, $\dfrac{\alpha}{\beta}$ はすべて有理数である」

　　は ウ である。

ウ の解答群

⓪ 真	① 偽

　　α, β が次の各値のとき，$\alpha+\beta$, $\alpha\beta$, $\dfrac{\alpha}{\beta}$ が有理数または無理数のどちらになるか，その組合せとして正しいものを答えよ。

　　　　$\alpha = 2\sqrt{3}$, $\beta = \sqrt{3}$ のとき， エ

　　　　$\alpha = 2+\sqrt{3}$, $\beta = 2-\sqrt{3}$ のとき， オ

エ ， オ の解答群(同じものを繰り返し選んでもよい。)

	⓪	①	②	③	④	⑤	⑥	⑦
$\alpha+\beta$	有理数	有理数	有理数	有理数	無理数	無理数	無理数	無理数
$\alpha\beta$	有理数	有理数	無理数	無理数	有理数	有理数	無理数	無理数
$\dfrac{\alpha}{\beta}$	有理数	無理数	有理数	無理数	有理数	無理数	有理数	無理数

(数学 I・数学 A 第 1 問は次ページに続く。)

α, β を 0 でない実数とする。

$\alpha + \beta$, $\alpha\beta$, $\dfrac{\alpha}{\beta}$ の少なくとも一つが有理数であることは,

α, β の少なくとも一方が有理数であるための $\boxed{\text{カ}}$。

$\boxed{\text{カ}}$ の解答群

⓪ 必要条件であるが,十分条件ではない

① 十分条件であるが,必要条件ではない

② 必要十分条件である

③ 必要条件でも十分条件でもない

(数学 I・数学 A 第 1 問は 6 ページに続く。)

第 1 回　数 I・A

（下 書 き 用 紙）

数学 I・数学 A の試験問題は次に続く。

〔2〕 下の図のように，鋭角三角形 ABC を点 A を中心に反時計回りに 90° 回転した三角形を △ADE, 点 B を中心に反時計回りに 90° 回転した三角形を △FBG, 点 C を中心に反時計回りに 90° 回転した三角形を △HIC とする。以下において

$$BC = a, \quad CA = b, \quad AB = c$$
$$\angle CAB = A, \quad \angle ABC = B, \quad \angle BCA = C$$

とする。

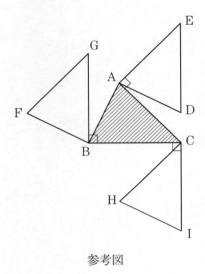

参考図

(1) $0° < \theta < 90°$ であるとする。

$$\sin(90° - \theta) = \boxed{キ}, \quad \cos(90° - \theta) = \boxed{ク}$$

である。

また，$90° + \theta = 180° - (90° - \theta)$ であることを用いると

$$\sin(90° + \theta) = \boxed{ケ}, \quad \cos(90° + \theta) = \boxed{コ}$$

である。

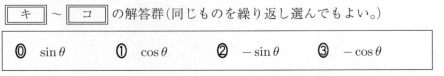

(数学 I・数学 A 第 1 問は次ページに続く。)

第 1 回　数 I・A

(2)　$b = 5$, $c = 3$, $\cos A = \dfrac{2}{5}$ のとき

$$a = \sqrt{\boxed{\text{サシ}}}$$

であり，$\triangle \mathrm{ABE}$ の面積は $\boxed{\text{ス}}$ である。

(3)　正の実数 s, t, x, y に対して，$\dfrac{s}{x} = \dfrac{t}{y}$ が成り立つとき，$s : t = x : y$
であることに注意すると

$$a : b : c = \boxed{\text{セ}}$$

である。

$\boxed{\text{セ}}$ の解答群

⓪　$A : B : C$　　①　$\sin A : \sin B : \sin C$　　②　$\cos A : \cos B : \cos C$

③　$\dfrac{1}{A} : \dfrac{1}{B} : \dfrac{1}{C}$　④　$\dfrac{1}{\sin A} : \dfrac{1}{\sin B} : \dfrac{1}{\sin C}$　⑤　$\dfrac{1}{\cos A} : \dfrac{1}{\cos B} : \dfrac{1}{\cos C}$

また，$\triangle \mathrm{ABC}$ の面積を S とすると

$$\mathrm{CD}^2 = \boxed{\text{ソ}}$$

である。

$\boxed{\text{ソ}}$ の解答群

⓪　$b^2 + c^2 + 2S$　　　　　　①　$b^2 + c^2 - 2S$

②　$b^2 + c^2 + 4S$　　　　　　③　$b^2 + c^2 - 4S$

（数学 I・数学 A 第 1 問は次ページに続く。）

— 7 —

(4) $0° < C < A < B < 90°$ であるとする。また

$$\mathrm{CD}^2 = P_A, \quad \mathrm{AG}^2 = P_B, \quad \mathrm{BH}^2 = P_C$$

$$\mathrm{BE}^2 = Q_A, \quad \mathrm{CF}^2 = Q_B, \quad \mathrm{AI}^2 = Q_C$$

とおく。

P_A, P_B, P_C の大小関係は，$\boxed{\text{タ}}$。

$Q_A - P_A$, $Q_B - P_B$, $Q_C - P_C$ の大小関係は，$\boxed{\text{チ}}$。

$\boxed{\text{タ}}$ の解答群

- ⓪ つねに $P_A = P_B = P_C$ である
- ① つねに $P_B > P_A > P_C$ である
- ② つねに $P_B < P_A < P_C$ である
- ③ P_B が最大になることはあるが，最小になることはない
- ④ P_B が最小になることはあるが，最大になることはない
- ⑤ P_B は最大になることも最小になることもある

$\boxed{\text{チ}}$ の解答群

- ⓪ つねに $Q_A - P_A = Q_B - P_B = Q_C - P_C$ である
- ① つねに $Q_B - P_B > Q_A - P_A > Q_C - P_C$ である
- ② つねに $Q_B - P_B < Q_A - P_A < Q_C - P_C$ である
- ③ $Q_B - P_B$ が最大になることはあるが，最小になることはない
- ④ $Q_B - P_B$ が最小になることはあるが，最大になることはない
- ⑤ $Q_B - P_B$ は最大になることも最小になることもある

— 8 —

第 1 回　数 I・A

（下 書 き 用 紙）

数学 I・数学 A の試験問題は次に続く。

第2問 （必答問題）（配点 30）

〔1〕 太郎さんは人気キャラクター「フロンタ」が登場するゲームのプログラムを作るため，フロンタのジャンプの設定について考察している。フロンタは図1のように1辺の長さが2である正方形のマス目の中に描かれていて，フロンタと地面や障害物などとの接触はこの正方形が接触しているかどうかで判定することにする。また，フロンタの位置は正方形の中心である「●」の位置で表すことにする。

図2のようにゲーム画面の水平方向に x 軸，垂直方向に y 軸を設定する。よって，地面は直線 $y = -1$ に一致していて，フロンタが地面の上を右方向に走ると，●は x 軸上を正の向きに動くことになる。ただし，フロンタが描かれている正方形は，つねに，上下の辺は x 軸と平行であり，左右の辺は y 軸と平行であるものとする。

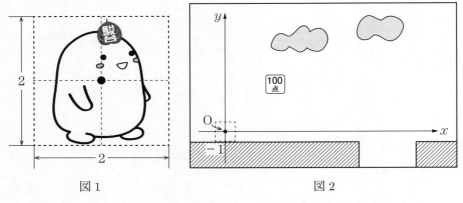

図1   図2

（数学Ⅰ・数学A 第2問は次ページに続く。）

第1回　数 I・A

　太郎さんが物理の本で調べたところ，$(x, y) = (0, 0)$ からジャンプしたとき，$t\,(\geqq 0)$ 秒後の位置 (x, y) は，ジャンプしたときの水平方向の右向きの速さを $a\,(\geqq 0)$，垂直方向の上向きの速さを $b\,(\geqq 0)$ として

$$x = at \qquad\qquad\qquad\qquad\qquad\qquad\qquad\qquad ……①$$

$$y = bt - \frac{g}{2}t^2 \qquad\qquad\qquad\qquad\qquad\qquad ……②$$

であることがわかった。g は「重力加速度」といい，$g \fallingdotseq 9.8$ であるが，現実の動きではなくゲーム上の動きなので，太郎さんは計算を簡単にするために $g = 10$ とすることにした。すなわち，② を

$$y = bt - 5t^2 \qquad\qquad\qquad\qquad\qquad\qquad ……②'$$

とすることにした。

（数学 I・数学 A 第 2 問は次ページに続く。）

(1) 図3のように，フロンタが真上にジャンプしたとき，$\boxed{\frac{100}{点}}$ のブロックに頭突きができるようにしたい。$\boxed{\frac{100}{点}}$ のブロックは1辺の長さが2の正方形の中に描かれていて，下側の辺は地面と平行で，地面からの高さは7である。頭突きができるためには，図3のように●が原点から真上に5以上移動すればよい。よって，①で $a=0$ として，②′の y の最大値が5以上になればよいから，このような b の値の範囲は

$$b \geqq \boxed{\text{アイ}}$$

である。

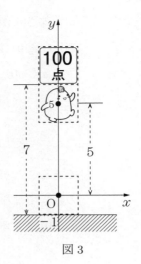

図3

（数学Ⅰ・数学A 第2問は次ページに続く。）

第1回　数I・A

「ジャンプボタン」を1回だけ押すと $b=$ アイ となり，ジャンプボタンを2回連打するとフロンタに羽が生えて，$b=$ アイ $\times 2$ となることにした。$a=0$ として，フロンタが水平方向に移動せず，障害物が何もないところで真上にジャンプすることを考える。このときジャンプボタンを1回だけ押した場合のフロンタのジャンプの高さ，すなわち●の移動する距離は5である。ジャンプボタンを2回連打して羽が生えた場合のフロンタのジャンプの高さは，1回だけ押した場合の高さ5の ウ 倍である。

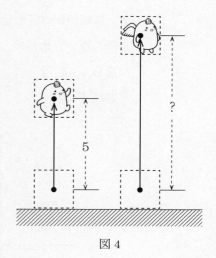

図4

ウ の解答群

⓪ $\dfrac{1}{4}$ 　　① $\dfrac{1}{2}$ 　　② 1 　　③ 2 　　④ 4

（数学I・数学A 第2問は次ページに続く。）

(2) $b = \boxed{アイ}$ とする。

図5のように，フロンタが水平方向右向きに走りながらジャンプしたとき，横幅が8の落とし穴を飛び越えるようにしたい。フロンタが落とし穴に落ちないためには，フロンタの描かれた正方形全体が地面の上になければならない。よって，図5のように，●がx軸の正の向きに10以上移動すればよい。

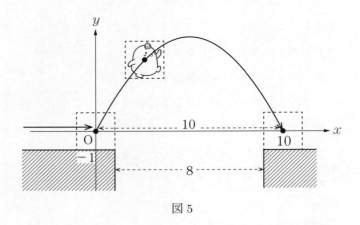

図5

$a > 0$ のとき，①は $t = \dfrac{x}{a}$ と変形でき，これを②′に代入することにより，yをxの関数として表すことができて

$$y = \dfrac{\boxed{アイ}}{a}x - \dfrac{5}{a^2}x^2$$

が成り立つ。よって，フロンタがこの落とし穴を，右向きに走りながらジャンプボタンを1回だけ押して飛び越えることができるようなaの値の範囲は

$$a \geq \boxed{エ}$$

である。

(数学 I・数学 A 第2問は次ページに続く。)

第1回　数I・A

　右向きに走り出したときは $a=$ $\boxed{\text{エ}}$ となり，「倍速ボタン」を押している間は，$a=$ $\boxed{\text{エ}}$ $\times 2$ となることにした。倍速ボタンを押して $a=$ $\boxed{\text{エ}}$ $\times 2$ となってから，ジャンプしたときに飛び越えることができる落とし穴の横幅の最大値は，走り出して $a=$ $\boxed{\text{エ}}$ でジャンプしたときに飛び越えることができる落とし穴の横幅の最大値8の $\boxed{\text{オ}}$ 倍である。

$\boxed{\text{オ}}$ の解答群

$\quad$ ⓪ 1 $\quad$ ① $\dfrac{5}{4}$ $\quad$ ② $\dfrac{3}{2}$ $\quad$ ③ $\dfrac{7}{4}$ $\quad$ ④ 2 $\quad$ ⑤ $\dfrac{9}{4}$ $\quad$ ⑥ $\dfrac{5}{2}$

（数学 I・数学 A 第 2 問は次ページに続く。）

(3) このゲームでなるべく高い障害物を作ろうと思う。図6のように，障害物は横幅が2，地面からの高さがhの長方形の中に描かれていて，この長方形の四つの頂点の座標は$(c-1, -1)$, $(c-1, h-1)$, $(c+1, -1)$, $(c+1, h-1)$であるとする。この長方形の高さhの最大値を求めたい。倍速ボタンを押しながら，ジャンプボタンを2回連打して羽が生え，ギリギリで飛び越えられる高さを考えればよいから，$a = \boxed{エ} \times 2$, $b = \boxed{アイ} \times 2$とする。

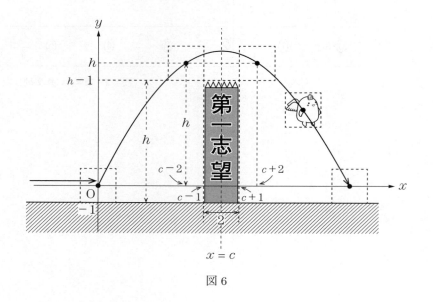

図6

(2)と同様に，①を$t = \dfrac{x}{a}$と変形して，これを②′に代入すると

$$y = \frac{b}{a}x - \frac{5}{a^2}x^2$$

となる。このグラフは上に凸の放物線であるから，この放物線の軸の方程式を$x = c$とし，図6のように，この放物線が2点$(c \pm 2, h)$を通ればよい。よって，$h = \dfrac{\boxed{カキ}}{\boxed{ク}}$であり，このジャンプを始めたときの●の座標を$(0, 0)$とすると，着地したときの●の座標は$\left(\boxed{ケコ}, 0\right)$である。

（数学Ⅰ・数学A 第2問は18ページに続く。）

第 1 回　数 I・A

（下 書 き 用 紙）

数学 I・数学 A の試験問題は次に続く。

〔2〕 次郎さんは表計算ソフトを用いて，10 個の変量 x と 10 個の変量 y に 1 から 9 までの整数の値を A 列と B 列の 2 行目から 11 行目までにそれぞれ入力し，変量 x と変量 y の平均値や分散がどのように変わるか調べた。次のコンピュータの画面は，変量 x の平均値と変量 y の平均値および変量 x の分散と変量 y の分散がそれぞれ一致したときのものである。ただし，B 列の 6 行目と 7 行目の数値は，それぞれ P，Q としている。

	A	B	C	D	E
1	変量 x	変量 y		(x の平均値) =	サ
2	1	5		(x の分散) =	シ
3	2	1		(y の平均値) =	サ
4	3	4		(y の分散) =	シ
5	4	1			
6	5	P			
7	5	Q			
8	6	5			
9	7	8			
10	8	5			
11	9	8			

(1) 上のコンピュータの画面の サ ， シ に表示される値を求めよ。

サ ， シ の解答群(同じものを繰り返し選んでもよい。)

⓪ 2.0　　① 2.5　　② 3.0　　③ 3.5　　④ 4.0

⑤ 4.5　　⑥ 5.0　　⑦ 5.5　　⑧ 6.0　　⑨ 6.5

(数学 I・数学 A 第 2 問は次ページに続く。)

— 18 —

第1回　数**I**・**A**

花子さんと太郎さんはコンピュータの画面を見ながら話している。

花子：変量 x の平均値と変量 y の平均値が等しいから，10 個の変量 y の合計がわかるね。

太郎：そうしたら P＋Q の値が求められるね。変量 x の分散と変量 y の分散が等しいことから，もう一つ P と Q の条件式が出るね。

花子：でも，P と Q の値は 1 通りに決まらないと思うよ。

(2)　P＋Q ＝ スセ　である。また，P の値は ソ　である。

ソ の解答群

⓪ 5 または 6　　① 5 または 7　　② 5 または 8

③ 6 または 7　　④ 6 または 8　　⑤ 7 または 8

（数学 **I**・数学 **A** 第 2 問は次ページに続く。）

太郎：A 列と B 列の 2 行目から 11 行目までを二つの変量 x, y からなる
　　　データとみて，変量 x と変量 y の相関係数を計算してみよう。

花子：P と Q の値が 1 通りに定まらないから，相関係数の値は違う値が
　　　いくつか出てくるんじゃないのかな。

太郎：いや，そうとも限らないんじゃない？

(3)　このデータでは P と Q の値が 1 通りに定まらないが，相関係数はた
　　だ一つに決まる。その理由として最も適当なものは，次の **⓪**～**③** のうち，
　　　$\boxed{\text{タ}}$ である。

　　　　$\boxed{\text{タ}}$ の解答群

⓪　変量 x の平均値と変量 y の平均値が等しいから。
①　変量 y の合計が一定であるから。
②　変量 y の偏差の平均値が 0 であるから。
③　変量 x と変量 y の共分散の値が一定であるから。

(4)　変量 x と変量 y の相関係数の値は $\boxed{\text{チ}}$ である。

　　　　$\boxed{\text{チ}}$ については，最も適当なものを，次の **⓪**～**⑨** のうちから一つ選べ。

⓪　−0.8	**①**　−0.6	**②**　−0.4	**③**　−0.2	**④**　0.0
⑤　0.2	**⑥**　0.4	**⑦**　0.6	**⑧**　0.8	**⑨**　1.0

（数学 I・数学 A 第 2 問は 22 ページに続く。）

第 1 回　数 I・A

（下 書 き 用 紙）

数学 I・数学 A の試験問題は次に続く。

次郎さんは変量 x と変量 y の値をそれぞれ変更した。ただし，入力した値は 1 から 9 までの整数である。以下ではそのデータについて考える。また，次郎さんは変更したデータの値をもとに次の箱ひげ図を作成した。

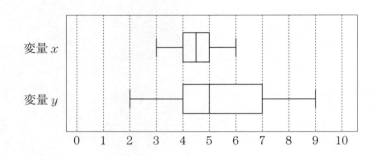

太郎さんと花子さんは二つの箱ひげ図について話している。

太郎：変量 x の方が変量 y より散らばりの度合いが小さいと考えられそうだね。

花子：変量 x のデータの値に 4 と 5 はたくさんありそうだね。

太郎：変量 x のデータの値の和の最大値と最小値を考えると，変量 x の平均値の範囲は求められるね。

花子：変量 x の平均値の範囲がわかれば，分散の範囲もわかりそうだね。

（数学 I・数学 A 第 2 問は次ページに続く。）

第1回　数 I・A

(5)　次の a～e のうち，二つの箱ひげ図から読み取れるものをすべて挙げた組合せとして正しいものは　ツ　である。

a　変量 x のデータの値の中に 4 は 3 個以上ある。

b　変量 y のデータの値の中に 5 は 2 個以上ある。

c　変量 x のデータの値を小さい順に並べたとき，4，5，6，7 番目の値の和は 18 である。

d　変量 y のデータの値を小さい順に並べたとき，1，3，8，10 番目の値の和は 22 である。

e　変量 x の平均値として考えられる値の最大値は 4.8 である。

ツ　の解答群

⓪ a, b, c　　① a, c, d　　② a, d, e　　③ b, c, e

④ b, d, e　　⑤ a, b, c, d　⑥ a, b, c, e　⑦ a, b, d, e

⑧ a, c, d, e　⑨ b, c, d, e

— 23 —

第3問～第5問は，いずれか2問を選択し，解答しなさい。

第3問 （選択問題）（配点 20）

あたりが2本，はずれが7本の合計9本からなるくじがある。A，B，Cの3人がこの順にくじを1本ずつ引く。ただし，1度引いたくじはもとに戻さない。

花子さんと太郎さんは，このくじを引く順番によって，あたりのくじを引く確率がどのようになるかについて話している。

花子：くじ引きなんて，どの順番で引いてもあたる確率は同じじゃないかな？

太郎：でも，前の人があたりのくじを引いたら，その次の人のあたる確率は小さくなるような気もするね。

花子：前の人がはずれのくじを引いてしまうかもしれないよね。

太郎：確率を計算してみようよ。

(1) Aがあたりのくじを引く確率 p_1 は，$p_1 = \dfrac{\boxed{ア}}{\boxed{イ}}$ である。

Aがはずれのくじを引いたとき，Bがあたりのくじを引く条件付き確率は，$\dfrac{\boxed{ウ}}{\boxed{エ}}$ である。これにより，Bがあたりのくじを引く確率 p_2 は，

$p_2 = \dfrac{\boxed{ア}}{\boxed{イ}}$ であり，同じようにしてCがあたりのくじを引く確率 p_3 も，

$p_3 = \dfrac{\boxed{ア}}{\boxed{イ}}$ と求められる。

また，Cがあたりのくじを引いたとき，3人のうちでCが初めてあたりのくじを引いていた条件付き確率は，$\dfrac{\boxed{オ}}{\boxed{カ}}$ である。

（数学 I・数学 A 第3問は次ページに続く。）

第1回　数 I・A

(2)

> 花子：やっぱり $p_1 = p_2 = p_3$ になったよ。
>
> 太郎：そうだね。でも，あたりのくじを引いた人が景品をもらえるとし
> て，その景品が一つだけだったら，どうかな？
>
> 花子：誰かがあたりのくじを引いたら，それ以降は引かないんだね。
>
> 太郎：確率を計算してみようよ。

あたりくじが 1 本引かれた時点で，くじ引きを終える場合を考える。

A があたりのくじを引く確率 q_1 は，$q_1 = \dfrac{\boxed{ア}}{\boxed{イ}}$ である。

B があたりのくじを引く確率 q_2 は，$q_2 = \dfrac{\boxed{キ}}{\boxed{クケ}}$ であり，同じようにし

て C があたりのくじを引く確率 q_3 も，$q_3 = \dfrac{\boxed{コ}}{\boxed{サ}}$ と求められる。

(数学 I・数学 A 第 3 問は次ページに続く。)

(3)

太郎：今度は $q_1 > q_2 > q_3$ になったよ。

花子：これでは早い者勝ちになるね。じゃあ，くじを引くごとにあたりの
くじを増やすという条件を追加してみたらどうかな？

太郎：確率を計算してみようよ。

あたりのくじが 1 本引かれた時点で，くじ引きを終える場合を考える。

さらに，はずれのくじを引いたときは，そのくじはもとに戻さず，あたりの
くじを 1 本増やすことにする。

A があたりのくじを引く確率 r_1 は，$r_1 = \dfrac{\boxed{ア}}{\boxed{イ}}$ である。

B があたりのくじを引く確率 r_2 は，$r_2 = \dfrac{\boxed{シ}}{\boxed{スセ}}$ であり，同じようにし

て C があたりのくじを引く確率 r_3 も求められる。

これらにより，r_1, r_2, r_3 の間の大小関係は，$\boxed{ソ}$ であることがわかる。

$\boxed{ソ}$ の解答群

⓪ $r_1 < r_2 < r_3$ ① $r_2 < r_3 < r_1$ ② $r_3 < r_1 < r_2$

③ $r_1 < r_3 < r_2$ ④ $r_2 < r_1 < r_3$ ⑤ $r_3 < r_2 < r_1$

第1回　数 I・A

（下 書 き 用 紙）

数学 I・数学 A の試験問題は次に続く。

第3問～第5問は, いずれか2問を選択し, 解答しなさい。

第4問 （選択問題）（配点 20）

　　ある日, 太郎さんと花子さんのクラスでは, 数学の授業で先生から次の**問題1**が宿題として出された。

問題1　2つの自然数 A, B の和が960で最小公倍数が5544であるとき, A, B を求めよ。ただし, $A < B$ とする。

---

(1)　太郎さんと花子さんは, **問題1**について次のような会話をしている。

太郎：(a) $A + B = 960$ で A, B は $A < B$ を満たす自然数だから, B のとり得る値の範囲は決まるね。

花子：最小公倍数が5544ってことは, A も B も5544の正の約数になるね。

太郎：そうすると, B のとり得る値は絞られるから, あとは条件を満たすかどうかを1個ずつ確かめていけばよさそうだね。

(i)　下線部(a)について, B のとり得る値の範囲は

$$\boxed{アイウ} \leqq B \leqq 959 \qquad\qquad\qquad \cdots\cdots①$$

である。

(ii)　5544の正の約数の個数は $\boxed{エオ}$ 個ある。このうち①を満たす約数 B は全部で $\boxed{カ}$ 個ある。

（数学Ⅰ・数学A 第4問は次ページに続く。）

— 28 —

第1回　数I・A

(2)　花子さんと太郎さんは，**問題1**について引き続き会話をしている。

> 花子：AとBの最大公約数を利用して考えることもできそうだよね。
>
> 太郎：そうだね。AとBの最大公約数をgとすると，AとBは自然数a，bを用いて
>
> $$A = ga,\quad B = gb$$
>
> とかけるよね。
>
> 花子：$A < B$だから$a < b$じゃないといけないし，(b) $\underline{a と b が互いに素}$ $\underline{である}$という条件もつけておかないと。
>
> 太郎：それでAとBの和の条件，そして最小公倍数の条件からg，a，bに関する式が導けそうだね。
>
> 花子：先生が「aとbが互いに素であるとき，$a+b$とabも互いに素である」とこの前の授業で教えてくれたね。これを利用すれば，gの値が最初に決まりそうだね。

(i)　下線部(b)について，次の⓪～③のうち，二つの自然数aとbが互いに素であるということの言い換えとして**誤っているもの**は　キ　である。

　キ　の解答群

> ⓪　aとbの最大公約数が1である。
>
> ①　aとbはともに素数である。
>
> ②　aとbに共通な素因数がない。
>
> ③　aとbが同じ2以上の整数で割り切れることはない。

(ii)　$g = $　クケ　である。

(3)　**問題1**は(1)の方法でも(2)の方法でも解くことができる。A，Bの値を求めると$A = $　コサシ　，$B = $　スセソ　である。

（数学I・数学A 第4問は次ページに続く。）

(4) 太郎さんと花子さんは**問題1**に関連する問題として次の**問題2**を考えた。

問題2 2つの自然数 C, D の最大公約数が $\boxed{クケ}$ ，最小公倍数が 5544 であるとき，C, D を求めよ。ただし，$C < D$ とする。

このような自然数の組 C, D は全部で $\boxed{タ}$ 組ある。

これまでの考察から，$x < y$ である二つの自然数 x, y に対して，x と y の最大公約数が $\boxed{クケ}$ ，最小公倍数が 5544 であることは，$x = A$, $y = B$ であるための $\boxed{チ}$ 。

$\boxed{チ}$ の解答群

- ⓪ 必要条件であるが，十分条件ではない
- ① 十分条件であるが，必要条件ではない
- ② 必要十分条件である
- ③ 必要条件でも十分条件でもない

— 30 —

第1回　数I・A

（下 書 き 用 紙）

数学 I・数学 A の試験問題は次に続く。

第3問～第5問は，いずれか2問を選択し，解答しなさい。

第5問 （選択問題）（配点 20）

　線分 AB を直径とする円 O_1 において，AB $= 25$ とする。また，点 A を中心とする半径 15 の円を O_2 とすると，O_2 と O_1 は異なる二つの交点をもち，O_2 は線分 AB とただ一つの交点をもつ。O_2 と O_1 との交点の一つを C，O_2 と線分 AB との交点を D とする。さらに点 C から線分 AB に引いた垂線と線分 AB との交点を H とする。このとき

$$\cos \angle \text{BAC} = \frac{\boxed{\text{ア}}}{\boxed{\text{イ}}}$$

であるから

$$\text{AH} = \boxed{\text{ウ}}, \quad \text{CH} = \boxed{\text{エオ}}$$

である。

　次に，線分 CD を $3:5$ に内分する点を E とし，直線 AE と直線 CH との交点を F とすると

$$\text{FH} = \boxed{\text{カ}}$$

である。また，直線 AE と O_1 との交点で A とは異なる点を G とすると，四角形 BGFH は線分 BF を直径とする円に内接することから

$$\text{AF} \cdot \text{AG} = \boxed{\text{キクケ}}$$

である。

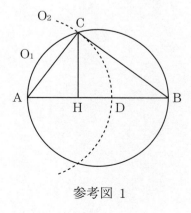

参考図 1

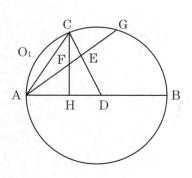

参考図 2

（数学 I・数学 A 第 5 問は次ページに続く。）

第 1 回　数 I・A

一方

$$\boxed{コ} = \boxed{キクケ}$$

であるから，3 点 D, F, G を通る円を O_3 とすると，円 O_3 は直線 AB と $\boxed{サ}$。

$\boxed{コ}$ の解答群

⓪ $AH \cdot AD$	① $BD \cdot BH$	② $DH \cdot DB$	③ $HD \cdot HB$
④ AB^2	⑤ AD^2	⑥ AH^2	⑦ BD^2	⑧ BH^2	⑨ HD^2

$\boxed{サ}$ の解答群

⓪ 点 D で接する	① 点 D と，D と異なる点の 2 点で交わる

（数学 I・数学 A 第 5 問は次ページに続く。）

太郎さんと花子さんは，この図形について話している。

太郎：円 O_3 と直線 AB の位置関係はわかったけど，O_3 と他の直線や円はどんな位置関係になっているんだろう。

花子：円 O_3 と直線 CH の位置関係はどうなっているのかな。

太郎：円 O_3 の中心を O_3 として線分 O_3F の長さを考えてみようよ。

$\angle O_3DF = \boxed{シ}$ であるから，$O_3F = \boxed{ス}$ である。よって，円 O_3 は直線 CH と $\boxed{セ}$ 。また，円 O_3 は円 O_1 と $\boxed{ソ}$ 。

$\boxed{シ}$ の解答群

⓪ $15°$ 　　　① $30°$ 　　　② $45°$ 　　　③ $60°$ 　　　④ $75°$

$\boxed{セ}$ の解答群

⓪ 点 F で接する 　　　① 点 F と，F と異なる点の 2 点で交わる

$\boxed{ソ}$ の解答群

⓪ 点 G で接する 　　　① 点 G と，G と異なる点の 2 点で交わる

— 34 —

第 2 回
実 戦 問 題

（100 点　70 分）

```
━━━━ ● 標 準 所 要 時 間 ● ━━━━
   第 1 問     21 分 │ 第 4 問     14 分
   第 2 問     21 分 │ 第 5 問     14 分
   第 3 問     14 分 │
```

（注）　第 1 問・第 2 問は必答，第 3 問〜第 5 問のうち 2 問選択解答

(注) この科目には，選択問題があります。

数 学 **I・A**

第1問 （必答問題）（配点 30）

〔1〕 $32b^2 - 64b - 18$ を因数分解すると

$$32b^2 - 64b - 18 = \boxed{\text{ア}}$$

となるから，$a^2 + 12ab + 32b^2 - 7a - 64b - 18$ を因数分解すると

$$a^2 + 12ab + 32b^2 - 7a - 64b - 18 = \boxed{\text{イ}}$$

となる。

$\boxed{\text{ア}}$ の解答群

⓪ $2(4b+3)(4b-3)$ ① $2(4b+1)(4b-9)$ ② $2(4b+9)(4b-1)$

③ $2(2b+3)(8b-3)$ ④ $2(2b+1)(8b-9)$ ⑤ $2(2b+9)(8b-1)$

$\boxed{\text{イ}}$ の解答群

⓪ $(a+8b+6)(a+4b-3)$ ① $(a+8b+2)(a+4b-9)$

② $(a+8b+18)(a+4b-1)$ ③ $(a+4b+6)(a+8b-3)$

④ $(a+4b+2)(a+8b-9)$ ⑤ $(a+4b+18)(a+8b-1)$

（数学 **I**・数学 **A** 第 1 問は次ページに続く。）

— 2 —

第 2 回　数 I・A

〔2〕 太郎さんは日曜大工の手伝いの最後に，お父さんから箱に釘を収納するように言われた。長さの異なる釘を箱に入れるとき，大きい箱であればいろいろな長さの釘が入るが中でばらばらになってしまい，小さい箱であれば長い釘が入らない，ということを思いながら，次のような数学の問題として考えることにした。

> 正方形の中に書き入れることのできる線分の最大の長さを考える。ただし，正方形の 1 辺の長さも，書き入れる線分の長さも正の整数とする。

(1) 1 辺の長さが 1 の正方形の中には，右の図のように最大で長さ 1 の線分を書き入れることができる。同じように，1 辺の長さが 2 の正方形の中には，最大で長さ ウ の線分を書き入れることができる。また，1 辺の長さが 3 の正方形の中には，最大で長さ エ の線分を書き入れることができる。

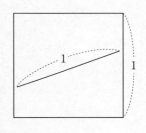

(2) 1 辺の長さが 6 の正方形の中には，最大で長さ オ の線分を書き入れることができる。また，右の図のような，1 辺の長さが 6 の正方形 ABCD があり，長さ オ の線分の端を A とし，もう一方の端 E が辺 BC 上にあるとする。このとき，線分の長さの比 $\dfrac{BE}{CE}$ を計算すると，$\dfrac{カ\sqrt{キ}+ク}{ケ}$ である。

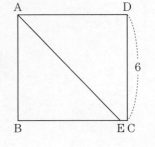

（数学 I・数学 A 第 1 問は次ページに続く。）

〔3〕 △ABC において，BC = 4, CA = $2\sqrt{2}$, AB = x, ∠ABC = θ とする。

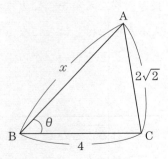

(1) $x = 2$ のとき

$$\cos\theta = \frac{\boxed{コ}}{\boxed{サ}}$$

である。また，$\cos\theta = \dfrac{\boxed{コ}}{\boxed{サ}}$ のとき

$$x = 2 \quad \text{または} \quad x = \boxed{シ}$$

である。

(数学Ⅰ・数学A 第1問は次ページに続く。)

第2回　数 I・A

(2) $AB = \boxed{シ}$ のときを考える。辺 AB 上に $A'B = 2$ となる点 A' をとり，$\triangle ABC$ の外接円の中心を O_1，半径を R_1 とし，$\triangle A'BC$ の外接円の中心を O_2，半径を R_2 とする。

(i) $R_1 = \dfrac{\boxed{ス}\sqrt{\boxed{セソ}}}{\boxed{タ}}$ である。

(ii) 次の⓪～⑧のうち，二つの外接円についての記述として，正しいものは $\boxed{チ}$ と $\boxed{ツ}$ である。

$\boxed{チ}$ ， $\boxed{ツ}$ の解答群(解答の順序は問わない。)

⓪ $R_1 < R_2$ 　　　① $R_1 = R_2$ 　　　② $R_1 > R_2$

③ $O_1O_2 \mathbin{/\mkern-5mu/} AB$ 　　　④ $O_1O_2 \mathbin{/\mkern-5mu/} BC$ 　　　⑤ $O_1O_2 \mathbin{/\mkern-5mu/} AC$

⑥ $O_1O_2 \perp AB$ 　　　⑦ $O_1O_2 \perp BC$ 　　　⑧ $O_1O_2 \perp AC$

(数学 I・数学 A 第 1 問は次ページに続く。)

(3)　△ABC について，太郎さんと花子さんが次のような会話をしている。

> 太郎：(1)では，$x=2$ のとき，θ は 1 通りに決まり，逆に
> $$\cos\theta = \frac{\boxed{コ}}{\boxed{サ}}$$ のときは x が 2 通り求まったね。
>
> 花子：そうだね。x の値が決まれば，三角形の 3 辺の長さが決まるか
> ら θ は 1 通りに決まるね。
>
> 太郎：θ の値が決まれば三角形はいつでも 2 通りに定まるのか，θ の
> 値を動かして考えてみよう。

θ のとり得る値の範囲は $0° < \theta \leqq \boxed{テト}°$ であり，この範囲において，
$\boxed{ナ}$。

$\boxed{ナ}$ の解答群

⓪	つねに △ABC は 2 通りに定まる
①	△ABC が 1 通りに定まることがある

第2回　数 I・A

（下 書 き 用 紙）

数学 I・数学 A の試験問題は次に続く。

第2問 (必答問題) (配点 30)

〔1〕 a, b を実数として、二つの2次関数 $f(x), g(x)$ を

$$f(x) = x^2 + ax + b$$
$$g(x) = x^2 - bx + a$$

とする。

$y = f(x)$ と $y = g(x)$ のグラフについてコンピュータのグラフ表示ソフトを用いて考察する。

このソフトでは、図1の画面上の $a = \boxed{}$, $b = \boxed{}$ にそれぞれ係数 a, b の値を入力すると、その値に応じた二つのグラフが表示される。さらに、二つの $\boxed{}$ のそれぞれの下にある●を左に動かすと係数の値が減少し、右に動かすと係数の値が増加するようになっており、値の変化に応じて2次関数のグラフが座標平面上を動く仕組みになっている。

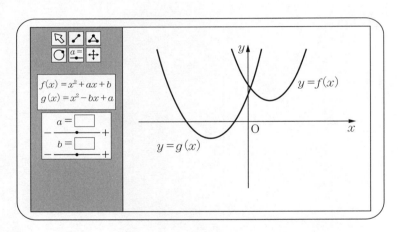

図1

(数学 I・数学 A 第2問は次ページに続く。)

(1) $a = -4$, $b = 2$ を入力する。

画面に表示された $y = f(x)$ と $y = g(x)$ のグラフの概形は ア である。

ア については，最も適当なものを，次の ⓪〜③ のうちから一つ選べ。

⓪
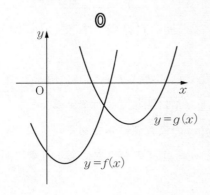

①
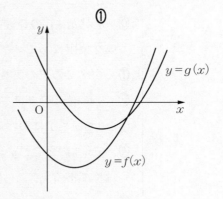

②
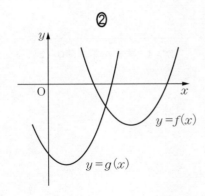

③
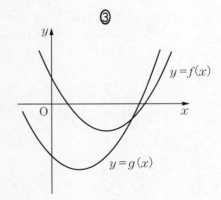

このとき，$y = g(x)$ のグラフは $y = f(x)$ のグラフを x 軸方向に イ ，y 軸方向に ウ だけ平行移動したものである。

イ ，ウ の解答群（同じものを繰り返し選んでもよい。）

⓪ -3 ① -2 ② -1 ③ 1 ④ 2 ⑤ 3

(数学 I・数学 A 第2問は次ページに続く。)

(2) $b = 1$ とする。

次の **⓪**〜**⑤** のうち，$f(x)$ と $g(x)$ についての記述として正しいものは エ と オ である。

エ ， オ の解答群(解答の順序は問わない。)

⓪ a が $a > 0$ の範囲を動くとき，$y = f(x)$ のグラフの頂点はつねに第 2 象限にある。

① すべての正の実数 a に対して，不等式 $f(x) < 0$ は解をもつ。

② $y = g(x)$ のグラフは直線 $x = 1$ に関して対称である。

③ $0 \leqq x \leqq 1$ における関数 $g(x)$ の最大値は a である。

④ $a = 1$ のとき，$y = f(x)$ と $y = g(x)$ のグラフはある直線に関して対称である。

⑤ $a = 2$ のとき，$y = f(x)$ と $y = g(x)$ のグラフはある点に関して対称である。

(数学 **I**・数学 **A** 第 2 問は **12** ページに続く。)

第2回　数 I・A

（下 書 き 用 紙）

数学 I・数学 A の試験問題は次に続く。

[2] 原点Oからの水平距離を x(m),地面からの高さを y(m) とする。原点から仰角 45° の向きに速さ v_0(m/s) で物体を投げると,物体のえがく曲線は

$$y = x - \frac{g}{v_0^2}x^2 \quad (g \text{ は定数}) \quad \cdots\cdots (*)$$

という方程式で与えられる。

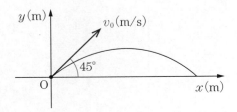

以下では,$g=10$ として考えよう。なお,物体は点として考え,物体を投げる人の身長は無視するものとする。

(1) A さんが原点から仰角 45° の向きに速さ 20(m/s) で物体を投げるとき,(*) は

$$y = x - \frac{10}{20^2}x^2$$

となる。A さんが投げた物体について,最高到達点の地面からの高さ h(m) および物体が地面に達した地点の原点からの距離 ℓ(m) は

$$h = \boxed{カキ}, \quad \ell = \boxed{クケ}$$

である。ただし,物体の最高到達点とは,その物体の地面からの高さが最大となる点である。

(数学 I・数学 A 第 2 問は次ページに続く。)

第2回 数I・A

(2) 下の図のように，AさんはB原点から仰角45°の向きに速さ20(m/s)で物体を投げ，BさんはAさんの後方20mの地点から仰角45°の向きに速さv(m/s)で同じ物体を投げる。

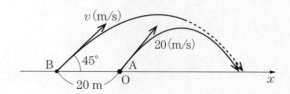

(i) Bさんが投げた物体のえがく曲線の方程式は コ である。

コ の解答群

⓪ $y+20 = x - \dfrac{10}{v^2}x^2$	① $y-20 = x - \dfrac{10}{v^2}x^2$
② $y = x+20 - \dfrac{10}{v^2}(x+20)^2$	③ $y = x-20 - \dfrac{10}{v^2}(x-20)^2$

(ii) Bさんが投げた物体がAさんが投げた物体と同じ地点に落ちるためのvの値は$v=$ サシ $\sqrt{\boxed{ス}}$ である。

(数学I・数学A 第2問は次ページに続く。)

〔3〕 A高校に通う太郎さんは，B高校に通う次郎さんとC高校に通う花子さん に協力してもらい，「通学時間」についての統計をとることにした。3人は， 自分と同じクラスの各生徒に「家を出発した時刻」と「高校に到着した時刻」 を教えてもらい，その差として「通学時間(分)」を計算した。ただし，各生 徒の通学時間は正の整数値である。

A高校の太郎さんのクラス(以下，Aクラスと呼ぶ)は40人，B高校の次郎 さんのクラス(以下，Bクラスと呼ぶ)は37人，C高校の花子さんのクラス(以 下，Cクラスと呼ぶ)は38人のデータを得ることができた。

(1) 四分位数について，次のことが成り立つ。

$$A クラスは \boxed{セ}。$$

$$B クラスは \boxed{ソ}。$$

$$C クラスは \boxed{タ}。$$

$\boxed{セ}$ ～ $\boxed{タ}$ の解答群(同じものを繰り返し選んでもよい。)

⓪ 中央値も第1四分位数も第3四分位数も，必ず整数値である

① 中央値は必ず整数値であるが，第1四分位数と第3四分位数は整 数値でないことがある

② 第1四分位数と第3四分位数は必ず整数値であるが，中央値は整 数値でないことがある

③ 中央値も第1四分位数も第3四分位数も，整数値でないことがあ る

(数学I・数学A 第2問は次ページに続く。)

第2回　数I・A

次の表1の①，②，③は，Aクラス，Bクラス，Cクラスの通学時間の範囲，中央値，四分位範囲についてまとめたものである。ただし，上から順にAクラス，Bクラス，Cクラスになっているとは限らない。

表1

	範囲	中央値	四分位範囲
①	104	42	26
②	122	46.5	39.5
③	42	17	16.5

次の(I)，(II)，(III)は表1に関する記述である。

(I)　A，B，Cクラスとも通学時間の第1四分位数と第3四分位数の少なくとも一方は整数値である。

(II)　Bクラスの通学時間で60分以上かかっている人がいる。

(III) Cクラスの通学時間の第1四分位数は30分より小さい。

表1から読み取れることとして正しいものは　チ　。

チ　の解答群

⓪　ない

①　(I)だけである

②　(II)だけである

③　(III)だけである

④　(I)と(II)だけである

⑤　(I)と(III)だけである

⑥　(II)と(III)だけである

⑦　(I)と(II)と(III)のすべてである

（数学I・数学A　第2問は次ページに続く。）

太郎さんが3クラスのデータをまとめていたところ,次郎さんから電話があった。ここで,「始業待ち時間」とは,始業時刻の何分前に高校に到着したかを表したものであり,各生徒の始業待ち時間は0以上の整数値である。

次郎:データの分析は,順調に進んでいる？
太郎:おかげさまで,いいデータが集まったよ。ところで,どうしたの？
次郎:実は,通学時間のデータをとった日は担任の先生の誕生日で,先生に渡すプレゼントの準備で,クラスの何人かが普段よりかなり早く登校していたらしいんだ。だから,別の日に37人全員の始業待ち時間だけデータをとり直したんだけど,そのデータも欲しい？
太郎:いいクラスだね！ そのデータももらえると助かるよ。

図1は,A,B,Cクラスの始業待ち時間を箱ひげ図で表したものである。また,Bクラスについては,担任の先生の誕生日の日のデータをB_1,別の日のデータをB_2としている。図2と図3のヒストグラムは,A,B_1,B_2,Cのいずれかのヒストグラムである。なお,ヒストグラムの各階級の区間は,左側の数値を含み,右側の数値を含まない。

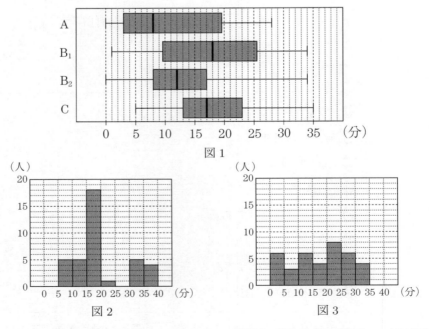

図1

図2

図3

(数学Ⅰ・数学A 第2問は次ページに続く。)

第 2 回　数 I・A

(2)　図 2 のヒストグラムに対応する箱ひげ図は，図 1 の $\boxed{\text{ツ}}$ である。

図 3 のヒストグラムに対応する箱ひげ図は，図 1 の $\boxed{\text{テ}}$ である。

$\boxed{\text{ツ}}$，$\boxed{\text{テ}}$ については，最も適当なものを，次の ⓪〜③ のうちから一つずつ選べ。

⓪　A　　　　①　B₁　　　②　B₂　　　③　C

（数学 I・数学 A 第 2 問は次ページに続く。）

— 17 —

太郎さんが3クラスのデータをまとめていたところ,花子さんからも電話があった。

花子:C高校のデータは,役立っている？
太郎:非常に助かっているよ。特に,花子さんのクラスのデータは特徴的だから,興味深い結果が出ているよ。
花子:C高校の最寄り駅に停車する電車は本数が多くないから,電車通学している生徒は,みな同じような時刻に登校するんだよ。
太郎:じゃあ,電車通学の生徒だけのデータも分析してみるね。ありがとう。

図4は,Aクラスの電車通学の生徒32人とCクラスの電車通学の生徒21人の散布図である。横軸は,始業時刻の何分前に家を出発したかを表し,縦軸は,通学時間(分)を表している。例えば,横軸の値が−60で縦軸の値が50である生徒がいたとすると,その生徒は始業時刻の60分前に家を出発して,通学に50分かかっていて,始業待ち時間は10分である。ただし,傾きが−1の直線5本を補助的に描いている。なお,図4において複数の点が重なって完全に一致している所はない。

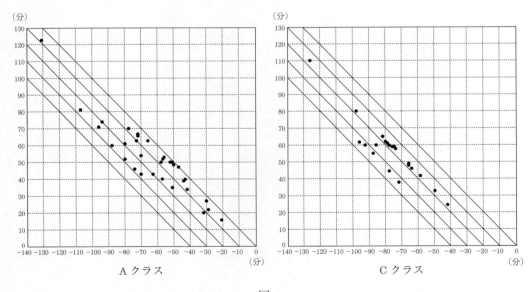

図4

(数学Ⅰ・数学A 第2問は次ページに続く。)

第2回　数I・A

(3)　次の⓪〜⑤のうち，図4から読み取れることとして正しいものは　ト　と　ナ　である。

　　　ト　，　ナ　の解答群(解答の順序は問わない。)

⓪　Aクラス，Cクラスとも，電車通学の生徒のうち通学時間が2番目に短い生徒は，家を出発した時刻も2番目に遅い。

①　Aクラス，Cクラスとも，電車通学の生徒のうち通学時間が2番目に長い生徒は，家を出発した時刻も2番目に早い。

②　Cクラスの電車通学の生徒のうち，始業時刻の60分前の時点で家を出発しているのは，クラスの電車通学の生徒の半数以下である。

③　Aクラスの電車通学の生徒のうち，通学時間が最長の生徒が高校に到着した時刻と，通学時間が最短の生徒が高校に到着した時刻の差は10分以下である。

④　Aクラスの電車通学の生徒のうち，始業待ち時間が10分以上であるのは，クラスの電車通学の生徒の半数以上である。

⑤　Cクラスの電車通学の生徒の中に，始業待ち時間が10分未満である生徒がいる。

(数学I・数学A 第2問は次ページに続く。)

— 19 —

太郎さんがデータをまとめていたところ，クラスメイトの優子さんから連絡があった。

優子：通学時間のデータをとった日だけど，通学途中に忘れ物に気づいて取りに帰ったら，通学時間が普段より長くなったんだ。

太郎：なるほど。じゃあ，忘れ物をしなかったときのデータも教えてもらえるかな。こっちの場合もまとめてみるね。

……

お。忘れ物をしたときと，忘れ物をしなかったときで，分散が同じになったよ。これは，興味深い。一般の場合で計算してみよう。

---

(4) n を $n \geqq 2$ を満たす自然数とする。実数値のデータ $x_1, x_2, \cdots, x_n$ および $y_1, y_2, \cdots, y_n$ に対して，それぞれの平均値を $\overline{x}, \overline{y}$，分散を $s_x{}^2, s_y{}^2$ とする。等式

$$s_x{}^2 = \frac{x_1{}^2 + x_2{}^2 + \cdots + x_n{}^2}{n} - \left(\overline{x}\right)^2, \quad s_y{}^2 = \frac{y_1{}^2 + y_2{}^2 + \cdots + y_n{}^2}{n} - \left(\overline{y}\right)^2$$

などに注意すると，$x_1 \neq y_1, x_2 = y_2, x_3 = y_3, \cdots, x_n = y_n$ のとき

$$s_x{}^2 - s_y{}^2 = \frac{x_1 - y_1}{n}\left\{\left(\boxed{\text{ニ}}\right) - \left(\boxed{\text{ヌ}}\right)\right\}$$

であるから，$s_x{}^2 = s_y{}^2$ のとき

$$\boxed{\text{ニ}} = \boxed{\text{ヌ}}$$

である。

$\boxed{\text{ニ}}$，$\boxed{\text{ヌ}}$ の解答群（同じものを繰り返し選んでもよい。）

⓪ $x_1 + y_1$ ① $nx_1 + ny_1$ ② $\dfrac{\overline{x}}{n} + \dfrac{\overline{y}}{n}$ ③ $\overline{x} + \overline{y}$

④ $n\overline{x} + n\overline{y}$ ⑤ $x_2 + x_3 + \cdots + x_n + y_2 + y_3 + \cdots + y_n$

第 2 回　数 I・A

（下 書 き 用 紙）

数学 I・数学 A の試験問題は次に続く。

第3問〜第5問は，いずれか2問を選択し，解答しなさい。

第3問 （選択問題）（配点 20）

はじめに，5枚の硬貨 A，B，C，D，E が表が上の状態でテーブルの上に置かれている。これらの硬貨に対して，次の**試行**を行う。

試行

5枚の硬貨のうち，裏が上の状態の硬貨はそのままにして，表が上の状態の硬貨だけをすべて拾い上げて投げる。

表が上の状態の硬貨がある限りは試行を続け，5枚の硬貨すべてが裏が上の状態になったとき，試行は終了とする。

(1) 1回目の試行で，試行が終了する確率は $\dfrac{\boxed{ア}}{\boxed{イウ}}$ である。

1回目の試行の後，表が上の状態の硬貨が3枚と裏が上の状態の硬貨が2枚である確率は $\dfrac{\boxed{エ}}{\boxed{オカ}}$ であり，このとき，2回目の試行で，試行が終了する条件付き確率は $\dfrac{\boxed{キ}}{\boxed{ク}}$ であるから，1回目の試行の後，表が上の状態の硬貨が3枚と裏が上の状態の硬貨が2枚であり，かつ，2回目の試行で，試行が終了する確率は $\dfrac{\boxed{ケ}}{\boxed{コサシ}}$ である。

（数学 I・数学 A 第3問は次ページに続く。）

第2回　数Ⅰ・A

(2)　3回目の試行の後，表が上の状態の硬貨が3枚と裏が上の状態の硬貨が2枚である確率を求めたい。1回目の試行の後，2回目の試行の後それぞれにおいて，表が上の状態の硬貨が何枚あるかで分けて考えるのは，かなり面倒な計算になるので，別の考え方で求めることにする。A，B，C，D，Eの各硬貨について考えてみよう。

　　　3回目の試行の後，硬貨Aが表が上の状態である確率は $\dfrac{\boxed{ス}}{\boxed{セ}}$ である。

3回目の試行の後，硬貨Aは表が上の状態で，硬貨Bは裏が上の状態である確率は $\dfrac{\boxed{ソ}}{\boxed{タチ}}$ である。

　　このように考えて，3回目の試行の後，表が上の状態の硬貨が3枚と裏が上の状態の硬貨が2枚である確率は $\dfrac{\boxed{ツテト}}{2^{\boxed{ナニ}}}$ である。

(3)　4回目の試行の後，表が上の状態の硬貨が3枚と裏が上の状態の硬貨が2枚であるとき，硬貨Aが表が上の状態である条件付き確率は，$\dfrac{\boxed{ヌ}}{\boxed{ネ}}$ である。

— 23 —

第3問～第5問は，いずれか2問を選択し，解答しなさい。

第4問 （選択問題）（配点 20）

n を2以上の整数とする。

1から n までの n 個の整数のうちで，n と互いに素である整数の個数を $f(n)$ とする。例えば，$n = 3$ のとき，1，2，3のうちで3と互いに素であるものは1と2の2個であるから $f(3) = 2$ であり，$n = 4$ のとき，1，2，3，4のうちで4と互いに素であるものは1と3の2個であるから $f(4) = 2$ である。

(1) $f(6) = \boxed{\text{ア}}$，$f(8) = \boxed{\text{イ}}$ である。

(2) p，q を異なる素数とする。

$$f(p) = \boxed{\text{ウ}}, \qquad f(p^2) = \boxed{\text{エ}}, \qquad f(pq) = \boxed{\text{オ}}$$

である。

$\boxed{\text{ウ}}$ の解答群

⓪ p	① $p-1$	② $p-2$

$\boxed{\text{エ}}$ の解答群

⓪ p^2	① $p^2 - 1$	② $p^2 - 2$	③ $p(p-1)$
④ $p^2 - p + 1$	⑤ p		

$\boxed{\text{オ}}$ の解答群

⓪ pq	① $pq - 1$	② $pq - 2$
③ $(p-1)(q-1)$	④ $(p-2)(q-2)$	

$f(pq) = 24$ を満たす素数 p，q の組のうち，$p < q$ であるものは

$$(p, q) = \left(\boxed{\text{カ}}, \boxed{\text{キク}}\right), \quad \left(\boxed{\text{ケ}}, \boxed{\text{コ}}\right)$$

である。

（数学 I・数学 A 第4問は次ページに続く。）

第 2 回　数 I・A

(3)　1 から 3^7 までの整数のうち，3 の倍数は $3^{\boxed{サ}}$ 個あるから

$$f(3^7) = \boxed{シ} \cdot 3^{\boxed{ス}} \quad (\text{ただし，} \boxed{シ} \text{と 3 は互いに素とする})$$

であり，同様にして

$$f(5^6) = \boxed{セ} \cdot 5^{\boxed{ソ}} \quad (\text{ただし，} \boxed{セ} \text{と 5 は互いに素とする})$$

である。

　また，1 から $3^7 \cdot 5^6$ までの整数のうち 15 の倍数は $3^{\boxed{タ}} \cdot 5^{\boxed{チ}}$ 個あるから

$$f(3^7 \cdot 5^6) = \boxed{ツ} \cdot 3^{\boxed{テ}} \cdot 5^{\boxed{ト}}$$

　　(ただし，$\boxed{ツ}$ と 3，$\boxed{ツ}$ と 5 は互いに素とする)

である。

— 25 —

第3問～第5問は，いずれか2問を選択し，解答しなさい。

第5問 （選択問題）（配点 20）

△ABC において，辺 BC 上に点 D があり，∠ADB = 90°，BD = 3，CD = 1，AD = $\sqrt{7}$ とする。

$$AB = \boxed{\ \ \text{ア}\ \ }\ ,\quad AC = \boxed{\ \ \text{イ}\ \ }\sqrt{\boxed{\ \ \text{ウ}\ \ }}$$

である。

△ABC の外接円を O とし，円 O 上の点 A における接線と直線 BC との交点を E とすると，△CAE と $\boxed{\ \ \text{エ}\ \ }$ が相似であることや，∠ADE = 90° であることを利用すると

$$AE = \boxed{\ \ \text{オ}\ \ }\sqrt{\boxed{\ \ \text{カ}\ \ }}\ ,\quad CE = \boxed{\ \ \text{キ}\ \ }$$

であることがわかる。

$\boxed{\ \ \text{エ}\ \ }$ の解答群

⓪ △ABC	① △ABD	② △ABE
③ △DAC	④ △DAE	

（数学 I・数学 A 第 5 問は次ページに続く。）

— 26 —

第2回　数Ⅰ・A

(1)　$\angle CAE = \theta$ とすると

$$\angle ABC = \boxed{\text{ク}}, \quad \angle CAD = \boxed{\text{ケ}}, \quad \angle AEB = \boxed{\text{コ}}$$

と表される。

$\boxed{\text{ク}} \sim \boxed{\text{コ}}$ の解答群(同じものを繰り返し選んでもよい。)

⓪　$\dfrac{\theta}{2}$	①　$90° - \dfrac{\theta}{2}$	②　$180° - \dfrac{\theta}{2}$
③　θ	④　$90° - \theta$	⑤　$180° - \theta$
⑥　$\dfrac{3}{2}\theta$	⑦　$90° - \dfrac{3}{2}\theta$	⑧　$180° - \dfrac{3}{2}\theta$

(2)　B から辺 AC に垂直な直線を引き，線分 AE との交点を P とすると

$$\frac{AP}{PE} = \frac{\boxed{\text{サ}}}{\boxed{\text{シ}}}$$

であり

$$CP = \frac{\boxed{\text{ス}}\sqrt{\boxed{\text{セ}}}}{\boxed{\text{ソ}}}$$

である。

第 3 回
実 戦 問 題
(100 点　70 分)

```
●━━ 標 準 所 要 時 間 ━━●
第 1 問      21 分 │ 第 4 問      14 分
第 2 問      21 分 │ 第 5 問      14 分
第 3 問      14 分 │
```

（注）　第 1 問・第 2 問は必答，第 3 問～第 5 問のうち 2 問選択解答

(注) この科目には，選択問題があります。

数　学　I・A

第1問 （必答問題）（配点　30）

〔1〕 整式

$$A = \sqrt{3}xy - 6x - 3y + 6\sqrt{3}$$

を考える。

$$A = \sqrt{\boxed{\text{ア}}}\left(x - \sqrt{\boxed{\text{イ}}}\right)\left(y - \boxed{\text{ウ}}\sqrt{\boxed{\text{エ}}}\right)$$

である。

(1)　$x = \dfrac{1}{2 - \sqrt{3}}$，$y = \dfrac{2}{\sqrt{3} - \sqrt{2}}$ のとき

$$A = \boxed{\text{オ}}\sqrt{\boxed{\text{カ}}}$$

であり，A に最も近い整数は $\boxed{\text{キ}}$ である。

$\boxed{\text{キ}}$ の解答群

⓪　4	①　5	②　6	③　7
④　8	⑤　9	⑥　10	⑦　11

（数学 I・数学 A 第 1 問は次ページに続く。）

－ 2 －

第 3 回　数 I・A

(2)　$y = -x$ のとき，$A < 0$ を満たす x の値の範囲は $\boxed{\ \text{ク}\ }$ である。

$\boxed{\ \text{ク}\ }$ の解答群

⓪　$-\boxed{\text{ウ}}\sqrt{\boxed{\text{エ}}} < x < -\sqrt{\boxed{\text{イ}}}$

①　$-\boxed{\text{ウ}}\sqrt{\boxed{\text{エ}}} < x < \sqrt{\boxed{\text{イ}}}$

②　$-\sqrt{\boxed{\text{イ}}} < x < \boxed{\text{ウ}}\sqrt{\boxed{\text{エ}}}$

③　$\sqrt{\boxed{\text{イ}}} < x < \boxed{\text{ウ}}\sqrt{\boxed{\text{エ}}}$

④　$x < -\boxed{\text{ウ}}\sqrt{\boxed{\text{エ}}}\,,\ -\sqrt{\boxed{\text{イ}}} < x$

⑤　$x < -\boxed{\text{ウ}}\sqrt{\boxed{\text{エ}}}\,,\ \sqrt{\boxed{\text{イ}}} < x$

⑥　$x < -\sqrt{\boxed{\text{イ}}}\,,\ \boxed{\text{ウ}}\sqrt{\boxed{\text{エ}}} < x$

⑦　$x < \sqrt{\boxed{\text{イ}}}\,,\ \boxed{\text{ウ}}\sqrt{\boxed{\text{エ}}} < x$

(3)　$x > 2$ かつ $y < 3$ であることは，$A < 0$ であるための $\boxed{\ \text{ケ}\ }$。

$\boxed{\ \text{ケ}\ }$ の解答群

⓪　必要条件であるが，十分条件ではない

①　十分条件であるが，必要条件ではない

②　必要十分条件である

③　必要条件でも十分条件でもない

（数学 I・数学 A 第 1 問は次ページに続く。）

－ 3 －

〔2〕 右の図は，向かい合う二つの平行な鏡に点 A から光が進み始め，最初に反射する点を B，2回目に反射する点を C としたときのようすである。ただし，3点 A，B，C を含む平面と鏡は垂直であるとし，二つの鏡の間の距離は 1，∠BAC = θ ($0° < \theta < 90°$) とする。また，光の反射の前後で鏡と光のなす角の大きさが変わらないことは知られている。

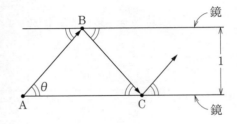

(1) 線分 AB の長さは コ であり，線分 AC の長さは サ である。また，$2 < AC < 2\sqrt{3}$ となるような θ の値の範囲は，シス° $< \theta <$ セソ° である。

コ ， サ の解答群(同じものを繰り返し選んでもよい。)

⓪ $\sin\theta$　　① $\cos\theta$　　② $\tan\theta$
③ $\dfrac{1}{\sin\theta}$　　④ $\dfrac{1}{\cos\theta}$　　⑤ $\dfrac{1}{\tan\theta}$
⑥ $\dfrac{2}{\sin\theta}$　　⑦ $\dfrac{2}{\cos\theta}$　　⑧ $\dfrac{2}{\tan\theta}$

(数学 I・数学 A 第1問は次ページに続く。)

第3回　数I・A

(2)　$\theta = 15°$ として，$\triangle ABC$ に(1)の結果と正弦定理，余弦定理を用いて $\tan 15°$ の値を求めてみよう。

　　$\triangle ABC$ において正弦定理を用いると，関係式

$$\frac{4}{\tan 15°} = \boxed{\text{タ}}$$

が得られる。また，$\triangle ABC$ において余弦定理を用いると，関係式

$$\frac{4}{\tan^2 15°} = \boxed{\text{チ}}$$

が得られる。これら二つの式から

$$\tan 15° = \boxed{\text{ツ}} - \sqrt{\boxed{\text{テ}}}$$

である。

$\boxed{\text{タ}}$ の解答群

⓪ $\dfrac{1}{\sin^2 15°}$ 　 ① $\dfrac{1}{\cos^2 15°}$ 　 ② $\dfrac{\sqrt{3}}{\sin^2 15°}$ 　 ③ $\dfrac{\sqrt{3}}{\cos^2 15°}$

④ $\dfrac{2}{\sin^2 15°}$ 　 ⑤ $\dfrac{2}{\cos^2 15°}$ 　 ⑥ $\dfrac{1}{\sqrt{3}\sin^2 15°}$ 　 ⑦ $\dfrac{1}{\sqrt{3}\cos^2 15°}$

$\boxed{\text{チ}}$ の解答群

⓪ $\dfrac{1}{\sin^2 15°}$ 　 ① $\dfrac{1}{\cos^2 15°}$ 　 ② $\dfrac{2-\sqrt{3}}{\sin^2 15°}$ 　 ③ $\dfrac{2-\sqrt{3}}{\cos^2 15°}$

④ $\dfrac{3}{\sin^2 15°}$ 　 ⑤ $\dfrac{3}{\cos^2 15°}$ 　 ⑥ $\dfrac{2+\sqrt{3}}{\sin^2 15°}$ 　 ⑦ $\dfrac{2+\sqrt{3}}{\cos^2 15°}$

（数学 I・数学 A 第 1 問は次ページに続く。）

[3] △ABC の辺 BC, CA, AB の長さをそれぞれ a, b, c で表し，∠BAC，∠ABC，∠BCA の大きさをそれぞれ A, B, C で表すことにする。

$$P = abc(\sin A \cos A - \sin B \cos B)$$

として，P の値と △ABC の形状について考えてみよう。

(1)(i) 正弦定理と余弦定理から，$\sin A$, $\sin B$, $\cos A$, $\cos B$ を a, b, c および △ABC の外接円の半径 R を用いて表すと次のようになる。

$$\sin A = \boxed{\text{ト}}, \ \sin B = \boxed{\text{ナ}}, \ \cos A = \boxed{\text{ニ}}, \ \cos B = \boxed{\text{ヌ}}$$

$\boxed{\text{ト}} \sim \boxed{\text{ヌ}}$ の解答群

⓪ $\dfrac{a}{2R}$ ① $\dfrac{b}{2R}$ ② $\dfrac{2R}{a}$

③ $\dfrac{2R}{b}$ ④ $\dfrac{b^2 + c^2 - a^2}{bc}$ ⑤ $\dfrac{c^2 + a^2 - b^2}{ca}$

⑥ $\dfrac{b^2 + c^2 - a^2}{2bc}$ ⑦ $\dfrac{c^2 + a^2 - b^2}{2ca}$

(ii) これらを P に代入して，整理すると

$$P = \boxed{\text{ネ}}$$

となる。

$\boxed{\text{ネ}}$ の解答群

⓪ $2R(b^2 - a^2)$ ① $2R(a^2 - b^2)$

② $4R(b^2 - a^2)$ ③ $4R(a^2 - b^2)$

④ $\dfrac{(b^2 - a^2)(a^2 + b^2 - c^2)}{2R}$ ⑤ $\dfrac{(a^2 - b^2)(a^2 + b^2 - c^2)}{2R}$

⑥ $\dfrac{(b^2 - a^2)(a^2 + b^2 - c^2)}{4R}$ ⑦ $\dfrac{(a^2 - b^2)(a^2 + b^2 - c^2)}{4R}$

⑧ $\dfrac{2(b^2 - a^2)(a^2 + b^2 - c^2)}{R}$ ⑨ $\dfrac{2(a^2 - b^2)(a^2 + b^2 - c^2)}{R}$

（数学 I・数学 A 第 1 問は次ページに続く。）

第3回　数I・A

(2)　$P = 0$ のとき，$\triangle$ABC は $\boxed{\text{ノ}}$ である。

$\boxed{\text{ノ}}$ の解答群

⓪　$a = b$ の二等辺三角形

①　$C = 90°$ の直角三角形

②　$a = b$ かつ $C = 90°$ の直角二等辺三角形

③　$a = b$ の二等辺三角形，または $C = 90°$ の直角三角形

(3)　$P > 0$ のとき，$\triangle$ABC は $\boxed{\text{ハ}}$ である。

$\boxed{\text{ハ}}$ の解答群

⓪　$a > b$ の三角形

①　$a < b$ の三角形

②　$C > 90°$ の三角形

③　$C < 90°$ の三角形

④　$a > b$ かつ $C > 90°$ の三角形

⑤　$a > b$ かつ $C < 90°$ の三角形

⑥　$a < b$ かつ $C > 90°$ の三角形

⑦　$a < b$ かつ $C < 90°$ の三角形

⑧　$a < b$ かつ $C < 90°$ の三角形，または $a > b$ かつ $C > 90°$ の三角形

⑨　$a > b$ かつ $C < 90°$ の三角形，または $a < b$ かつ $C > 90°$ の三角形

第2問 （必答問題）（配点 30）

〔1〕 ある農業試験場で，作物Aの収穫量（単位はkg）（以下，収穫量）を調べた。

(1) 1日ごとの収穫量を27日間調べた。表1は収穫量の少ないものから順にまとめたものであり，図1は収穫量を箱ひげ図にまとめたものである。データの値はすべて整数値である。

表1 1日ごとの収穫量

| 3 |
| 4 |
| 8 |
| 11 |
| 13 |
| 18 |
| ⋮ |
| 32 |
| 33 |
| 34 |
| 36 |
| 37 |
| 39 |

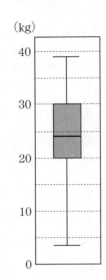

図1 1日ごとの収穫量の箱ひげ図

（数学Ⅰ・数学A第2問は次ページに続く。）

第3回　数I・A

次の(I)，(II)，(III)は表1および図1に関する記述である。

(I)　収穫量の第1四分位数は 20 であり，第3四分位数は 30 である。

(II)　収穫量の四分位範囲は 10 であり，収穫量が 20 kg 以上 25 kg 以下の
　　　日数は 6 日以下である。

(III)　収穫量が 30 kg 以上の日数は，収穫量が 20 kg 以上 30 kg 以下の日数
　　　よりもちょうど 9 日少ない。

　　　(I)，(II)，(III)の正誤の組合せとして正しいものは ⬚ ア ⬚ である。

⬚ ア ⬚ の解答群

	⓪	①	②	③	④	⑤	⑥	⑦
(I)	正	正	正	正	誤	誤	誤	誤
(II)	正	正	誤	誤	正	正	誤	誤
(III)	正	誤	正	誤	正	誤	正	誤

（数学 I・数学 A 第 2 問は次ページに続く。）

他のデータからみて，極端に大きな値，または極端に小さな値を「外れ値」という。測定ミス・記録ミス等に起因する「異常値」とは概念的には異なるが，実用上は区別できないこともある。外れ値の判定方法はいくつかあるが

　　　((第 1 四分位数) − (四分位範囲) × 1.5) 以下の値をとるデータ

および

　　　((第 3 四分位数) + (四分位範囲) × 1.5) 以上の値をとるデータ

を外れ値とする。

という考え方を用いて，27 日間の収穫量の測定値について外れ値が含まれているかどうかを調べた。

(数学 I・数学 A 第 2 問は次ページに続く。)

第3回　数I・A

表1および図1を用いて判定すると，27個の測定値のうち外れ値は イ 個あることがわかった。外れ値を除いた $(27-$ イ $)$ 個のデータについて新たに作成した箱ひげ図は ウ である。

ウ については，最も適当なものを，次の⓪〜⑦のうちから一つ選べ。

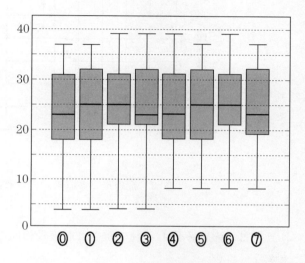

（数学 I・数学 A 第2問は次ページに続く。）

(2) 農地を24等分して各耕地に異なる量の種をまき，収穫量を調べた。図2は24か所のそれぞれの場所にまいた種の重さを横軸に，収穫量を縦軸にして散布図にまとめたものである。

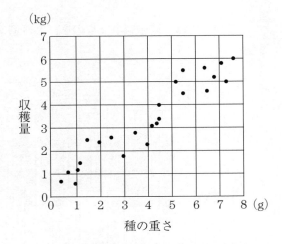

図2 種の重さと収穫量の散布図

(i) 図2から読み取れる種の重さと収穫量の間の相関係数は エ である。

エ については，最も近いものを，次の⓪～⑤のうちから一つ選べ。

| ⓪ -0.95 | ① -0.45 | ② -0.15 |
| ③ 0.15 | ④ 0.45 | ⑤ 0.95 |

(数学 I・数学 A 第2問は次ページに続く。)

第3回　数 I・A

この散布図の各点は直線上に分布する傾向が読み取れる。

このデータの分布の様子を表す直線を考えてみよう。

種の重さ(単位は g)を変量 x,収穫量(単位は kg)を変量 y とし,x,y の値を (x_1, y_1),(x_2, y_2),$\cdots$,(x_{24}, y_{24}) とする。

散布図において,原点を通り傾きが m の直線を ℓ とし,mx_1 と y_1,mx_2 と y_2,$\cdots$,mx_{24} と y_{24} との差の平方の和が最も小さくなれば,ℓ はこのデータの分布の様子を最もよく表す直線であると考えることにする。

このような m の値を m_0 とし,m_0 を求めよう。

(ii)　$f(m) = (y_1 - mx_1)^2 + (y_2 - mx_2)^2 + \cdots + (y_{24} - mx_{24})^2$

とおくと

$$f(m) = \boxed{\text{オ}}\, m^2 - 2\boxed{\text{カ}}\, m + \boxed{\text{キ}}$$

と変形できる。

$\boxed{\text{オ}} \sim \boxed{\text{キ}}$ の解答群(同じものを繰り返し選んでもよい。)

⓪ $(x_1 + x_2 + \cdots + x_{24})$	① $(y_1 + y_2 + \cdots + y_{24})$
② $(x_1 + x_2 + \cdots + x_{24})^2$	③ $(y_1 + y_2 + \cdots + y_{24})^2$
④ $(x_1{}^2 + x_2{}^2 + \cdots + x_{24}{}^2)$	⑤ $(y_1{}^2 + y_2{}^2 + \cdots + y_{24}{}^2)$
⑥ $(x_1 + x_2 + \cdots + x_{24})(y_1 + y_2 + \cdots + y_{24})$	
⑦ $(x_1y_1 + x_2y_2 + \cdots + x_{24}y_{24})$	

(数学 I・数学 A 第 2 問は次ページに続く。)

$f(m)$ は m の 2 次関数であり，次の表 2 の数値を用いることにより，m_0 を求めることができる。ただし，表 2 の数値はすべて正確な値であり，四捨五入されていない。

表 2　変量の合計

x の合計	96.4	x^2 の合計	510
y の合計	80.4	y^2 の合計	338

xy の合計	410

(iii)　$m_0 = \dfrac{\boxed{クケ}}{\boxed{コサ}}$ である。

(数学 I・数学 A 第 2 問は次ページに続く。)

第 3 回　数 I・A

　　$f(m)$ が最小となるときの m の値 m_0 を用いて

　　　$z = m_0 x$

の関係式で定まる変量 z を予測収穫量(単位は kg)と名付けた。

(iv)　10.2 g の種をまいたときの予測収穫量は シ . ス kg である。

（数学 I・数学 A 第 2 問は次ページに続く。）

〔2〕 花子さんは売店でジュースを販売している。現在1杯の値段は200円で、毎日平均して150杯売れている。

花子さんは値段の改定を考えている。これまでの経験から、値段を20円上げると1日の売り上げが10杯減ることがわかっている。

ジュース1杯の値段を x 円として、売り上げ数が x の1次関数で表されると仮定すると、1日の売り上げ数は

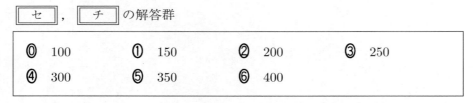

と表される。

ジュースの販売にかかる費用は、ジュース1杯につき材料費が100円、その他の経費は、1日につき1000円である。

1日の利益を y 円とすると、y は x の2次関数で表される。

利益 y が最大になるのは $x=$ チ のときで、このとき、$y=$ ツテトナニ である。

セ , チ の解答群

| ⓪ 100 | ① 150 | ② 200 | ③ 250 |
| ④ 300 | ⑤ 350 | ⑥ 400 | |

(数学 I・数学 A 第2問は次ページに続く。)

第 3 回　数 I・A

　また，花子さんの店ではサンドイッチも 1 個 320 円で販売している。サンドイッチの材料費は 1 個につき 160 円であり，売り上げ数はジュースの売り上げ数の a %であると仮定する。また，その他の経費はサンドイッチを販売しても増えず，ジュースの分とサンドイッチの分を合わせて，1 日につき 1000 円である。

　ジュースとサンドイッチを合わせた利益が $x = 260$ のとき最大になるとすると，$a = \boxed{\text{ヌネ}}$ である。

（数学 I・数学 A 第 2 問は次ページに続く。）

— 17 —

〔3〕 a を実数とする。x の 2 次関数 $f(x)$ を

$$f(x) = x^2 - 2(a+1)x + a + 1$$

とし，2 次関数 $y = f(x)$ のグラフを C とする。

(1) C の頂点の x 座標は $\boxed{\text{ノ}}$ である。

$\boxed{\text{ノ}}$ の解答群

⓪ $-a+1$ ① $a-1$ ② $-a-1$ ③ $a+1$

(2) 次の⓪〜③のうち，a の値と C についての正しい記述は，$\boxed{\text{ハ}}$ と $\boxed{\text{ヒ}}$ である。

$\boxed{\text{ハ}}$，$\boxed{\text{ヒ}}$ の解答群（解答の順序は問わない。）

⓪ $a = 0$ のとき，C は y 軸の正の部分と交わる。

① C が x 軸と接するのは，$a = 0$ と $a = 1$ のときである。

② $a > -1$ のとき，C の頂点の x 座標と y 座標はともに正である。

③ $a = 2$ のとき，C を x 軸方向に -3，y 軸方向に 6 だけ平行移動すると $y = x^2$ のグラフとなる。

(3) $a = 3$ とする。$p \leqq x \leqq p+1$ における関数 $f(x)$ の最大値が 13 となるような定数 p の値は $\boxed{\text{フヘ}}$ と $\boxed{\text{ホ}}$ である。

— 18 —

第3回 数I・A

（下 書 き 用 紙）

数学I・数学Aの試験問題は次に続く。

第3問～第5問は，いずれか2問を選択し，解答しなさい。

第3問 （選択問題） （配点 20）

　太郎さんの家の近くのビルに自習室があり，自習室の外に利用者が並んでいる。この自習室はすべて横一列に並ぶブース席であり，案内係は並んでいる利用者を数人ずつ席に案内し，利用者は1人ずつ以下の確率で席に座っていくものとする。

利用者がブース席に座る確率

- 1人目の利用者は，両端のいずれかの席にそれぞれ確率 $\dfrac{1}{2}$ で座る。
- 2人目の利用者は，1人目の利用者が座っていない方の端の席に確率1で座る。
- 3人目以降の利用者は，それまでに座っている人の隣の席以外の席に，等しい確率で座る。ただし，それまでに座っている人の隣りの席しか空いていない場合は，そのどこかの席に等しい確率で座る。

　例えば，案内係が次の図のような7個並んだブース席に4人の利用者を案内した場合

A	B	C	D	E	F	G

1人目の利用者は，端のAまたはGにそれぞれ確率 $\dfrac{1}{2}$ で座る。2人目の利用者は，1人目の利用者が座っていない方の端の席に確率1で座る。3人目の利用者はB，Fには座らず，C，D，Eのいずれかにそれぞれ確率 $\dfrac{1}{3}$ で座る。3人目の利用者がCに座った場合，4人目の利用者はEに確率1で座る。また，3人目の利用者がDに座った場合，4人目の利用者はB，C，E，Fのいずれかにそれぞれ確率 $\dfrac{1}{4}$ で座る。

（数学 I・数学 A 第3問は次ページに続く。）

— 20 —

第3回　数Ⅰ・A

(1) 案内係が図1のような4個並んだブース席に利用者を案内した場合を考える。

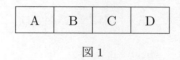

図1

4人の利用者が A，D，B，C の順に座る確率は $\dfrac{ア}{イ}$ である。

また，3人の利用者が座ったとき，C が空いている確率は $\dfrac{ウ}{エ}$ である。

（数学Ⅰ・数学A 第3問は次ページに続く。）

(2) 案内係が図2のような6個並んだブース席に利用者を案内した場合を考える。

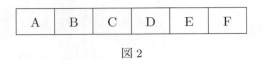

図2

4人の利用者が座ったとき，Cが空いている確率は $\dfrac{\boxed{オ}}{\boxed{カ}}$ である。

5人の利用者が座ったとき，Cが空いている確率は $\dfrac{\boxed{キ}}{\boxed{ク}}$ である。

また，5人の利用者が座ったとき，Bが空いている確率を $P(B)$，Cが空いている確率を $P(C)$ とすると，$P(B)$ と $P(C)$ には $\boxed{ケ}$ という関係が成り立つ。

$\boxed{ケ}$ の解答群

| ⓪ $P(B) = P(C)$ | ① $P(B) = 2P(C)$ | ② $2P(B) = P(C)$ |
| ③ $P(B) = 3P(C)$ | ④ $3P(B) = P(C)$ |

（数学Ⅰ・数学A 第3問は次ページに続く。）

第3回　数I・A

(3) 案内係が図3のような8個並んだブース席に4人の利用者を案内した場合を考える。

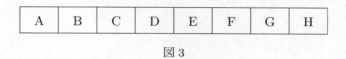

図3

(i) 4人の利用者がA, H, C, Eの順に座る確率は $\dfrac{コ}{サシ}$ である。

(ii) 4人の利用者がA, C, E, Hに座る確率は $\dfrac{ス}{セ}$ である。また，4人の利用者がA, C, E, Hに座っているとき，Eに座っている利用者が4人目に座った利用者である条件付き確率は $\dfrac{ソ}{タ}$ である。

第3問～第5問は，いずれか2問を選択し，解答しなさい。

第4問 （選択問題）（配点 20）

$a = 736$, $b = 621$ とし，a と b の最大公約数を g とする。

(1) ab を素因数分解すると

$$ab = 2^{\boxed{ア}} \times 3^{\boxed{イ}} \times \boxed{ウエ}^2$$

であり，$g = \boxed{オカ}$ である。

$c = \sqrt{abN}$ が整数となる正の整数 N の中で，最小のものは $\boxed{キ}$ であり，このとき

$$\frac{c}{g} = \boxed{クケ}$$

である。

（数学 I・数学 A 第4問は次ページに続く。）

第3回　数I・A

(2)　不定方程式

$$ax + by = 3g \qquad\qquad \cdots\cdots ①$$

の整数解 x, y を考える。①は

$$\boxed{コサ}\, x = 3\left(1 - \boxed{シ}\, y\right)$$

と変形できて，$\boxed{コサ}$ と 3 は互いに素であるから，x は 3 の倍数である。

　　よって，z を整数として $x = 3z$ とおくと，①は

$$\boxed{ス}\, y + \boxed{セソ}\, z = 1 \qquad\qquad \cdots\cdots ②$$

となる。②の整数解 y, z の中で，z の絶対値が最小になるのは

$$y = -\boxed{タ}, \qquad z = \boxed{チ}$$

である。したがって，①のすべての整数解は，k を整数として

$$x = \boxed{ツテ}\, k + \boxed{ト}, \qquad y = -\boxed{ナニ}\, k - \boxed{タ}$$

と表される。

　　この結果から，不定方程式

$$ax + by = 3g$$

の整数解について述べた次の ⓪～⑤ のうち，正しいものは $\boxed{ヌ}$ と $\boxed{ネ}$ であることがわかる。

$\boxed{ヌ}$，$\boxed{ネ}$ の解答群(解答の順序は問わない。)

⓪　x はつねに 6 の倍数である。

①　x が 6 の倍数になることはない。

②　x が 9 の倍数になることはない。

③　y はつねに偶数である。

④　y はつねに奇数である。

⑤　y は偶数であることも奇数であることもある。

第3問～第5問は，いずれか2問を選択し，解答しなさい。

第5問 （選択問題）（配点 20）

(1) 四角形に関する次の**定理**を考える。

> **定理** 凸四角形 ABCD において
> $$AB \cdot CD + AD \cdot BC \geq AC \cdot BD$$
> が成り立つ。ここで，凸四角形とは，四つの内角がすべて 180° より小さい四角形のことである。

この**定理**が成り立つことは，次のように証明できる。

∠BAD 内に ∠BAE = ∠CAD，
∠ABE = ∠ACD となる点 E をとる。△ABE と
ア が相似であるから

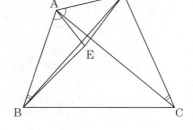

$$AB : \boxed{イ} = \boxed{ウ} : CD$$

∴ $AB \cdot CD = \boxed{イ} \cdot \boxed{ウ}$ ……①

また，△ABE と ア の相似から

$$AB : \boxed{イ} = AE : \boxed{エ}$$ ……②

∠BAC = オ であることと②より，△ABC と カ は相似である。
したがって

$$BC : \boxed{キ} = \boxed{ク} : AD$$

∴ $AD \cdot BC = \boxed{キ} \cdot \boxed{ク}$ ……③

①＋③より

$$AB \cdot CD + AD \cdot BC = \boxed{イ} \cdot \boxed{ウ} + \boxed{キ} \cdot \boxed{ク}$$

ここで

$$\boxed{ケ} + \boxed{コ} \geq \boxed{サ}$$

であるから

$$AB \cdot CD + AD \cdot BC \geq AC \cdot BD$$

が成り立つ。

（数学 I・数学 A 第 5 問は次ページに続く。）

第3回　数 I・A

ア ， カ の解答群

⓪ △ABD　　① △ACD　　② △ACE　　③ △AED

イ ～ エ ， キ ～ サ の解答群(同じものを繰り返し選んでも
よい。また， キ と ク および ケ と コ の解答の順序は問わ
ない。)

⓪ AC　　① AD　　② BC　　③ BD

④ BE　　⑤ CE　　⑥ ED

オ の解答群

⓪ ∠ABC　　① ∠ADC　　② ∠AED　　③ ∠DAE

(数学 I・数学 A 第 5 問は次ページに続く。)

(2) 凸四角形 ABCD について考える。AB・CD + AD・BC = AC・BD が成立するための必要十分条件は $\boxed{シ}$ である。

$\boxed{シ}$ については，最も適当なものを，次の **⓪**〜**③** のうちから一つ選べ。

⓪ 四角形 ABCD が台形であること

① 四角形 ABCD が平行四辺形であること

② 四角形 ABCD が長方形であること

③ 四角形 ABCD が円に内接すること

また，次の **⓪**〜**④** のうち，AB・CD + AD・BC = AC・BD が成り立つための十分条件は $\boxed{ス}$ または $\boxed{セ}$ である。

$\boxed{ス}$ ，$\boxed{セ}$ の解答群（解答の順序は問わない。）

⓪ $\angle ABC = \angle BCD = 90°$

① $\angle ABC = \angle CDA = 90°$

② $\angle BAC = \angle BDC$

③ $AD \parallel BC$

④ $AC \perp BD$

第 4 回
実 戦 問 題
（100 点　70 分）

● 標 準 所 要 時 間 ●

第 1 問	21 分	第 4 問	14 分
第 2 問	21 分	第 5 問	14 分
第 3 問	14 分		

（注）　第 1 問・第 2 問は必答，第 3 問～第 5 問のうち 2 問選択解答

(注) この科目には，選択問題があります。

数　学　I・A

第1問　（必答問題）（配点　30）

〔1〕　a を実数の定数とする。実数 x についての不等式

$$|2-3x|-\sqrt{6}x > a \qquad\qquad \cdots\cdots①$$

を考える。

$x \geqq \dfrac{\boxed{ア}}{\boxed{イ}}$ のとき

$$|2-3x|-\sqrt{6}x = \boxed{ウ}$$

であり，$x < \dfrac{\boxed{ア}}{\boxed{イ}}$ のとき

$$|2-3x|-\sqrt{6}x = \boxed{エ}$$

である。

$\boxed{ウ}$，$\boxed{エ}$ の解答群

⓪　$-(3+\sqrt{6})x-2$　　　　　① 　$-(3+\sqrt{6})x+2$

②　$(\sqrt{6}-3)x-2$　　　　　　③ 　$(\sqrt{6}-3)x+2$

④　$(3-\sqrt{6})x-2$　　　　　　⑤ 　$(3-\sqrt{6})x+2$

⑥　$(3+\sqrt{6})x-2$　　　　　　⑦ 　$(3+\sqrt{6})x+2$

（数学 I・数学 A 第 1 問は次ページに続く。）

— 2 —

第4回　数Ⅰ・A

(1) $a=1$ とする。このとき①の解は

$$x < \frac{\boxed{オ} - \sqrt{\boxed{カ}}}{\boxed{キ}}, \quad \boxed{ク} + \sqrt{\boxed{ケ}} < x$$

である。

(2) ①がすべての実数 x について成り立つような整数 a の値の最大値は $\boxed{コ}$ である。

$\boxed{コ}$ の解答群

⓪ -4　　① -3　　② -2　　③ -1　　④ 0

（数学Ⅰ・数学A 第1問は次ページに続く。）

〔2〕 太郎さんと花子さんは，電車の窓から見える山の高さを計算してみようと話している。

太郎：窓の外に見えるあの山の高さを計算してみよう。今止まっている地点Aで，角度を測ることができるアプリを使うと，山頂Tを見上げる角度がわかるね。
花子：山頂Tの真下で，この地点Aと同じ高さの地点をBとすると，A，B間の距離がわかれば山の高さTBが計算できるね。
太郎：電車の進行方向と直線ABの角度がちょうど45°だから，電車の進行方向にあって地点Aと同じ高さの地点Cまでの距離と∠ACBを測れば，A，B間の距離が計算できるね。

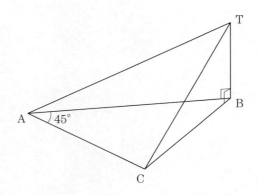

(数学Ⅰ・数学A 第1問は次ページに続く。)

第4回　数 I・A

地点 A と地点 C の直線距離は AC = 2 (km) であり，∠BAC = 45°，
∠ACB = 105° であった。このことから，∠ABC = $\boxed{サシ}$° であり

$$BC = \boxed{ス}\sqrt{\boxed{セ}}\ (km)$$
$$AB = \sqrt{\boxed{ソ}} + \sqrt{\boxed{タ}}\ (km)$$

である。ただし，$\boxed{ソ}$，$\boxed{タ}$ は解答の順序は問わない。

∠TAB = 16° であったとする。山の高さ TB を AB を用いて表すと，
TB = $\boxed{チ}$ (km) であり，∠TCB は $\boxed{ツ}$。なお，$\boxed{ツ}$ の計算においては，必要に応じて 7 ページの三角比の表を用いてもよい。また，$\sqrt{2} = 1.41$，$\sqrt{3} = 1.73$ としてよい。

$\boxed{チ}$ の解答群

⓪ $AB \sin 16°$	① $\dfrac{AB}{\sin 16°}$	② $AB \cos 16°$
③ $\dfrac{AB}{\cos 16°}$	④ $AB \tan 16°$	⑤ $\dfrac{AB}{\tan 16°}$

$\boxed{ツ}$ の解答群

⓪ 6° より大きく 7° より小さい

① 15° より大きく 16° より小さい

② 21° より大きく 22° より小さい

③ 28° より大きく 29° より小さい

④ 45° より大きく 46° より小さい

⑤ 68° より大きく 69° より小さい

⑥ 71° より大きく 72° より小さい

⑦ 82° より大きく 83° より小さい

⑧ 85° より大きく 86° より小さい

（数学 I・数学 A 第 1 問は 7 ページに続く。）

— 5 —

（下 書 き 用 紙）

数学 I・数学 A の試験問題は次に続く。

第4回　数 I・A

三角比の表

角	正弦(sin)	余弦(cos)	正接(tan)	角	正弦(sin)	余弦(cos)	正接(tan)
0°	0.0000	1.0000	0.0000	45°	0.7071	0.7071	1.0000
1°	0.0175	0.9998	0.0175	46°	0.7193	0.6947	1.0355
2°	0.0349	0.9994	0.0349	47°	0.7314	0.6820	1.0724
3°	0.0523	0.9986	0.0524	48°	0.7431	0.6691	1.1106
4°	0.0698	0.9976	0.0699	49°	0.7547	0.6561	1.1504
5°	0.0872	0.9962	0.0875	50°	0.7660	0.6428	1.1918
6°	0.1045	0.9945	0.1051	51°	0.7771	0.6293	1.2349
7°	0.1219	0.9925	0.1228	52°	0.7880	0.6157	1.2799
8°	0.1392	0.9903	0.1405	53°	0.7986	0.6018	1.3270
9°	0.1564	0.9877	0.1584	54°	0.8090	0.5878	1.3764
10°	0.1736	0.9848	0.1763	55°	0.8192	0.5736	1.4281
11°	0.1908	0.9816	0.1944	56°	0.8290	0.5592	1.4826
12°	0.2079	0.9781	0.2126	57°	0.8387	0.5446	1.5399
13°	0.2250	0.9744	0.2309	58°	0.8480	0.5299	1.6003
14°	0.2419	0.9703	0.2493	59°	0.8572	0.5150	1.6643
15°	0.2588	0.9659	0.2679	60°	0.8660	0.5000	1.7321
16°	0.2756	0.9613	0.2867	61°	0.8746	0.4848	1.8040
17°	0.2924	0.9563	0.3057	62°	0.8829	0.4695	1.8807
18°	0.3090	0.9511	0.3249	63°	0.8910	0.4540	1.9626
19°	0.3256	0.9455	0.3443	64°	0.8988	0.4384	2.0503
20°	0.3420	0.9397	0.3640	65°	0.9063	0.4226	2.1445
21°	0.3584	0.9336	0.3839	66°	0.9135	0.4067	2.2460
22°	0.3746	0.9272	0.4040	67°	0.9205	0.3907	2.3559
23°	0.3907	0.9205	0.4245	68°	0.9272	0.3746	2.4751
24°	0.4067	0.9135	0.4452	69°	0.9336	0.3584	2.6051
25°	0.4226	0.9063	0.4663	70°	0.9397	0.3420	2.7475
26°	0.4384	0.8988	0.4877	71°	0.9455	0.3256	2.9042
27°	0.4540	0.8910	0.5095	72°	0.9511	0.3090	3.0777
28°	0.4695	0.8829	0.5317	73°	0.9563	0.2924	3.2709
29°	0.4848	0.8746	0.5543	74°	0.9613	0.2756	3.4874
30°	0.5000	0.8660	0.5774	75°	0.9659	0.2588	3.7321
31°	0.5150	0.8572	0.6009	76°	0.9703	0.2419	4.0108
32°	0.5299	0.8480	0.6249	77°	0.9744	0.2250	4.3315
33°	0.5446	0.8387	0.6494	78°	0.9781	0.2079	4.7046
34°	0.5592	0.8290	0.6745	79°	0.9816	0.1908	5.1446
35°	0.5736	0.8192	0.7002	80°	0.9848	0.1736	5.6713
36°	0.5878	0.8090	0.7265	81°	0.9877	0.1564	6.3138
37°	0.6018	0.7986	0.7536	82°	0.9903	0.1392	7.1154
38°	0.6157	0.7880	0.7813	83°	0.9925	0.1219	8.1443
39°	0.6293	0.7771	0.8098	84°	0.9945	0.1045	9.5144
40°	0.6428	0.7660	0.8391	85°	0.9962	0.0872	11.4301
41°	0.6561	0.7547	0.8693	86°	0.9976	0.0698	14.3007
42°	0.6691	0.7431	0.9004	87°	0.9986	0.0523	19.0811
43°	0.6820	0.7314	0.9325	88°	0.9994	0.0349	28.6363
44°	0.6947	0.7193	0.9657	89°	0.9998	0.0175	57.2900
45°	0.7071	0.7071	1.0000	90°	1.0000	0.0000	—

（数学 I・数学 A 第 1 問は次ページに続く。）

〔3〕 △ABC において

$$BC = a, \quad CA = b, \quad AB = c$$

$$\angle CAB = A, \quad \angle ABC = B, \quad \angle BCA = C$$

とする。

(1) b と B が一定であり，A, C が変化するとき，次の ⓪～⑤ の値のうち変化せず，一定であるものは テ と ト である。

テ ， ト の解答群(解答の順序は問わない。)

⓪ $\dfrac{\sin B}{\sin A}$

① $\dfrac{a}{\sin A}$

② $\dfrac{a}{\tan A}$

③ △ABC の面積

④ △ABC の外接円の半径

⑤ △ABC の内接円の半径

(数学 I・数学 A 第 1 問は次ページに続く。)

— 8 —

第 4 回　数 I・A

△ABC の外接円の点 B を含まない弧 CA（両端を除く）上に点 D をとり，
∠ADC = D とする。

(2)　次の ⓪〜⑧ の値のうち，$\sin D$ と等しいものは　ナ　であり，$\cos D$ と
等しいものは　ニ　である。

　　ナ　，　ニ　の解答群（同じものを繰り返し選んでもよい。）

⓪　$\sin A$	①　$\sin B$	②　$\sin C$
③　$\cos A$	④　$\cos B$	⑤　$\cos C$
⑥　$-\cos A$	⑦　$-\cos B$	⑧　$-\cos C$

　　$0° < A < B < C < 90°$ のとき

　　　$\sin A$, $\sin B$, $\sin C$, $\sin D$ のうち，最も小さいものは　ヌ　である。

　　　$\cos A$, $\cos B$, $\cos C$, $\cos D$ のうち，最も小さいものは　ネ　である。

　　　$\tan A$, $\tan B$, $\tan C$, $\tan D$ のうち，最も大きいものは　ノ　である。

　　ヌ　の解答群

⓪　$\sin A$	①　$\sin B$	②　$\sin C$	③　$\sin D$

　　ネ　の解答群

⓪　$\cos A$	①　$\cos B$	②　$\cos C$	③　$\cos D$

　　ノ　の解答群

⓪　$\tan A$	①　$\tan B$	②　$\tan C$	③　$\tan D$

— 9 —

第2問 （必答問題）（配点 30）

〔1〕 総務省の通信利用動向調査から，通信機器の世帯別保有率(以下，保有率)を 47 の都道府県別に調べた。

(1) 図1は 2017 年における都道府県別の固定電話の保有率のヒストグラムであり，図2は 2017 年における都道府県別のスマートフォンの保有率の箱ひげ図である。
　なお，ヒストグラムの各階級の区間は，左側の数値を含み，右側の数値を含まない。

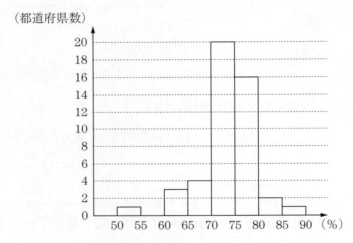

図1　固定電話の保有率のヒストグラム

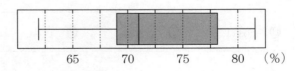

図2　スマートフォンの保有率の箱ひげ図

（出典：総務省『通信利用動向調査』の Web ページにより作成）

（数学Ⅰ・数学A 第2問は次ページに続く。）

図1, 図2に注意すると, 2017年における都道府県別の固定電話の保有率(横軸)とスマートフォンの保有率(縦軸)の散布図は ア である。なお, 散布図の点には, 2個以上の点が重なった点はない。

ア については, 最も適当なものを, 次の ⓪ ～ ③ のうちから一つ選べ。

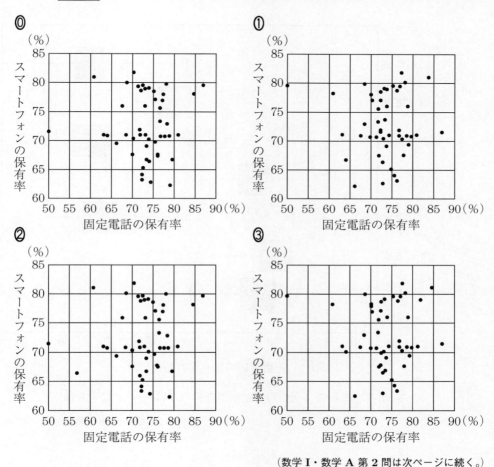

(数学 I・数学 A 第 2 問は次ページに続く。)

(2) 図3は，2017年における都道府県別の固定電話，携帯電話（ガラケーと呼ばれる従来型の携帯電話でスマートフォンは含まない），スマートフォン，タブレット型端末（以下，タブレット），パソコン，ネット接続ゲーム機（以下，ゲーム機），ファックスの7種類の通信機器の保有率を箱ひげ図で表したものである。

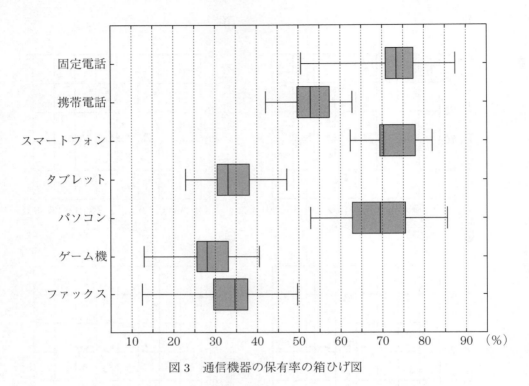

図3　通信機器の保有率の箱ひげ図

（出典：総務省『通信利用動向調査』のWebページにより作成）

（数学Ⅰ・数学A 第2問は次ページに続く。）

図 3 から読み取れることとして，次の⓪〜⑥のうち，正しくないものは
イ と ウ である。

イ ， ウ の解答群(解答の順序は問わない。)

⓪　タブレットの保有率の最大値は，パソコンの保有率の最小値より
小さい。

①　携帯電話の保有率の範囲は，ファックスの保有率の範囲より小さ
い。

②　7種類の通信機器の中で，保有率の第1四分位数，中央値，第3
四分位数がすべて最も大きいのはスマートフォンである。

③　固定電話，パソコン，ファックスの中で，保有率の四分位偏差が
最も大きいのはパソコンである。

④　携帯電話の保有率が50%以下の都道府県の数は12以上である。

⑤　保有率が70%以上である都道府県の数が最も多いのは固定電話
である。

⑥　保有率が25%以上40%以下である都道府県の数が25以上である
のは，ゲーム機とファックスだけである。

(数学 I・数学 A 第 2 問は次ページに続く。)

(3) 図4は，2017年における都道府県別のタブレットの保有率(横軸)と2012年における都道府県別のタブレットの保有率(縦軸)の散布図である。

図には補助的にそれぞれの年の平均値に点線の直線を付加し，切片が -40 から 0 まで 20 刻みで傾き 1 の実線の直線を 3 本付加している。

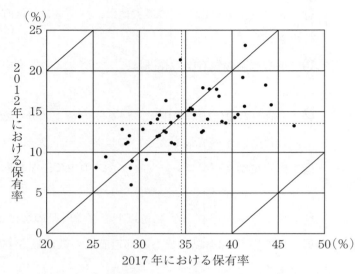

図4 2017年と2012年におけるタブレットの保有率の散布図
(出典：総務省『通信利用動向調査』の Web ページにより作成)

下の(I)，(II)，(III)は，2017年における保有率を変量 x，2012年における保有率を変量 y としたときの，図4に関する記述である。

(I) x が 35 以上で y が 10 以下の都道府県はないが，x が 25 以下で y が 10 以上の都道府県はある。

(II) すべてのデータにおいて，x は y より大きい値をとり，x の平均値は y の平均値より大きく，さらに，x と y の差の最大値は 40 以下である。

(III) x と y の間には正の相関がある。x を $\frac{1}{2}$ 倍したデータを変量 x' とすると，x' の標準偏差は x の標準偏差の $\frac{1}{2}$ 倍となるが，x' と y の相関係数は x と y の相関係数と変わらない。

(数学 I・数学 A 第 2 問は次ページに続く。)

第4回　数Ｉ・Ａ

(I)，(II)，(III)の正誤の組合せとして正しいものは エ である。

エ の解答群

	⓪	①	②	③	④	⑤	⑥	⑦
(I)	正	正	正	正	誤	誤	誤	誤
(II)	正	正	誤	誤	正	正	誤	誤
(III)	正	誤	正	誤	正	誤	正	誤

（数学Ｉ・数学Ａ第2問は次ページに続く。）

2017 年における保有率である変量 x の値と，2012 年における保有率である変量 y の値の組を (x_1, y_1), (x_2, y_2), $\cdots$, (x_{47}, y_{47}) とする。また，変量 x, y の平均値をそれぞれ $\overline{x}$, $\overline{y}$, 分散をそれぞれ $s_x{}^2$, $s_y{}^2$, 標準偏差をそれぞれ s_x, s_y とする。

変量 z を $z = x - y$ とする。

$$(x_1 - y_1) + (x_2 - y_2) + \cdots + (x_{47} - y_{47}) = \boxed{\text{オ}}$$

であることにより，z の平均値を $\overline{z}$ とすると，$\overline{z} = \overline{x} - \overline{y}$ であることがわかる。

$\boxed{\text{オ}}$ の解答群

⓪ 0　　　　　　① $\overline{x} - \overline{y}$　　　　　② $47(\overline{x} - \overline{y})$

③ $\dfrac{\overline{x} - \overline{y}}{47}$　　　　④ $47(\overline{x} - \overline{y})^2$　　　⑤ $\dfrac{(\overline{x} - \overline{y})^2}{47}$

（数学 I・数学 A 第 2 問は次ページに続く。）

第4回　数 I・A

また，$k = 1, 2, \cdots, 47$ に対して

$$(z_k - \overline{z})^2 = \{(x_k - y_k) - (\overline{x} - \overline{y})\}^2$$

$$= \{(x_k - \overline{x}) - (y_k - \overline{y})\}^2$$

$$= (x_k - \overline{x})^2 + (y_k - \overline{y})^2 - 2(x_k - \overline{x})(y_k - \overline{y})$$

である。よって，z の分散を $s_z{}^2$，x と y の相関係数を r_{xy} として，$s_z{}^2$ を s_x，s_y，r_{xy} を用いて表すと

$$s_z{}^2 = \boxed{カ} - 2\,\boxed{キ}$$

となる。

したがって，図4から読み取ることができる r_{xy} の正負に注意すると，$s_z{}^2$ は $\boxed{ク}$。

$\boxed{カ}$ の解答群

⓪ $s_x{}^2 + s_y{}^2$	① $(s_x{}^2)^2 + (s_y{}^2)^2$	② $(s_x{}^2 + s_y{}^2)^2$

$\boxed{キ}$ の解答群

⓪ $\dfrac{r_{xy}}{s_x{}^2 s_y{}^2}$	① $r_{xy} s_x{}^2 s_y{}^2$	② $\dfrac{s_x{}^2 s_y{}^2}{r_{xy}}$
③ $\dfrac{r_{xy}}{s_x s_y}$	④ $r_{xy} s_x s_y$	⑤ $\dfrac{s_x s_y}{r_{xy}}$

$\boxed{ク}$ の解答群

⓪ $s_x{}^2 + s_y{}^2$ より大きい	① $s_x{}^2 + s_y{}^2$ より小さい
② $s_x{}^2 + s_y{}^2$ と等しい	

（数学 I・数学 A 第2問は次ページに続く。）

— 17 —

〔2〕 k を実数とする。x の 2 次方程式

$$x^2 - 2(k-2)x + k^2 - 2k + 3 = 0 \qquad \cdots\cdots①$$

を考える。

(1) ① が異なる二つの実数解をもつような k の値の範囲は

$$k < \frac{\boxed{ケ}}{\boxed{コ}}$$

であり，このとき，① の実数解は

$$x = \boxed{サ} \pm \sqrt{\boxed{シ}}$$

である。

$\boxed{サ}$，$\boxed{シ}$ の解答群

⓪ $k - 2$	**①** $2 - k$	**②** $2(k-2)$	**③** $2(2-k)$
④ $2k - 1$	**⑤** $1 - 2k$	**⑥** $k^2 + 2$	**⑦** $3k^2 + 8k + 2$

（数学 I・数学 A 第 2 問は次ページに続く。）

以下，k を $k < \dfrac{\boxed{ケ}}{\boxed{コ}}$ を満たす実数とする。

(2) 太郎さんと花子さんは，x の2次方程式①の解に関する条件について考えている。

> 太郎：解に関する条件を考えるには，$x = \boxed{サ} \pm \sqrt{\boxed{シ}}$ を使って計算すればいいかな。
> 花子：ルートで表されているし，扱う条件によってはこの式で考えるのは難しくなることがあるから，その場合はグラフで考えた方がいいよ。
> 太郎：①の左辺を $f(x)$ とおいて，$y = f(x)$ のグラフで解を視覚的に捉えるってことだね。

$$f(x) = x^2 - 2(k-2)x + k^2 - 2k + 3$$

とすると，2次関数 $y = f(x)$ のグラフの概形は $\boxed{ス}$ である。

$\boxed{ス}$ については，最も適当なものを，次の ⓪〜④ のうちから一つ選べ。

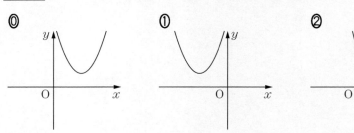

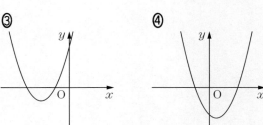

（数学 I・数学 A 第 2 問は次ページに続く。）

①の実数解を α, β $(\alpha < \beta)$ とすると， $\boxed{\text{セ}}$ が成り立つ。

$\boxed{\text{セ}}$ の解答群

⓪ $\alpha < \beta \leqq -1$ ① $\alpha < -1 \leqq \beta < 0$

② $-1 \leqq \alpha < \beta < 0$ ③ $-1 \leqq \alpha < 0 < \beta$

④ $0 < \alpha < \beta < 1$ ⑤ $0 < \alpha < 1 \leqq \beta$

（数学 **I**・数学 **A** 第 2 問は次ページに続く。）

〔3〕 次の図のように座標平面上に4点 O(0, 0), A(4, 0), B(4, 2), C(0, 2) を頂点とする長方形 OABC がある。長方形 OABC の辺上を4点 P_1, P_2, P_3, P_4 がそれぞれ1秒あたり，1の速さで反時計回り（O → A → B → C → O の方向）に動き続ける。ただし，最初は，点 P_1 は点 O に，点 P_2 は点 A に，点 P_3 は点 B に，点 P_4 は点 C にあり，4点 P_1, P_2, P_3, P_4 は同時に動き始める。また，4点 P_1, P_2, P_3, P_4 をこの順に結んでできる図形の面積を S とする。

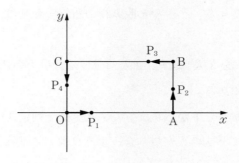

(1) 動き始めて1秒後は，$S = \boxed{ソ}$ である。

(2) 最初は $S = 8$ である。次に，$S = 8$ となるのは動き始めて $\boxed{タ}$ 秒後である。また，動き始めてから $\boxed{タ}$ 秒後までの間に，S が一定値をとるのは $\boxed{チ}$ 秒後からの $\boxed{ツ}$ 秒間であり，S が最小となるのは $\dfrac{\boxed{テ}}{\boxed{ト}}$ 秒後と $\dfrac{\boxed{ナ}}{\boxed{ニ}}$ 秒後である。このとき S の最小値は $\dfrac{\boxed{ヌ}}{\boxed{ネ}}$ である。ただし，$\dfrac{\boxed{テ}}{\boxed{ト}} < \dfrac{\boxed{ナ}}{\boxed{ニ}}$ とする。

第3問〜第5問は，いずれか2問を選択し，解答しなさい。

第3問 （選択問題）（配点 20）

〔1〕 次の ⓪〜③ のうち，正しい記述は ア と イ である。

ア ， イ の解答群（解答の順序は問わない。）

⓪ 5種類のケーキと3種類の飲み物がある。ケーキと飲み物を一つずつ注文する。ケーキと飲み物の組み合わせは，和の法則から8通りである。

① 8人を3人，3人，2人に分ける分け方の総数は $\dfrac{{}_8\mathrm{C}_2 \times {}_6\mathrm{C}_3}{2} = 280$ 通りである。

② 出席番号1から7までの7人を横一列に並べる。このとき，出席番号が1と2の人が隣り合うように並べる並べ方は，出席番号が1と2の2人を1人と考えて，$6! = 720$ 通りである。

③ 1が記入されたカードが3枚，2が記入されたカードが2枚，3が記入されたカードが2枚の合計7枚のカードを横一列に並べて7桁の整数を作る。このときできる偶数の総数は，一の位が2に限られるから，そのほかの位の数字を考えて，$\dfrac{6!}{3!\,2!} = 60$ 通りである。

（数学 I・数学 A 第3問は 24 ページに続く。）

第4回　数I・A

（下 書 き 用 紙）

数学I・数学A の試験問題は次に続く。

〔2〕 箱 A には赤球 1 個と白球 3 個が入っており，箱 B には赤球 2 個と白球 2 個が入っている。コインを投げて，その表裏の出方によって箱 A から球を取り出すか箱 B から球を取り出すかを決めることにする。

　最初に，コインを 1 枚投げて，表が出たら箱 A から球を 2 個取り出し，裏が出たら箱 B から球を 2 個取り出すことにする。

　このとき，赤球を 2 個取り出す確率は $\dfrac{ウ}{エオ}$ であり，赤球と白球を 1 個ずつ取り出す確率は $\dfrac{カ}{キク}$ である。

　また，赤球と白球を 1 個ずつ取り出したとき，その球を箱 A から取り出している条件付き確率は $\dfrac{ケ}{コ}$ である。

（数学 I・数学 A 第 3 問は次ページに続く。）

— 24 —

第4回　数I・A

次に，コインを2枚投げて，表が2枚出たら箱Aから球を2個取り出し，裏が2枚出たら箱Bから球を2個取り出し，表と裏が1枚ずつ出たら箱AとBからそれぞれ球を1個ずつ取り出すことにする。

このとき，白球を2個取り出す確率は $\dfrac{\boxed{サシ}}{\boxed{スセ}}$ であり，赤球と白球を1個ずつ取り出す確率は $\dfrac{\boxed{ソタ}}{\boxed{チツ}}$ である。

また，赤球と白球を1個ずつ取り出したとき，その赤球を箱Aから取り出している条件付き確率は $\dfrac{\boxed{テ}}{\boxed{トナ}}$ である。

— 25 —

第3問~第5問は，いずれか2問を選択し，解答しなさい。

第4問 （選択問題）（配点 20）

〔1〕 次の ⓪~③ のうち，正しい記述は ア と イ である。

ア ， イ の解答群(解答の順序は問わない。)

⓪ 千の位が1，百の位が3，十の位が5，一の位が a である4桁の整数

$135a$ が9の倍数であるならば，$a = 0$ である。

① 14以下の自然数のうち，14と互いに素な自然数は6個ある。

② 2^{100} を5で割った余りは1である。

③ 整数 m，n に関する二つの条件 p，q を次のように定める。

p：m，n の少なくとも一つは奇数である

q：$m + n$，mn の少なくとも一つは奇数である

このとき，p は q であるための必要条件であるが，十分条件ではない。

（数学 I・数学 A 第4問は 28 ページに続く。）

第4回　数 I・A

（下 書 き 用 紙）

数学 I・数学 A の試験問題は次に続く。

〔2〕

(1) 不定方程式

$$83x - 38y = 1 \qquad\qquad \cdots\cdots ①$$

のすべての整数解 x, y を求めたい。

83 を 38 で割ったときの商が ウ で余りが エ であるから，① は

$$\boxed{エ}\,x - 38\left(y - \boxed{ウ}\,x\right) = 1$$

と変形できる。

ここで，$Y = y - \boxed{ウ}\,x$ とおくと，① は x と Y の不定方程式

$$\boxed{エ}\,x - 38Y = 1 \qquad\qquad \cdots\cdots ②$$

とみることができる。

② を満たす整数解 x, Y のうち，Y が正で最小になるのは

$$x = \boxed{オカ}, \quad Y = \boxed{キ}$$

であり，このとき

$$x = \boxed{オカ}, \quad y = \boxed{クケ}$$

である。この解を ① の式に代入すると

$$83 \cdot \boxed{オカ} - 38 \cdot \boxed{クケ} = 1$$

となるから，① の整数解は k を整数として

$$x = \boxed{コサ}\,k + \boxed{オカ}, \quad y = \boxed{シス}\,k + \boxed{クケ}$$

と表せる。したがって，① を満たす整数解 x, y の中で，$x + y$ が 3 桁の正の整数となる x, y の組は セ 組存在する。

（数学 I・数学 A 第 4 問は次ページに続く。）

— 28 —

第 4 回　数 I・A

(2)　花子さんと太郎さんは，この問題を踏まえて，さらに次の不定方程式について考察している。

花子：次は不定方程式

$$83x - 453y = 1 \qquad\qquad \cdots\cdots ③$$

　　　の整数解 x, y について，$|x-y|$ の最小値を求めてみよう。

太郎：(1)の問題でも ① を満たす整数解を 1 組見つけるのに苦労したけど，今回はさらに係数の絶対値が大きいから見つけにくそうだね。同じように 453 を 83 で割ってみたらどうかな？

　　太郎さんと花子さんの考察を用いることにより，③ は

$$83\left(x - \boxed{\text{ソ}}\,y\right) - 38y = 1$$

と変形できて，③ を満たす整数解を 1 組見つけることができる。

　　したがって，③ を満たす整数解 x, y に対して，$|x-y|$ の最小値は $\boxed{\text{タチツ}}$ である。

第3問～第5問は，いずれか2問を選択し，解答しなさい。

第5問 （選択問題）（配点 20）

〔1〕 次の⓪～③のうち，正しい記述は | ア | と | イ | である。

| ア |，| イ | の解答群（解答の順序は問わない。）

⓪ 3辺の長さが $\sqrt{3}$, 4, $\sqrt{5}$ の三角形が存在する。

① 二つの円 C_1, C_2 があり，それぞれの中心を O_1, O_2，半径を r_1, r_2 とする。$O_1O_2 \geq r_1 + r_2$ であることは，C_1 と C_2 の共通接線が4本存在するための必要条件であるが，十分条件ではない。

② 空間内の異なる2直線 ℓ, m と平面 α について $\ell /\!/ \alpha$ かつ $\ell \perp m$ のとき，$m \perp \alpha$ である。

③ 正十二面体の頂点の数は20，辺の数は30，面の数は12である。

（数学Ⅰ・数学A 第5問は32ページに続く。）

第4回　数I・A

（下 書 き 用 紙）

数学I・数学Aの試験問題は次に続く。

〔2〕 △ABC において，AB = 6，BC = 9，AC = 5 とする。

△ABC の内接円と辺 BC との接点を D，辺 AC との接点を E とする。

$$AE = \boxed{\text{ウ}}, \qquad \frac{CD}{BC} = \frac{\boxed{\text{エ}}}{\boxed{\text{オ}}}$$

であり，△ABC の面積を S とすると △ACD の面積は $\dfrac{\boxed{\text{カ}}}{\boxed{\text{キ}}} S$ である。

(数学 I・数学 A 第 5 問は次ページに続く。)

第4回　数 I・A

線分 AD と線分 BE の交点を F とすると

$$\frac{AF}{DF} = \frac{\boxed{ク}}{\boxed{ケコ}}$$

であるから，△AEF の面積は $\dfrac{\boxed{サ}}{\boxed{シスセ}} S$ である。

また，$S = 10\sqrt{2}$ であることから線分 AD を直径とする円と辺 AC の交点
で，点 A と異なる点を G とすると

$$DG = \frac{\boxed{ソタ} \sqrt{\boxed{チ}}}{\boxed{ツ}}$$

であり

$$CG = \frac{\boxed{テト}}{\boxed{ナ}}$$

である。

— 33 —

第 5 回
実 戦 問 題
（100点　70分）

第 5 回　実戦問題

━● 標 準 所 要 時 間 ●━

第 1 問	21 分	第 4 問	14 分
第 2 問	21 分	第 5 問	14 分
第 3 問	14 分		

（注）　第 1 問・第 2 問は必答，第 3 問〜第 5 問のうち 2 問選択解答

(注) この科目には，選択問題があります。

数 学 I・A

第1問 （必答問題）（配点 30）

〔1〕
(1) $\dfrac{4-\sqrt{3}}{1-\sqrt{3}}$ の分母を有理化すると

$$-\dfrac{\boxed{ア}+\boxed{イ}\sqrt{3}}{\boxed{ウ}}$$

である。

(2) a を実数とする。x の不等式

$$|(a-1)x+a| < 2 \qquad\qquad\cdots\cdots①$$

について考える。

(i) $a > 1$ とする。①の解は

$$\boxed{エ} < x < \boxed{オ}$$

である。

$\boxed{エ}$，$\boxed{オ}$ の解答群

⓪ $\dfrac{a-2}{a-1}$	① $\dfrac{a+2}{a-1}$	② $\dfrac{a-2}{a+1}$	③ $\dfrac{a+2}{a+1}$
④ $-\dfrac{a-2}{a-1}$	⑤ $-\dfrac{a+2}{a-1}$	⑥ $-\dfrac{a-2}{a+1}$	⑦ $-\dfrac{a+2}{a+1}$

(ii) $a = 2-\sqrt{3}$ とする。①の解は

$$-\dfrac{\boxed{カ}+\sqrt{3}}{\boxed{キ}} < x < \dfrac{\boxed{ク}+\boxed{ケ}\sqrt{3}}{\boxed{コ}}$$

である。

（数学 I・数学 A 第1問は次ページに続く。）

〔2〕 全体集合 U を

$$U = \{(m, n) \mid m,\ n \text{ は } 2 \leqq m < n \leqq 6 \text{ を満たす自然数}\}$$

すなわち

$$U = \{(2,\ 3),\ (2,\ 4),\ (2,\ 5),\ (2,\ 6),$$
$$(3,\ 4),\ (3,\ 5),\ (3,\ 6),$$
$$(4,\ 5),\ (4,\ 6),$$
$$(5,\ 6)\}$$

とする。また，U の部分集合 A，B を

$$A = \{(m,\ n) \mid (m,\ n) \in U \text{ かつ } m \text{ と } n \text{ の最大公約数は 2 以上である}\}$$
$$B = \{(m,\ n) \mid (m,\ n) \in U \text{ かつ } n \geqq 2m\}$$

とする。ただし，U の部分集合 X に対し，$\overline{X}$ は X の補集合を表し，$\varnothing$ は空集合を表す。

(1) 次のそれぞれの集合の要素の個数は

A …… $\boxed{\text{サ}}$ 個，　B …… $\boxed{\text{シ}}$ 個

$A \cap \overline{B}$ …… $\boxed{\text{ス}}$ 個，　$A \cup \overline{B}$ …… $\boxed{\text{セ}}$ 個

である。

（数学 I・数学 A 第 1 問は次ページに続く。）

(2) U, A, B の関係を図1のように表すと，$A \cap \overline{B}$ は図2の斜線部分である。

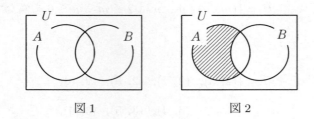

図1　　　　　　図2

集合 P, Q を

$$P = (\overline{A} \cup B) \cap \left(\overline{\overline{A} \cap B}\right), \quad Q = (\overline{A} \cap B) \cup \left(\overline{\overline{A} \cup B}\right)$$

とする。ただし，集合 X に対し，$\overline{\overline{X}} = X$ である。

このとき，P は　ソ　の斜線部分である。

ソ　については，最も適当なものを，次の ⓪ ～ ⑦ のうちから一つ選べ。

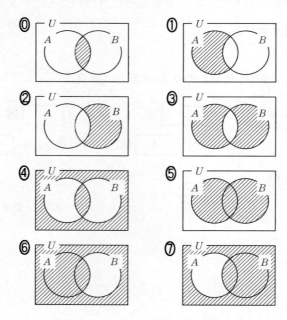

(数学 I・数学 A 第1問は次ページに続く。)

第5回　数 I・A

また，P と Q は タ を満たす。

タ については，最も適当なものを，次の **⓪**〜**④** のうちから一つ選べ。

> **⓪** $P = Q$
>
> **①** $P \subset Q$ かつ $P \neq Q$
>
> **②** $P \supset Q$ かつ $P \neq Q$
>
> **③** $P \cap Q = \varnothing$
>
> **④** $P \cap Q \neq \varnothing$ かつ $\overline{P} \cap Q \neq \varnothing$ かつ $P \cap \overline{Q} \neq \varnothing$

さらに，$(m, n) \in U$ を満たす m, n について条件 r, s, t を次のように定める。

$$r : (m, n) は A \cup B の要素である$$

$$s : (m, n) は P \cup Q の要素である$$

$$t : (m, n) は \overline{P} \cup Q の要素である$$

このとき

$$r は s であるための チ 。$$

$$r は t であるための ツ 。$$

チ ，ツ の解答群(同じものを繰り返し選んでもよい。)

> **⓪** 必要条件であるが，十分条件ではない
>
> **①** 十分条件であるが，必要条件ではない
>
> **②** 必要十分条件である
>
> **③** 必要条件でも十分条件でもない

(数学 I・数学 A 第 1 問は次ページに続く。)

— 5 —

〔3〕 △ABCにおいて，AB＝7，BC＝8，AC＝5とする。このとき

$$\cos A = \dfrac{\boxed{\text{テ}}}{\boxed{\text{ト}}}$$

である。

(1) 辺BC（両端を除く）上に点Pをとり，Pから辺AB，辺ACのそれぞれに垂線を引き，辺ABとの交点をQ，辺ACとの交点をRとする。

P が辺BC上を動くとき，△PQRの面積の最大値について考えよう。

BP＝x $(0 < x < 8)$ とすると，線分PQ，PRの長さの積は

$$\mathrm{PQ} \cdot \mathrm{PR} = \dfrac{\boxed{\text{ナニ}}}{\boxed{\text{ヌネ}}}\, x(8-x)$$

と表される。また

$$\sin \angle \mathrm{QPR} = \dfrac{\boxed{\text{ノ}}\sqrt{\boxed{\text{ハ}}}}{\boxed{\text{ヒ}}}$$

であるから，△PQRの面積は $x = \boxed{\text{フ}}$ のとき最大値をとる。

（数学Ⅰ・数学A 第1問は次ページに続く。）

第 5 回　数 I・A

(2)　△ABC の 3 辺のいずれかの辺上(両端を除く)に点 P をとり，P から残りの 2 辺のそれぞれに垂線を引き，2 辺との交点を Q, R とする。

　　P が各辺上を動くとき，△PQR の面積の最大値について考えよう。

　　　　P が辺 BC 上を動くときの △PQR の面積の最大値を S_1

　　　　P が辺 CA 上を動くときの △PQR の面積の最大値を S_2

　　　　P が辺 AB 上を動くときの △PQR の面積の最大値を S_3

とすると，S_1, S_2, S_3 の大小関係は　ヘ　である。

　　ヘ　の解答群

⓪　$S_1 > S_2 > S_3$	①　$S_1 > S_3 > S_2$
②　$S_2 > S_1 > S_3$	③　$S_2 > S_3 > S_1$
④　$S_3 > S_1 > S_2$	⑤　$S_3 > S_2 > S_1$
⑥　$S_1 = S_2 = S_3$	

— 7 —

第2問 （必答問題）（配点 30）

〔1〕 厚生労働省が実施している医療施設動態調査では，都道府県ごとの医療施設（病院・一般診療所・歯科診療所）の施設数，人口 10 万人あたりの施設数，都道府県の可住地面積 $100\,\mathrm{km}^2$ あたりの施設数が公表されている。病院とは，医師（歯科医師を含む）が医業を行う場所であって，患者 20 人以上の入院施設を有するものであり，一般診療所とは，医師が医業を行う場所（歯科医業のみは除く）であって，患者の入院施設を有しないもの，または患者 19 人以下の入院施設を有するものである。また，歯科診療所とは，歯科医師が歯科医業を行う場所であって，患者の入院施設を有しないもの，または患者 19 人以下の入院施設を有するものである。

(1) 図 1 は，1999 年から 2017 年まで 3 年ごとの 10 月 1 日現在（それぞれを時点という）における 47 都道府県別の病院数を箱ひげ図で表したものである。

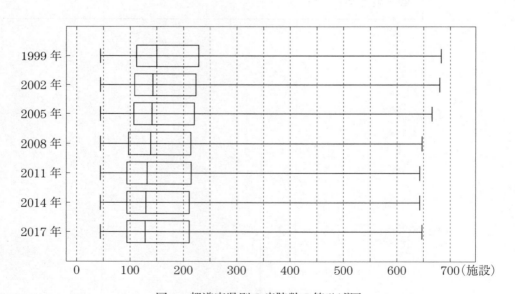

図 1 都道府県別の病院数の箱ひげ図
（出典：厚生労働省『医療施設動態調査』の Web ページにより作成）

（数学 I・数学 A 第 2 問は次ページに続く。）

第 5 回　数 I・A

次の ⓪〜⑤ のうち，図1から読み取れることとして正しいものは ア と イ である。

ア ， イ の解答群 (解答の順序は問わない。)

⓪　1999 年から 2017 年まで病院数の最大値は減少している。
①　どの時点においても病院数の四分位範囲は 100 以上である。
②　病院数の第 1 四分位数は 1999 年の方が 2017 年より小さい。
③　病院数が 200 以上の都道府県数はどの時点でも 11 以下である。
④　病院数の中央値は 2017 年の方が 2005 年より小さい。
⑤　病院数が 100 以下の都道府県数は 2008 年の方が 2002 年より少ない。

2017 年における都道府県別の病院数のヒストグラムは ウ である。

ウ については，最も適当なものを，次の ⓪〜③ のうちから一つ選べ。ただし，ヒストグラムの各階級の区間は，左側の数値を含み，右側の数値は含まない。

⓪
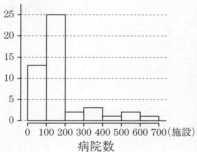

①
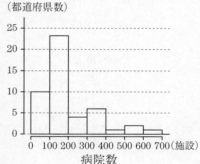

②
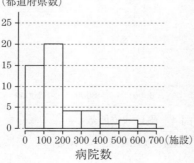

③
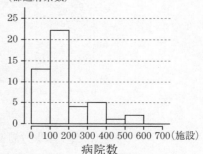

(数学 I・数学 A 第 2 問は次ページに続く。)

(2) 2018年における都道府県ごとの医療施設数と人口10万人あたりの施設数の散布図を作成した。図2～図4は，順に病院数(横軸)と人口10万人あたりの病院数(縦軸)，一般診療所数(横軸)と人口10万人あたりの一般診療所数(縦軸)，歯科診療所数(横軸)と人口10万人あたりの歯科診療所数(縦軸)の散布図である。なお，これらの散布図には完全に重なっている点はない。

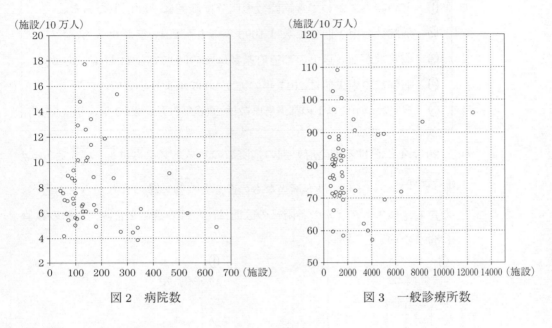

図2 病院数   図3 一般診療所数

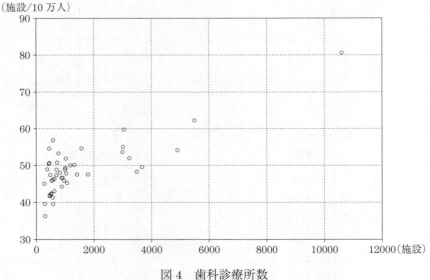

図4 歯科診療所数

(出典：厚生労働省『医療施設動態調査』のWebページにより作成)

(数学Ⅰ・数学A 第2問は次ページに続く。)

第5回 数 I・A

次の(I), (II), (III)は, 図2〜図4から読み取れることを記述したものである。

(I)　病院, 一般診療所, 歯科診療所それぞれについて, 施設数が最大となる都道府県が, 人口10万人あたりの施設数も最大である。

(II)　人口10万人あたりの一般診療所数が最大である都道府県も最小である都道府県も, 一般診療所数が5000以下の都道府県である。

(III) 病院, 一般診療所, 歯科診療所のうちで, 施設数と人口10万人あたりの施設数の間の相関が最も強いのは, 病院である。

(I), (II), (III)の正誤の組合せとして正しいものは エ である。

エ の解答群

	⓪	①	②	③	④	⑤	⑥	⑦
(I)	正	正	正	正	誤	誤	誤	誤
(II)	正	正	誤	誤	正	正	誤	誤
(III)	正	誤	正	誤	正	誤	正	誤

(数学 I・数学 A 第 2 問は次ページに続く。)

(3) 東京，大阪，神奈川を除いた44道府県の可住地面積$100\,\mathrm{km}^2$あたりの一般診療所数をデータX，歯科診療所数をデータYとし，データX, Yの平均値を$\overline{X}$, $\overline{Y}$，標準偏差をσ_X, σ_Yとする。

(i) データ$X - \overline{X}$の平均値は オ であり，データ$\dfrac{Y - \overline{Y}}{\sigma_Y}$の標準偏差は カ である。

オ ，カ の解答群(同じものを繰り返し選んでもよい。)

⓪ 0 ① 1 ② $44\overline{X}$ ③ $\dfrac{\overline{X}}{44}$

④ σ_Y ⑤ $\dfrac{1}{\sigma_Y}$ ⑥ $\dfrac{\sigma_Y{}^2 - \overline{Y}^2}{\sigma_Y}$

$X' = \dfrac{X - \overline{X}}{\sigma_X}$, $Y' = \dfrac{Y - \overline{Y}}{\sigma_Y}$ とする。図5は，XとYの散布図であり，図6は，X' (横軸)とY' (縦軸)の散布図である。なお，これらの散布図には，完全に重なっている点はない。

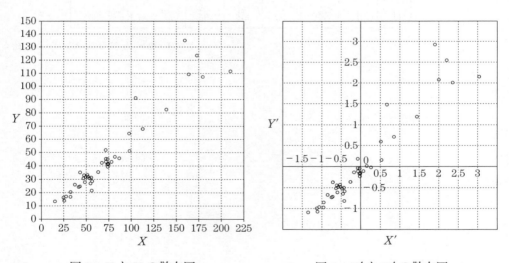

図5 XとYの散布図　　　図6 X'とY'の散布図
(出典：厚生労働省『医療施設動態調査』のWebページにより作成)

(数学Ⅰ・数学A 第2問は次ページに続く。)

第 5 回　数 I・A

(ii)　図 5 と図 6 より $\overline{X}$ の値は　キ　である。

　　　キ　については, 最も適当なものを, 次の ⓪〜⑤ のうちから一つ選べ。

| ⓪ | 25.16 | ① | 46.48 | ② | 51.52 |
| ③ | 75.17 | ④ | 98.32 | ⑤ | 117.51 |

(iii)　図 5 と図 6 より σ_Y の値は　ク　である。

　　　ク　については, 最も適当なものを, 次の ⓪〜⑤ のうちから一つ選べ。

| ⓪ | 14.91 | ① | 30.27 | ② | 44.38 |
| ③ | 61.74 | ④ | 78.26 | ⑤ | 97.15 |

（数学 I・数学 A 第 2 問は次ページに続く。）

— 13 —

〔2〕 a を実数とする。

太郎さんと花子さんは，次の方程式について考えている。

$$ax^2 - 3x + 1 = 0 \qquad\qquad \cdots\cdots①$$

太郎：x の 2 次方程式だから，解の公式を使えば解けるね。

花子：x^2 の係数が a になっているから，$a = 0$ のときは，x の 2 次方程式にならないよ。

太郎：確かに，$a = 0$ のとき，① は $-3x + 1 = 0$ になるから，解は $x = \dfrac{1}{3}$ だね。

花子：$a \neq 0$ のとき，① は x の 2 次方程式だから，解の公式で解は求められるけど，2 次関数のグラフを考えた方が，解についていろいろ考察できるね。

以下，$a \neq 0$ とする。

$f(x) = ax^2 - 3x + 1$ とすると，放物線 $y = f(x)$ の頂点の座標は

$\left(\boxed{\text{ケ}} , \boxed{\text{コ}} \right)$ である。

$\boxed{\text{ケ}}$ の解答群

⓪ 3	① $\dfrac{3}{2}$	② -3	③ $-\dfrac{3}{2}$
④ $\dfrac{3}{a}$	⑤ $\dfrac{3}{2a}$	⑥ $-\dfrac{3}{a}$	⑦ $-\dfrac{3}{2a}$

$\boxed{\text{コ}}$ の解答群

⓪ 1	① $-\dfrac{5}{2}$	② $-\dfrac{5}{4}$	③ $-\dfrac{3}{2}a + 1$
④ $-\dfrac{9}{4}a + 1$	⑤ $-\dfrac{3}{2a} + 1$	⑥ $-\dfrac{9}{4a} + 1$	

（数学 I・数学 A 第 2 問は次ページに続く。）

第 5 回　数Ⅰ・A

(1) 太郎さんと花子さんは，最初に $a<0$ の場合を考えることにした。

> 太郎：$a<0$ のときの $y=f(x)$ のグラフは，上に凸の放物線になるね。
> 花子：$a<0$ にすると，頂点の座標の符号がわかるね。
> 太郎：それに，ある点の y 座標の符号を考えると，①の実数解についていろいろ考察できるね。

$a<0$ のとき，$y=f(x)$ のグラフの概形は サ である。

サ については，最も適当なものを，次の ⓪〜⑤ のうちから一つ選べ。

⓪ 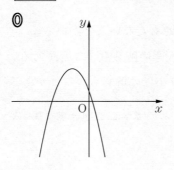　①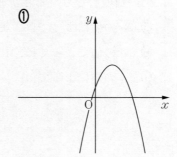

② 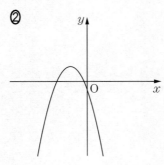　③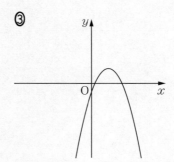

④ 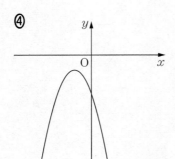　⑤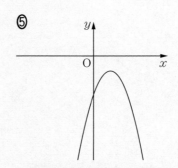

（数学Ⅰ・数学A 第2問は次ページに続く。）

$a<0$のとき，①の実数解について述べたこととして，次の⓪～⑦のうち，正しいものは　シ　と　ス　である。

　シ　，　ス　の解答群(解答の順序は問わない。)

⓪　異なる二つの正の解をもつ。

①　異なる二つの負の解をもつ。

②　正の解と負の解を一つずつもつ。

③　aの値によっては，重解をもつことがある。

④　aの値によっては，異なる二つの正の解をもつときと異なる二つの負の解をもつときがある。

⑤　aの値によっては，実数解をもたないことがある。

⑥　aの値によっては，1より大きい解をもつことがある。

⑦　aの値によっては，-1より小さい解をもつことがある。

(数学 I・数学 A 第 2 問は次ページに続く。)

第 5 回　数 I・A

(2)　太郎さんと花子さんは，次に $a > 0$ の場合を考えることにした。

太郎：$a > 0$ のときの $y = f(x)$ のグラフは，下に凸の放物線になるね。

花子：$a < 0$ のときとは，いろいろ違うようだね。x 軸と共有点をもつ条件から考えてみよう。

　　　$a > 0$ のとき，① が実数解をもつ条件は

$$0 < a \leqq \dfrac{\boxed{セ}}{\boxed{ソ}}$$

であり，$x > 1$ の範囲に解をもつ条件は

$$0 < a < \boxed{タ}$$

である。

(3)　$a < 0$ であることは，① が異なる二つの実数解をもつための $\boxed{チ}$。

　　　$a < 0$ であることは，① が負の解をもつための $\boxed{ツ}$。

$\boxed{チ}$，$\boxed{ツ}$ の解答群（同じものを繰り返し選んでもよい。）

⓪　必要条件であるが，十分条件ではない

①　十分条件であるが，必要条件ではない

②　必要十分条件である

③　必要条件でも十分条件でもない

— 17 —

第3問～第5問は，いずれか2問を選択し，解答しなさい。

第3問 （選択問題）（配点 20）

A，B，Cの3人が一つずつ立方体をもっている。それぞれが立方体の六つの面すべてに一つずつ数を記入してさいころを作る。ただし，どの立方体についても，六つの面に記入する数は0以上の整数とし，記入する数の和が12となるようにする。

3人が各自のさいころを投げて，出た数を得点とするゲームを行う。

(1) Aは大きな数が出たときに勝てると考えて，立方体の三つの面には0を記入し，残りの三つの面には正の整数を記入することにした。

　(i) Aが異なる三つの正の整数を記入するとき，数の組合せは

$$\boxed{\text{ア}} \text{ 通り}$$

　　ある。

　(ii) Aが記入する数の組合せは

$$\boxed{\text{イウ}} \text{ 通り}$$

　　ある。

(2) Bは0以外の2種類の正の整数を記入することにした。
　　記入する数の組合せは

$$\boxed{\text{エ}} \text{ 通り}$$

　ある。

（数学 I・数学 A 第3問は 20 ページに続く。）

第 5 回　数 I・A

（下 書 き 用 紙）

数学 I・数学 A の試験問題は次に続く。

(3) A は三つの面には 0 を記入し，残り三つの面には 4 を記入した。B は三つの面には 1 を記入し，残り三つの面には 3 を記入した。C は二つの面には 1 を，他の二つの面には 2 を，残りの二つの面には 3 を記入した。

(i) A，B，C がさいころを同時に 1 回投げるとき，得点が最大である人を勝者とする。ただし，得点が最大である人が 2 人以上いる場合は勝者なしとする。A，B，C が勝者となる確率をそれぞれ p_A，p_B，p_C とすると

$$p_A = \frac{\boxed{オ}}{\boxed{カ}}, \quad p_B = \frac{\boxed{キ}}{\boxed{ク}}, \quad p_C = \frac{\boxed{ケ}}{\boxed{コ}}$$

である。

(ii) A，B，C がさいころを同時に投げることを 3 回繰り返すとき，得点の合計が最大である人を勝者とする。ただし，得点の合計が最大である人が 2 人以上いる場合は勝者なしとする。

次の (I)，(II)，(III) は，A，B，C の得点に関する記述である。

(I) A の得点の合計が 8 点となる確率は，B の得点の合計が 5 点となる確率と等しい。

(II) A の得点の合計が 8 点となる確率は，C の得点の合計が 7 点となる確率より小さい。

(III) B の得点の合計が 9 点となる確率は，C の得点の合計が 8 点以上となる確率より大きい。

(I)，(II)，(III) の正誤の組合せとして正しいものは $\boxed{サ}$ である。

$\boxed{サ}$ の解答群

	⓪	①	②	③	④	⑤	⑥	⑦
(I)	正	正	正	正	誤	誤	誤	誤
(II)	正	正	誤	誤	正	正	誤	誤
(III)	正	誤	正	誤	正	誤	正	誤

(数学 I・数学 A 第 3 問は次ページに続く。)

第5回　数Ⅰ・A

Bの得点の合計が7点以下である確率は $\dfrac{\boxed{シ}}{\boxed{ス}}$ であり，Cの得点の

合計が7点以下である確率は $\dfrac{\boxed{セソ}}{\boxed{タチ}}$ である。

また，Aが勝者となる確率は $\dfrac{\boxed{ツテ}}{\boxed{トナ}}$ であり，Aが勝者となったとき

に，Aの得点の合計が4点である条件付き確率は $\dfrac{\boxed{ニ}}{\boxed{ヌネノ}}$ である。

— 21 —

第3問～第5問は，いずれか2問を選択し，解答しなさい。

第4問 （選択問題）（配点 20）

〔1〕 ラグビーの試合では，点数を得る方法はいくつかあるが，1回の攻撃で得られる点数は7点，5点，3点のいずれかである。よって，0以上の整数 x，y，z に対して，7点を得た攻撃が x 回，5点を得た攻撃が y 回，3点を得た攻撃が z 回であったとすると，点数の合計は

$$7x + 5y + 3z$$

である。

　あるラグビーの試合の点数の結果が，125 対 13 であった。このとき，13 点を取ったチームの7点，5点，3点を得た攻撃の回数は

$$7x + 5y + 3z = 13$$

を満たす0以上の整数 x，y，z の組を考えればよく

$$(x,\ y,\ z) = \left(\ \boxed{\text{ア}}\ ,\ \boxed{\text{イ}}\ ,\ \boxed{\text{ウ}}\ \right),\ \left(\ \boxed{\text{エ}}\ ,\ \boxed{\text{オ}}\ ,\ \boxed{\text{カ}}\ \right)$$

である。ただし，$\boxed{\text{ア}} < \boxed{\text{エ}}$ とする。同じように，125 点を取ったチームの7点，5点，3点を得た攻撃の回数については

$$7x + 5y + 3z = 125 \qquad\qquad \cdots\cdots①$$

という方程式を考えればよい。

（数学 I・数学 A 第4問は次ページに続く。）

第 5 回　数 I・A

(1)　$x = 7$ のとき，① は

$$5y + 3z = 76 \qquad \cdots\cdots ②$$

と変形できる。② の 0 以上の整数解 y, z の中で，z の値が最小であるものは

$$y = \boxed{\text{キク}}, \qquad z = \boxed{\text{ケ}}$$

である。よって，② のすべての整数解は，k を整数として

$$y = \boxed{\text{キク}} + \boxed{\text{コ}}\,k, \qquad z = \boxed{\text{ケ}} - \boxed{\text{サ}}\,k$$

と表され，このうち $y \geqq 0$, $z \geqq 0$ を満たす整数 y, z の組は $\boxed{\text{シ}}$ 組あり，y, z がこの $\boxed{\text{シ}}$ 組の値をとるとき，$|y - z|$ の最小値は $\boxed{\text{ス}}$ である。

(2)　① の 0 以上の整数解 x, y, z の中で，x, y, z の値のうち二つ以上が等しいものが存在するか考えてみよう。すなわち，三つの方程式

①に $y = x$ を代入した方程式 P：$12x + 3z = 125$

①に $z = x$ を代入した方程式 Q：$10x + 5y = 125$

①に $z = y$ を代入した方程式 R：$7x + 8y = 125$

のうち，少なくとも一つが，(a) 0 以上の整数解 x, y, z をもつかどうかを考えればよい。

下線部(a)について，P，Q，R のうち，0 以上の整数解をもつ方程式は $\boxed{\text{セ}}$。

$\boxed{\text{セ}}$ の解答群

⓪　一つもない

①　P のみである

②　Q のみである

③　R のみである

④　P と Q のみである

⑤　P と R のみである

⑥　Q と R のみである

⑦　P と Q と R のすべてである

（数学 I・数学 A 第 4 問は次ページに続く。）

〔2〕 コンピュータでは，様々な操作を電気信号の ON，OFF に対応する 2 進法の 1 と 0 で表現して行っていることが多いが，桁が大きくなりすぎるという欠点もあり，16 進法もよく使われている。

16 進法(16 進数)では 0，1，2，3，4，5，6，7，8，9，A，B，C，D，E，F の 16 個の英数字で数を表現していて，10 進法で 10 = A，11 = B，…，15 = F である。

例えば，10 進法の 4 桁の数 2000 は 2 進法で表すと ソタ 桁の数になるが，16 進法で表すと チ 桁の数で表される。

16 進法を使う具体的な例として，コンピューターで色を表現するのに 16 進数カラーコードというものを使っている。16 進数カラーコードは #C32FBE などの # と 6 つの英数字で表されたものであり，# の右隣りから 2 桁ずつに区切った英数字が順に赤，緑，青の 3 色それぞれの色の量を表している。色の量は 0 から 255 の 256 ($= 16^2$)段階に分けられ，それを 16 進法の 2 桁の数で表している。

赤，緑，青の色の量をそれぞれ R 値，G 値，B 値とすると，例えば，#C32F01 は 3 色それぞれ 256 段階のうち，R 値が C3，すなわち赤を 12×16+3 = 195，G 値が 2F，すなわち緑を 2×16+15 = 47，B 値が 01，すなわち青を 0×16+1 = 1 の量で混ぜた色に対応している。

16 進数カラーコードで #000000 は R 値，G 値，B 値のすべてが最小の 0 であり，黒になる。また，#FFFFFF は R 値，G 値，B 値のすべてが最大の 255 であり，白になる。灰色は #808080 で表され，R 値，G 値，B 値のすべてが ツテト であり，金色は #FFD700 で表され，R 値は 255，G 値は ナニヌ ，B 値は 0 である。

— 24 —

第5回　数I・A

（下 書 き 用 紙）

数学 I・数学 A の試験問題は次に続く。

第3問～第5問は，いずれか2問を選択し，解答しなさい。

第5問 （選択問題）（配点 20）

△ABC において，AB = 8，BC = 6，CA = 4 とする。このとき，△ABC は ア である。

ア については，最も適当なものを，次の ⓪～② のうちから一つ選べ。

⓪ 鋭角三角形 　　 ① 直角三角形 　　 ② 鈍角三角形

辺 BC を 2 : 1 に内分する点を D とすると，△ABC の重心は イ にあり，外心は ウ にあり，内心は エ にある。

イ ～ エ の解答群（同じものを繰り返し選んでもよい。）

⓪ 辺 AB 上

① 辺 BC 上

② 辺 AC 上

③ 線分 AD 上

④ △ABD の内部

⑤ △ACD の内部

⑥ △ABC の外部

（数学 I・数学 A 第5問は次ページに続く。）

第5回　数I・A

(1)　3点 A，C，D を通る円と直線 AB との交点で，点 A と異なる点を E とすると

$$BE = \boxed{\text{オ}}$$

である。

直線 AD と直線 CE の交点を F とすると

$$\frac{FD}{AF} = \frac{\boxed{\text{カ}}}{\boxed{\text{キ}}}$$

であるから

$$\frac{\triangle CDF \text{ の面積}}{\triangle ABC \text{ の面積}} = \frac{\boxed{\text{ク}}}{\boxed{\text{ケコ}}}$$

である。

（数学 I・数学 A 第5問は次ページに続く。）

(2)　辺 BC の中点を M，辺 AC を 5 : 3 に内分する点を N とし，3 点 A，M，N を通る円を O とする。

　　このとき，点 D は円 O の $\boxed{\ \text{サ}\ }$ にあり，点 E は円 O の $\boxed{\ \text{シ}\ }$ にある。また，3 本の直線 AM，BN，CE は $\boxed{\ \text{ス}\ }$。

$\boxed{\ \text{サ}\ }$，$\boxed{\ \text{シ}\ }$ の解答群(同じものを繰り返し選んでもよい。)

⓪　内部	①　周上	②　外部

$\boxed{\ \text{ス}\ }$ の解答群

⓪　1 点で交わる	①　三角形をなす
②　3 本とも平行である	③　2 本だけ平行である

2023 年度

大学入学共通テスト
本試験

（100 点　70 分）

```
●標 準 所 要 時 間●
第 1 問    21 分    第 4 問    14 分
第 2 問    21 分    第 5 問    14 分
第 3 問    14 分
```

（注）　第 1 問・第 2 問は必答，第 3 問〜第 5 問のうち 2 問選択解答

数学Ⅰ・数学A

第1問 （必答問題）（配点 30）

〔1〕 実数 x についての不等式

$$|x + 6| \leqq 2$$

の解は

$$\boxed{\text{アイ}} \leqq x \leqq \boxed{\text{ウエ}}$$

である。

　よって，実数 a, b, c, d が

$$\left|(1 - \sqrt{3})(a - b)(c - d) + 6\right| \leqq 2$$

を満たしているとき，$1 - \sqrt{3}$ は負であることに注意すると，$(a - b)(c - d)$ のとり得る値の範囲は

$$\boxed{\text{オ}} + \boxed{\text{カ}}\sqrt{3} \leqq (a - b)(c - d) \leqq \boxed{\text{キ}} + \boxed{\text{ク}}\sqrt{3}$$

であることがわかる。

（数学Ⅰ・数学A第1問は次ページに続く。）

— 2 —

特に

$$(a-b)(c-d) = \boxed{\text{キ}} + \boxed{\text{ク}}\sqrt{3} \quad \cdots\cdots\cdots\cdots\cdots ①$$

であるとき，さらに

$$(a-c)(b-d) = -3 + \sqrt{3} \quad \cdots\cdots\cdots\cdots\cdots ②$$

が成り立つならば

$$(a-d)(c-b) = \boxed{\text{ケ}} + \boxed{\text{コ}}\sqrt{3} \quad \cdots\cdots\cdots\cdots\cdots ③$$

であることが，等式①，②，③の左辺を展開して比較することによりわかる。

(数学 I ・数学 A 第 1 問は次ページに続く。)

〔2〕

(1) 点 O を中心とし，半径が 5 である円 O がある。この円周上に 2 点 A，B を AB ＝ 6 となるようにとる。また，円 O の円周上に，2 点 A，B とは異なる点 C をとる。

(i) sin ∠ACB ＝ ［ サ ］ である。また，点 C を ∠ACB が鈍角となるようにとるとき，cos ∠ACB ＝ ［ シ ］ である。

(ii) 点 C を △ABC の面積が最大となるようにとる。点 C から直線 AB に垂直な直線を引き，直線 AB との交点を D とするとき，
tan ∠OAD ＝ ［ ス ］ である。また，△ABC の面積は ［ セソ ］ である。

［ サ ］ ～ ［ ス ］ の解答群(同じものを繰り返し選んでもよい。)

⓪ $\dfrac{3}{5}$	① $\dfrac{3}{4}$	② $\dfrac{4}{5}$	③ 1	④ $\dfrac{4}{3}$
⑤ $-\dfrac{3}{5}$	⑥ $-\dfrac{3}{4}$	⑦ $-\dfrac{4}{5}$	⑧ -1	⑨ $-\dfrac{4}{3}$

(数学 I・数学 A 第 1 問は 6 ページに続く。)

2023 本試 数 I・A

（下 書 き 用 紙）

数学 I・数学 A の試験問題は次に続く。

(2) 半径が 5 である球 S がある。この球面上に 3 点 P, Q, R をとったとき, これらの 3 点を通る平面 α 上で PQ = 8, QR = 5, RP = 9 であったとする。

球 S の球面上に点 T を三角錐 TPQR の体積が最大となるようにとるとき, その体積を求めよう。

まず, $\cos \angle \mathrm{QPR} = \dfrac{\boxed{}}{\boxed{}}$ であることから, △PQR の面積は

$\boxed{}\sqrt{\boxed{}}$ である。

次に, 点 T から平面 α に垂直な直線を引き, 平面 α との交点を H とする。このとき, PH, QH, RH の長さについて, $\boxed{}$ が成り立つ。

以上より, 三角錐 TPQR の体積は $\boxed{}\left(\sqrt{\boxed{}} + \sqrt{\boxed{}}\right)$ である。

$\boxed{}$ の解答群

⓪ PH < QH < RH		① PH < RH < QH	
② QH < PH < RH		③ QH < RH < PH	
④ RH < PH < QH		⑤ RH < QH < PH	
⑥ PH = QH = RH			

— 6 —

2023 本試 数 I・A

（下 書 き 用 紙）

数学 I・数学 A の試験問題は次に続く。

第 2 問 （必答問題）（配点 30）

〔1〕 太郎さんは，総務省が公表している 2020 年の家計調査の結果を用いて，地域による食文化の違いについて考えている。家計調査における調査地点は，都道府県庁所在市および政令指定都市（都道府県庁所在市を除く）であり，合計 52 市である。家計調査の結果の中でも，スーパーマーケットなどで販売されている調理食品の「二人以上の世帯の 1 世帯当たり年間支出金額（以下，支出金額，単位は円）」を分析することにした。以下においては，52 市の調理食品の支出金額をデータとして用いる。

太郎さんは調理食品として，最初にうなぎのかば焼き（以下，かば焼き）に着目し，図 1 のように 52 市におけるかば焼きの支出金額のヒストグラムを作成した。ただし，ヒストグラムの各階級の区間は，左側の数値を含み，右側の数値を含まない。

なお，以下の図や表については，総務省の Web ページをもとに作成している。

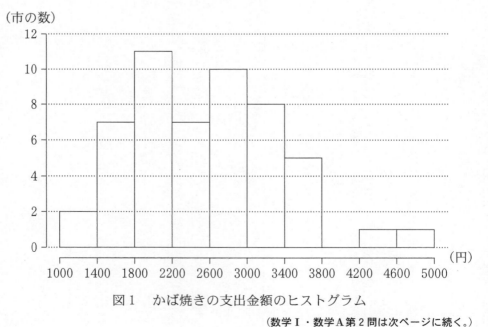

図 1 かば焼きの支出金額のヒストグラム

（数学Ⅰ・数学A第 2 問は次ページに続く。）

2023 本試 数 I・A

(1) 図1から次のことが読み取れる。

- 第1四分位数が含まれる階級は　ア　である。

- 第3四分位数が含まれる階級は　イ　である。

- 四分位範囲は　ウ　。

　ア　,　イ　の解答群(同じものを繰り返し選んでもよい。)

⓪ 1000 以上 1400 未満	① 1400 以上 1800 未満
② 1800 以上 2200 未満	③ 2200 以上 2600 未満
④ 2600 以上 3000 未満	⑤ 3000 以上 3400 未満
⑥ 3400 以上 3800 未満	⑦ 3800 以上 4200 未満
⑧ 4200 以上 4600 未満	⑨ 4600 以上 5000 未満

　ウ　の解答群

⓪ 800 より小さい

① 800 より大きく 1600 より小さい

② 1600 より大きく 2400 より小さい

③ 2400 より大きく 3200 より小さい

④ 3200 より大きく 4000 より小さい

⑤ 4000 より大きい

(数学 I・数学 A 第 2 問は次ページに続く。)

— 9 —

(2) 太郎さんは，東西での地域による食文化の違いを調べるために，52市を東側の地域E(19市)と西側の地域W(33市)の二つに分けて考えることにした。

(i) 地域Eと地域Wについて，かば焼きの支出金額の箱ひげ図を，図2，図3のようにそれぞれ作成した。

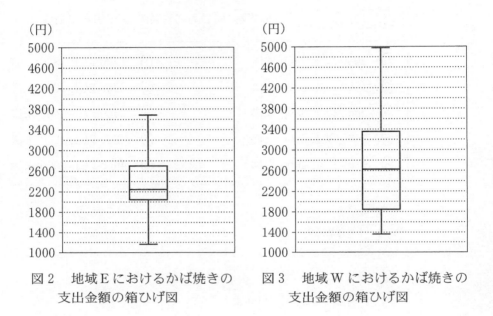

図2 地域Eにおけるかば焼きの支出金額の箱ひげ図　　図3 地域Wにおけるかば焼きの支出金額の箱ひげ図

かば焼きの支出金額について，図2と図3から読み取れることとして，次の⓪～③のうち，正しいものは エ である。

エ の解答群

⓪ 地域Eにおいて，小さい方から5番目は2000以下である。
① 地域Eと地域Wの範囲は等しい。
② 中央値は，地域Eより地域Wの方が大きい。
③ 2600未満の市の割合は，地域Eより地域Wの方が大きい。

(数学I・数学A第2問は次ページに続く。)

2023 本試 数 I・A

(ii) 太郎さんは，地域 E と地域 W のデータの散らばりの度合いを数値でとらえようと思い，それぞれの分散を考えることにした。地域 E におけるかば焼きの支出金額の分散は，地域 E のそれぞれの市におけるかば焼きの支出金額の偏差の　オ　である。

オ　の解答群

⓪　2 乗を合計した値

①　絶対値を合計した値

②　2 乗を合計して地域 E の市の数で割った値

③　絶対値を合計して地域 E の市の数で割った値

④　2 乗を合計して地域 E の市の数で割った値の平方根のうち
　　正のもの

⑤　絶対値を合計して地域 E の市の数で割った値の平方根のうち
　　正のもの

（数学 I・数学 A 第 2 問は次ページに続く。）

(3) 太郎さんは，(2)で考えた地域Eにおける，やきとりの支出金額についても調べることにした。

ここでは地域Eにおいて，やきとりの支出金額が増加すれば，かば焼きの支出金額も増加する傾向があるのではないかと考え，まず図4のように，地域Eにおける，やきとりとかば焼きの支出金額の散布図を作成した。そして，相関係数を計算するために，表1のように平均値，分散，標準偏差および共分散を算出した。ただし，共分散は地域Eのそれぞれの市における，やきとりの支出金額の偏差とかば焼きの支出金額の偏差との積の平均値である。

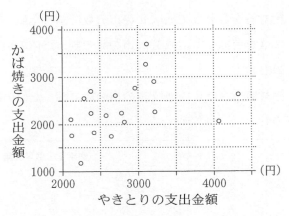

図4　地域Eにおける，やきとりとかば焼きの支出金額の散布図

表1　地域Eにおける，やきとりとかば焼きの支出金額の平均値，分散，標準偏差および共分散

	平均値	分　散	標準偏差	共分散
やきとりの支出金額	2810	348100	590	124000
かば焼きの支出金額	2350	324900	570	

（数学Ⅰ・数学A第2問は次ページに続く。）

2023 本試 数Ⅰ・A

表1を用いると，地域Eにおける，やきとりの支出金額とかば焼きの支出金額の相関係数は ボックスカ である。

ボックスカ については，最も適当なものを，次の⓪〜⑨のうちから一つ選べ。

⓪ − 0.62	① − 0.50	② − 0.37	③ − 0.19
④ − 0.02	⑤ 0.02	⑥ 0.19	⑦ 0.37
⑧ 0.50	⑨ 0.62		

(数学Ⅰ・数学A第2問は次ページに続く。)

〔2〕 太郎さんと花子さんは，バスケットボールのプロ選手の中には，リングと同じ高さでシュートを打てる人がいることを知り，シュートを打つ高さによってボールの軌道がどう変わるかについて考えている。

　二人は，図1のように座標軸が定められた平面上に，プロ選手と花子さんがシュートを打つ様子を真横から見た図をかき，ボールがリングに入った場合について，後の**仮定**を設定して考えることにした。長さの単位はメートルであるが，以下では省略する。

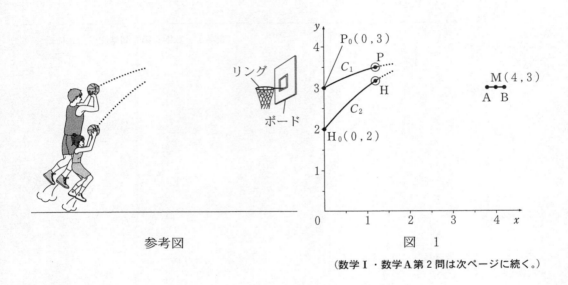

参考図　　　　　　　　　　図　1

（数学Ⅰ・数学A第2問は次ページに続く。）

2023 本試 数 I・A

─ 仮定 ─

- 平面上では，ボールを直径 0.2 の円とする。

- リングを真横から見たときの左端を点 A($3.8 , 3$)，右端を点 B($4.2 , 3$) とし，リングの太さは無視する。

- ボールがリングや他のものに当たらずに上からリングを通り，かつ，ボールの中心が AB の中点 M($4 , 3$) を通る場合を考える。ただし，ボールがリングに当たるとは，ボールの中心と A または B との距離が 0.1 以下になることとする。

- プロ選手がシュートを打つ場合のボールの中心を点 P とし，P は，はじめに点 P_0($0 , 3$) にあるものとする。また，P_0，M を通る，上に凸の放物線を C_1 とし，P は C_1 上を動くものとする。

- 花子さんがシュートを打つ場合のボールの中心を点 H とし，H は，はじめに点 H_0($0 , 2$) にあるものとする。また，H_0，M を通る，上に凸の放物線を C_2 とし，H は C_2 上を動くものとする。

- 放物線 C_1 や C_2 に対して，頂点の y 座標を「シュートの高さ」とし，頂点の x 座標を「ボールが最も高くなるときの地上の位置」とする。

(1) 放物線 C_1 の方程式における x^2 の係数を a とする。放物線 C_1 の方程式は

$$y = ax^2 - \boxed{\text{キ}}\, ax + \boxed{\text{ク}}$$

と表すことができる。また，プロ選手の「シュートの高さ」は

$$- \boxed{\text{ケ}}\, a + \boxed{\text{コ}}$$

である。

(数学 I・数学 A 第 2 問は次ページに続く。)

─ 15 ─

放物線 C_2 の方程式における x^2 の係数を p とする。放物線 C_2 の方程式は

$$y = p \left\{ x - \left(2 - \frac{1}{8p} \right) \right\}^2 - \frac{(16p-1)^2}{64p} + 2$$

と表すことができる。

プロ選手と花子さんの「ボールが最も高くなるときの地上の位置」の比較の記述として，次の⓪～③のうち，正しいものは サ である。

 サ の解答群

⓪　プロ選手と花子さんの「ボールが最も高くなるときの地上の位置」は，つねに一致する。

①　プロ選手の「ボールが最も高くなるときの地上の位置」の方が，つねに M の x 座標に近い。

②　花子さんの「ボールが最も高くなるときの地上の位置」の方が，つねに M の x 座標に近い。

③　プロ選手の「ボールが最も高くなるときの地上の位置」の方が M の x 座標に近いときもあれば，花子さんの「ボールが最も高くなるときの地上の位置」の方が M の x 座標に近いときもある。

(数学 I・数学 A 第 2 問は 18 ページに続く。)

— 16 —

2023 本試 数 I・A

(下 書 き 用 紙)

数学 I・数学 A の試験問題は次に続く。

(2) 二人は，ボールがリングすれすれを通る場合のプロ選手と花子さんの「シュートの高さ」について次のように話している。

> 太郎：例えば，プロ選手のボールがリングに当たらないようにするには，Pがリングの左端Aのどのくらい上を通れば良いのかな。
> 花子：Aの真上の点でPが通る点Dを，線分DMがAを中心とする半径0.1の円と接するようにとって考えてみたらどうかな。
> 太郎：なるほど。Pの軌道は上に凸の放物線で山なりだから，その場合，図2のように，PはDを通った後で線分DMより上側を通るのでボールはリングに当たらないね。花子さんの場合も，HがこのDを通れば，ボールはリングに当たらないね。
> 花子：放物線C_1とC_2がDを通る場合でプロ選手と私の「シュートの高さ」を比べてみようよ。

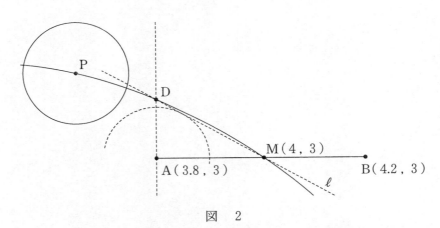

図　2

(数学Ⅰ・数学A第2問は次ページに続く。)

図 2 のように，M を通る直線 ℓ が，A を中心とする半径 0.1 の円に直線 AB の上側で接しているとする。また，A を通り直線 AB に垂直な直線を引き，ℓ との交点を D とする。このとき，$AD = \dfrac{\sqrt{3}}{15}$ である。

よって，放物線 C_1 が D を通るとき，C_1 の方程式は

$$y = -\frac{\boxed{シ}\sqrt{\boxed{ス}}}{\boxed{セソ}}\left(x^2 - \boxed{キ}\,x\right) + \boxed{ク}$$

となる。

また，放物線 C_2 が D を通るとき，(1)で与えられた C_2 の方程式を用いると，花子さんの「シュートの高さ」は約 3.4 と求められる。

以上のことから，放物線 C_1 と C_2 が D を通るとき，プロ選手と花子さんの「シュートの高さ」を比べると，$\boxed{タ}$ の「シュートの高さ」の方が大きく，その差はボール $\boxed{チ}$ である。なお，$\sqrt{3} = 1.7320508\cdots$ である。

$\boxed{タ}$ の解答群

⓪ プロ選手	① 花子さん

$\boxed{チ}$ については，最も適当なものを，次の⓪～③のうちから一つ選べ。

⓪ 約 1 個分	① 約 2 個分	② 約 3 個分	③ 約 4 個分

第3問 （選択問題）（配点 20）

番号によって区別された複数の球が，何本かのひもでつながれている。ただし，各ひもはその両端で二つの球をつなぐものとする。次の**条件**を満たす球の塗り分け方（以下，球の塗り方）を考える。

条件
- それぞれの球を，用意した5色（赤，青，黄，緑，紫）のうちのいずれか1色で塗る。
- 1本のひもでつながれた二つの球は異なる色になるようにする。
- 同じ色を何回使ってもよく，また使わない色があってもよい。

例えば図Aでは，三つの球が2本のひもでつながれている。この三つの球を塗るとき，球1の塗り方が5通りあり，球1を塗った後，球2の塗り方は4通りあり，さらに球3の塗り方は4通りある。したがって，球の塗り方の総数は80である。

図　A

(1) 図Bにおいて，球の塗り方は $\boxed{アイウ}$ 通りある。

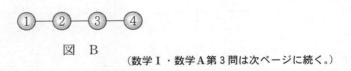

図　B

（数学Ⅰ・数学A第3問は次ページに続く。）

(2) 図Cにおいて，球の塗り方は エオ 通りある。

図　C

(3) 図Dにおける球の塗り方のうち，赤をちょうど2回使う塗り方は カキ 通りある。

図　D

(4) 図Eにおける球の塗り方のうち，赤をちょうど3回使い，かつ青をちょうど2回使う塗り方は クケ 通りある。

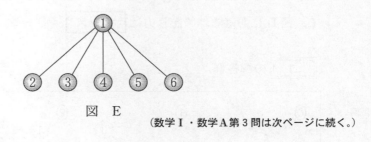

図　E

(数学Ⅰ・数学A第3問は次ページに続く。)

(5) 図Dにおいて，球の塗り方の総数を求める。

図　D（再掲）

そのために，次の**構想**を立てる。

- **構想**

  図Dと図Fを比較する。

  図　F

図Fでは球3と球4が同色になる球の塗り方が可能であるため，図Dよりも図Fの球の塗り方の総数の方が大きい。

図Fにおける球の塗り方は，図Bにおける球の塗り方と同じであるため，全部で　アイウ　通りある。そのうち球3と球4が同色になる球の塗り方の総数と一致する図として，後の⓪～④のうち，正しいものは　コ　である。したがって，図Dにおける球の塗り方は　サシス　通りある。

　コ　の解答群

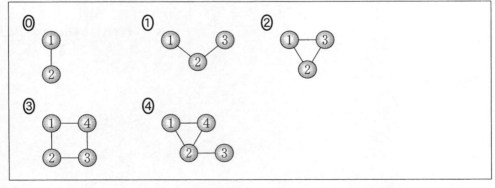

（数学Ⅰ・数学A第3問は次ページに続く。）

(6) 図Gにおいて，球の塗り方は セソタチ 通りある。

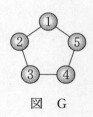

図　G

第4問 (選択問題)(配点 20)

　色のついた長方形を並べて正方形や長方形を作ることを考える。色のついた長方形は，向きを変えずにすき間なく並べることとし，色のついた長方形は十分あるものとする。

(1)　横の長さが 462 で縦の長さが 110 である赤い長方形を，図1のように並べて正方形や長方形を作ることを考える。

	462			
110	赤	赤	⋯	赤
	赤	赤	⋯	赤
	⋮	⋮	⋱	⋮
	赤	赤	⋯	赤

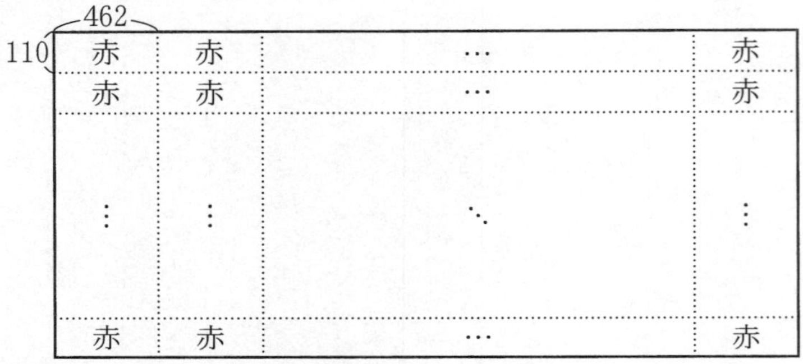

図　1

(数学Ⅰ・数学A第4問は次ページに続く。)

— 24 —

462 と 110 の両方を割り切る素数のうち最大のものは $\boxed{\text{アイ}}$ である。

赤い長方形を並べて作ることができる正方形のうち，辺の長さが最小であるものは，一辺の長さが $\boxed{\text{ウエオカ}}$ のものである。

また，赤い長方形を並べて正方形ではない長方形を作るとき，横の長さと縦の長さの差の絶対値が最小になるのは，462 の約数と 110 の約数を考えると，差の絶対値が $\boxed{\text{キク}}$ になるときであることがわかる。

縦の長さが横の長さより $\boxed{\text{キク}}$ 長い長方形のうち，横の長さが最小であるものは，横の長さが $\boxed{\text{ケコサシ}}$ のものである。

(数学 I・数学 A 第 4 問は次ページに続く。)

(2) 花子さんと太郎さんは，(1)で用いた赤い長方形を1枚以上並べて長方形を作り，その右側に横の長さが363で縦の長さが154である青い長方形を1枚以上並べて，図2のような正方形や長方形を作ることを考えている。

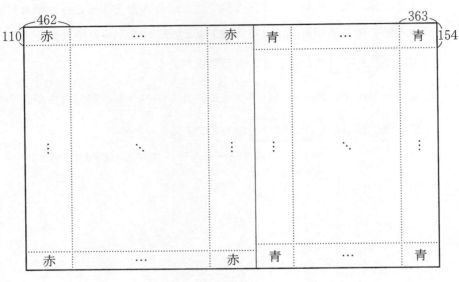

図　2

このとき，赤い長方形を並べてできる長方形の縦の長さと，青い長方形を並べてできる長方形の縦の長さは等しい。よって，図2のような長方形のうち，縦の長さが最小のものは，縦の長さが スセソ のものであり，図2のような長方形は縦の長さが スセソ の倍数である。

（数学Ⅰ・数学A第4問は次ページに続く。）

二人は，次のように話している。

花子：赤い長方形と青い長方形を図 2 のように並べて正方形を作ってみよう
　　　よ。

太郎：赤い長方形の横の長さが 462 で青い長方形の横の長さが 363 だから，
　　　図 2 のような正方形の横の長さは 462 と 363 を組み合わせて作ること
　　　ができる長さでないといけないね。

花子：正方形だから，横の長さは スセソ の倍数でもないといけないね。

---

462 と 363 の最大公約数は タチ であり， タチ の倍数のうちで
スセソ の倍数でもある最小の正の整数は ツテトナ である。

これらのことと，使う長方形の枚数が赤い長方形も青い長方形も 1 枚以上であ
ることから，図 2 のような正方形のうち，辺の長さが最小であるものは，一辺の
長さが ニヌネノ のものであることがわかる。

第5問 (選択問題)（配点 20）

(1) 円Oに対して，次の**手順1**で作図を行う。

手順1
(Step 1) 円Oと異なる2点で交わり，中心Oを通らない直線 ℓ を引く。円Oと直線 ℓ との交点をA，Bとし，線分ABの中点Cをとる。
(Step 2) 円Oの周上に，点Dを∠CODが鈍角となるようにとる。直線CDを引き，円Oとの交点でDとは異なる点をEとする。
(Step 3) 点Dを通り直線OCに垂直な直線を引き，直線OCとの交点をFとし，円Oとの交点でDとは異なる点をGとする。
(Step 4) 点Gにおける円Oの接線を引き，直線 ℓ との交点をHとする。

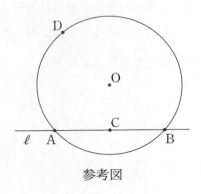

参考図

このとき，直線 ℓ と点Dの位置によらず，直線EHは円Oの接線である。このことは，次の**構想**に基づいて，後のように説明できる。

（数学Ⅰ・数学A第5問は次ページに続く。）

2023 本試 数 I・A

> **構想**
>
> 直線 EH が円 O の接線であることを証明するためには，
> $\angle\text{OEH} = \boxed{\text{アイ}}\,°$ であることを示せばよい。

手順 1 の (Step 1) と (Step 4) により，4 点 C, G, H, $\boxed{\text{ウ}}$ は同一円周上にあることがわかる。よって，$\angle\text{CHG} = \boxed{\text{エ}}$ である。一方，点 E は円 O の周上にあることから，$\boxed{\text{エ}} = \boxed{\text{オ}}$ がわかる。よって，$\angle\text{CHG} = \boxed{\text{オ}}$ であるので，4 点 C, G, H, $\boxed{\text{カ}}$ は同一円周上にある。この円が点 $\boxed{\text{ウ}}$ を通ることにより，$\angle\text{OEH} = \boxed{\text{アイ}}\,°$ を示すことができる。

$\boxed{\text{ウ}}$ の解答群

⓪ B	① D	② F	③ O

$\boxed{\text{エ}}$ の解答群

⓪ ∠AFC	① ∠CDF	② ∠CGH	③ ∠CBO	④ ∠FOG

$\boxed{\text{オ}}$ の解答群

⓪ ∠AED	① ∠ADE	② ∠BOE	③ ∠DEG	④ ∠EOH

$\boxed{\text{カ}}$ の解答群

⓪ A	① D	② E	③ F

（数学 I・数学 A 第 5 問は次ページに続く。）

(2) 円Oに対して，(1)の**手順1**とは直線ℓの引き方を変え，次の**手順2**で作図を行う。

手順2

(Step 1) 円Oと共有点をもたない直線ℓを引く。中心Oから直線ℓに垂直な直線を引き，直線ℓとの交点をPとする。

(Step 2) 円Oの周上に，点Qを∠POQが鈍角となるようにとる。直線PQを引き，円Oとの交点でQとは異なる点をRとする。

(Step 3) 点Qを通り直線OPに垂直な直線を引き，円Oとの交点でQとは異なる点をSとする。

(Step 4) 点Sにおける円Oの接線を引き，直線ℓとの交点をTとする。

このとき，∠PTS = $\boxed{キ}$ である。

円Oの半径が$\sqrt{5}$で，OT = $3\sqrt{6}$ であったとすると，3点O, P, Rを通る

円の半径は  であり，RT = $\boxed{サ}$ である。

$\boxed{キ}$ の解答群

⓪ ∠PQS　　① ∠PST　　② ∠QPS　　③ ∠QRS　　④ ∠SRT

2022 年度

大学入学共通テスト
本試験

（100 点　70 分）

'22 本試問題

● 標 準 所 要 時 間 ●

第 1 問	21 分	第 4 問	14 分
第 2 問	21 分	第 5 問	14 分
第 3 問	14 分		

（注）　第 1 問・第 2 問は必答，第 3 問〜第 5 問のうち 2 問選択解答

数学 I・数学 A

第 1 問 （必答問題）（配点 30）

〔1〕 実数 a, b, c が

$$a + b + c = 1 \qquad\qquad \cdots\cdots\cdots\cdots\cdots\cdots ①$$

および

$$a^2 + b^2 + c^2 = 13 \qquad\qquad \cdots\cdots\cdots\cdots\cdots\cdots ②$$

を満たしているとする。

(1) $(a + b + c)^2$ を展開した式において，① と ② を用いると

$$ab + bc + ca = \boxed{\text{アイ}}$$

であることがわかる。よって

$$(a - b)^2 + (b - c)^2 + (c - a)^2 = \boxed{\text{ウエ}}$$

である。

（数学 I・数学 A 第 1 問は次ページに続く。）

― 2 ―

2022 本試 数 I・A

(2) $a - b = 2\sqrt{5}$ の場合に，$(a-b)(b-c)(c-a)$ の値を求めて
みよう。

$b - c = x$, $c - a = y$ とおくと

$$x + y = \boxed{\text{オカ}} \sqrt{5}$$

である。また，(1)の計算から

$$x^2 + y^2 = \boxed{\text{キク}}$$

が成り立つ。

これらより

$$(a-b)(b-c)(c-a) = \boxed{\text{ケ}} \sqrt{5}$$

である。

(数学 I・数学A第1問は次ページに続く。)

— 3 —

〔2〕 以下の問題を解答するにあたっては，必要に応じて 7 ページの三角比の表を用いてもよい。

太郎さんと花子さんは，キャンプ場のガイドブックにある地図を見ながら，後のように話している。

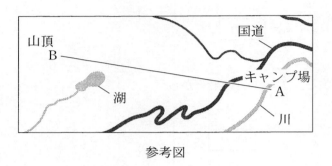

参考図

太郎：キャンプ場の地点 A から山頂 B を見上げる角度はどれくらいかな。

花子：地図アプリを使って，地点 A と山頂 B を含む断面図を調べたら，図 1 のようになったよ。点 C は，山頂 B から地点 A を通る水平面に下ろした垂線とその水平面との交点のことだよ。

太郎：図 1 の角度 θ は，AC，BC の長さを定規で測って，三角比の表を用いて調べたら 16° だったよ。

花子：本当に 16° なの？ 図 1 の鉛直方向の縮尺と水平方向の縮尺は等しいのかな？

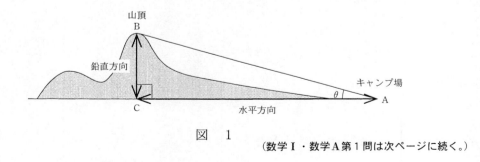

図 1

（数学 I・数学 A 第 1 問は次ページに続く。）

2022 本試 数 I・A

図 1 の θ はちょうど 16° であったとする。しかし，図 1 の縮尺は，水平方向が $\dfrac{1}{100000}$ であるのに対して，鉛直方向は $\dfrac{1}{25000}$ であった。

実際にキャンプ場の地点 A から山頂 B を見上げる角である ∠BAC を考えると，tan ∠BAC は コ ． サシス となる。したがって，∠BAC の大きさは セ 。ただし，目の高さは無視して考えるものとする。

セ の解答群

⓪ 3° より大きく 4° より小さい

① ちょうど 4° である

② 4° より大きく 5° より小さい

③ ちょうど 16° である

④ 48° より大きく 49° より小さい

⑤ ちょうど 49° である

⑥ 49° より大きく 50° より小さい

⑦ 63° より大きく 64° より小さい

⑧ ちょうど 64° である

⑨ 64° より大きく 65° より小さい

（数学 I・数学 A 第 1 問は 7 ページに続く。）

— 5 —

（下 書 き 用 紙）

数学Ⅰ・数学Aの試験問題は次に続く。

2022 本試 数 I・A

三角比の表

角	正弦 (sin)	余弦 (cos)	正接 (tan)	角	正弦 (sin)	余弦 (cos)	正接 (tan)
0°	0.0000	1.0000	0.0000	45°	0.7071	0.7071	1.0000
1°	0.0175	0.9998	0.0175	46°	0.7193	0.6947	1.0355
2°	0.0349	0.9994	0.0349	47°	0.7314	0.6820	1.0724
3°	0.0523	0.9986	0.0524	48°	0.7431	0.6691	1.1106
4°	0.0698	0.9976	0.0699	49°	0.7547	0.6561	1.1504
5°	0.0872	0.9962	0.0875	50°	0.7660	0.6428	1.1918
6°	0.1045	0.9945	0.1051	51°	0.7771	0.6293	1.2349
7°	0.1219	0.9925	0.1228	52°	0.7880	0.6157	1.2799
8°	0.1392	0.9903	0.1405	53°	0.7986	0.6018	1.3270
9°	0.1564	0.9877	0.1584	54°	0.8090	0.5878	1.3764
10°	0.1736	0.9848	0.1763	55°	0.8192	0.5736	1.4281
11°	0.1908	0.9816	0.1944	56°	0.8290	0.5592	1.4826
12°	0.2079	0.9781	0.2126	57°	0.8387	0.5446	1.5399
13°	0.2250	0.9744	0.2309	58°	0.8480	0.5299	1.6003
14°	0.2419	0.9703	0.2493	59°	0.8572	0.5150	1.6643
15°	0.2588	0.9659	0.2679	60°	0.8660	0.5000	1.7321
16°	0.2756	0.9613	0.2867	61°	0.8746	0.4848	1.8040
17°	0.2924	0.9563	0.3057	62°	0.8829	0.4695	1.8807
18°	0.3090	0.9511	0.3249	63°	0.8910	0.4540	1.9626
19°	0.3256	0.9455	0.3443	64°	0.8988	0.4384	2.0503
20°	0.3420	0.9397	0.3640	65°	0.9063	0.4226	2.1445
21°	0.3584	0.9336	0.3839	66°	0.9135	0.4067	2.2460
22°	0.3746	0.9272	0.4040	67°	0.9205	0.3907	2.3559
23°	0.3907	0.9205	0.4245	68°	0.9272	0.3746	2.4751
24°	0.4067	0.9135	0.4452	69°	0.9336	0.3584	2.6051
25°	0.4226	0.9063	0.4663	70°	0.9397	0.3420	2.7475
26°	0.4384	0.8988	0.4877	71°	0.9455	0.3256	2.9042
27°	0.4540	0.8910	0.5095	72°	0.9511	0.3090	3.0777
28°	0.4695	0.8829	0.5317	73°	0.9563	0.2924	3.2709
29°	0.4848	0.8746	0.5543	74°	0.9613	0.2756	3.4874
30°	0.5000	0.8660	0.5774	75°	0.9659	0.2588	3.7321
31°	0.5150	0.8572	0.6009	76°	0.9703	0.2419	4.0108
32°	0.5299	0.8480	0.6249	77°	0.9744	0.2250	4.3315
33°	0.5446	0.8387	0.6494	78°	0.9781	0.2079	4.7046
34°	0.5592	0.8290	0.6745	79°	0.9816	0.1908	5.1446
35°	0.5736	0.8192	0.7002	80°	0.9848	0.1736	5.6713
36°	0.5878	0.8090	0.7265	81°	0.9877	0.1564	6.3138
37°	0.6018	0.7986	0.7536	82°	0.9903	0.1392	7.1154
38°	0.6157	0.7880	0.7813	83°	0.9925	0.1219	8.1443
39°	0.6293	0.7771	0.8098	84°	0.9945	0.1045	9.5144
40°	0.6428	0.7660	0.8391	85°	0.9962	0.0872	11.4301
41°	0.6561	0.7547	0.8693	86°	0.9976	0.0698	14.3007
42°	0.6691	0.7431	0.9004	87°	0.9986	0.0523	19.0811
43°	0.6820	0.7314	0.9325	88°	0.9994	0.0349	28.6363
44°	0.6947	0.7193	0.9657	89°	0.9998	0.0175	57.2900
45°	0.7071	0.7071	1.0000	90°	1.0000	0.0000	—

（数学 I・数学 A 第 1 問は次ページに続く。）

〔3〕 外接円の半径が3である △ABC を考える。点 A から直線 BC に引いた垂線と直線 BC との交点を D とする。

(1) AB ＝ 5，AC ＝ 4 とする。このとき

$$\sin \angle ABC = \frac{\boxed{\text{ソ}}}{\boxed{\text{タ}}}, \qquad AD = \frac{\boxed{\text{チツ}}}{\boxed{\text{テ}}}$$

である。

(2) 2辺 AB，AC の長さの間に 2 AB ＋ AC ＝ 14 の関係があるとする。

このとき，AB の長さのとり得る値の範囲は $\boxed{\text{ト}} \leqq AB \leqq \boxed{\text{ナ}}$

であり

$$AD = \frac{\boxed{\text{ニヌ}}}{\boxed{\text{ネ}}} AB^2 + \frac{\boxed{\text{ノ}}}{\boxed{\text{ハ}}} AB$$

と表せるので，AD の長さの最大値は $\boxed{\text{ヒ}}$ である。

— 8 —

2022 本試 数 I・A

（下 書 き 用 紙）

数学 I・数学 A の試験問題は次に続く。

第 2 問 （必答問題）（配点　30）

〔1〕　p, q を実数とする。

花子さんと太郎さんは，次の二つの 2 次方程式について考えている。

$$x^2 + px + q = 0 \qquad \cdots\cdots\cdots\cdots\cdots\cdots\cdots ①$$
$$x^2 + qx + p = 0 \qquad \cdots\cdots\cdots\cdots\cdots\cdots\cdots ②$$

① または ② を満たす実数 x の個数を n とおく。

(1)　$p = 4$，$q = -4$ のとき，$n = \boxed{\quad ア \quad}$ である。

また，$p = 1$，$q = -2$ のとき，$n = \boxed{\quad イ \quad}$ である。

(2)　$p = -6$ のとき，$n = 3$ になる場合を考える。

花子：例えば，① と ② をともに満たす実数 x があるときは $n = 3$ になりそうだね。

太郎：それを α としたら，$\alpha^2 - 6\alpha + q = 0$ と $\alpha^2 + q\alpha - 6 = 0$ が成り立つよ。

花子：なるほど。それならば，α^2 を消去すれば，α の値が求められそうだね。

太郎：確かに α の値が求まるけど，実際に $n = 3$ となっているかどうかの確認が必要だね。

花子：これ以外にも $n = 3$ となる場合がありそうだね。

$n = 3$ となる q の値は

$$q = \boxed{\quad ウ \quad}, \boxed{\quad エ \quad}$$

である。ただし，$\boxed{\quad ウ \quad} < \boxed{\quad エ \quad}$ とする。

（数学 I・数学 A 第 2 問は次ページに続く。）

(3) 花子さんと太郎さんは，グラフ表示ソフトを用いて，①，②の左辺を y とおいた2次関数 $y = x^2 + px + q$ と $y = x^2 + qx + p$ のグラフの動きを考えている。

（数学Ⅰ・数学A第2問は次ページに続く。）

$p = -6$ に固定したまま，q の値だけを変化させる．

$$y = x^2 - 6x + q \quad \cdots\cdots\cdots\cdots\cdots\cdots ③$$
$$y = x^2 + qx - 6 \quad \cdots\cdots\cdots\cdots\cdots\cdots ④$$

の二つのグラフについて，$q = 1$ のときのグラフを点線で，q の値を 1 から増加させたときのグラフを実線でそれぞれ表す．このとき，③のグラフの移動の様子を示すと オ となり，④のグラフの移動の様子を示すと カ となる．

オ ， カ については，最も適当なものを，次の⓪～⑦のうちから一つずつ選べ．ただし，同じものを繰り返し選んでもよい．なお，x 軸と y 軸は省略しているが，x 軸は右方向，y 軸は上方向がそれぞれ正の方向である．

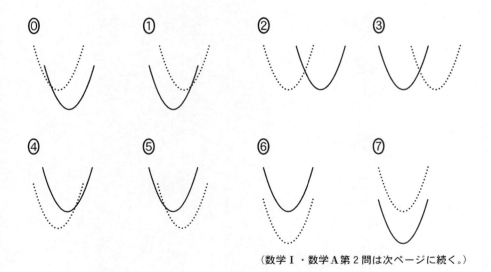

（数学Ⅰ・数学A第2問は次ページに続く．）

2022 本試 数 I・A

(4) ウ $< q <$ エ とする。全体集合 U を実数全体の集合とし，U の部分集合 A，B を

$$A = \{x \mid x^2 - 6x + q < 0\}$$
$$B = \{x \mid x^2 + qx - 6 < 0\}$$

とする。U の部分集合 X に対し，X の補集合を $\overline{X}$ と表す。このとき，次のことが成り立つ。

- $x \in A$ は，$x \in B$ であるための キ 。
- $x \in B$ は，$x \in \overline{A}$ であるための ク 。

キ ， ク の解答群(同じものを繰り返し選んでもよい。)

⓪　必要条件であるが，十分条件ではない

①　十分条件であるが，必要条件ではない

②　必要十分条件である

③　必要条件でも十分条件でもない

(数学 I・数学A第2問は次ページに続く。)

— 13 —

〔2〕 日本国外における日本語教育の状況を調べるために，独立行政法人国際交流基金では「海外日本語教育機関調査」を実施しており，各国における教育機関数，教員数，学習者数が調べられている。2018 年度において学習者数が 5000 人以上の国と地域（以下，国）は 29 か国であった。これら 29 か国について，2009 年度と 2018 年度のデータが得られている。

(1) 各国において，学習者数を教員数で割ることにより，国ごとの「教員 1 人あたりの学習者数」を算出することができる。図 1 と図 2 は，2009 年度および 2018 年度における「教員 1 人あたりの学習者数」のヒストグラムである。これら二つのヒストグラムから，9 年間の変化に関して，後のことが読み取れる。なお，ヒストグラムの各階級の区間は，左側の数値を含み，右側の数値を含まない。

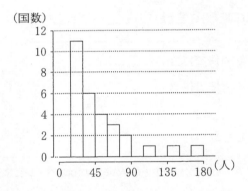
図 1　2009 年度における教員 1 人あたりの学習者数のヒストグラム

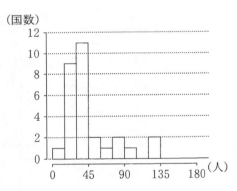
図 2　2018 年度における教員 1 人あたりの学習者数のヒストグラム

（出典：国際交流基金の Web ページにより作成）

（数学 I・数学 A 第 2 問は次ページに続く。）

2022 本試 数 I・A

- 2009 年度と 2018 年度の中央値が含まれる階級の階級値を比較すると，　ケ　。

- 2009 年度と 2018 年度の第 1 四分位数が含まれる階級の階級値を比較すると，　コ　。

- 2009 年度と 2018 年度の第 3 四分位数が含まれる階級の階級値を比較すると，　サ　。

- 2009 年度と 2018 年度の範囲を比較すると，　シ　。

- 2009 年度と 2018 年度の四分位範囲を比較すると，　ス　。

　ケ　～　ス　の解答群（同じものを繰り返し選んでもよい。）

⓪　2018 年度の方が小さい

①　2018 年度の方が大きい

②　両者は等しい

③　これら二つのヒストグラムからだけでは両者の大小を判断できない

（数学 I・数学 A 第 2 問は次ページに続く。）

— 15 —

(2) 各国において，学習者数を教育機関数で割ることにより，「教育機関1機関あたりの学習者数」も算出した。図3は，2009年度における「教育機関1機関あたりの学習者数」の箱ひげ図である。

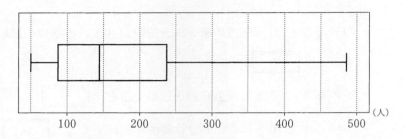

図3　2009年度における教育機関1機関あたりの学習者数の箱ひげ図

（出典：国際交流基金のWebページにより作成）

2009年度について，「教育機関1機関あたりの学習者数」（横軸）と「教員1人あたりの学習者数」（縦軸）の散布図は　セ　である。ここで，2009年度における「教員1人あたりの学習者数」のヒストグラムである(1)の図1を，図4として再掲しておく。

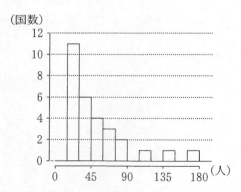

図4　2009年度における教員1人あたりの学習者数のヒストグラム

（出典：国際交流基金のWebページにより作成）

（数学Ⅰ・数学A第2問は次ページに続く。）

セ については，最も適当なものを，次の⓪〜③のうちから一つ選べ。なお，これらの散布図には，完全に重なっている点はない。

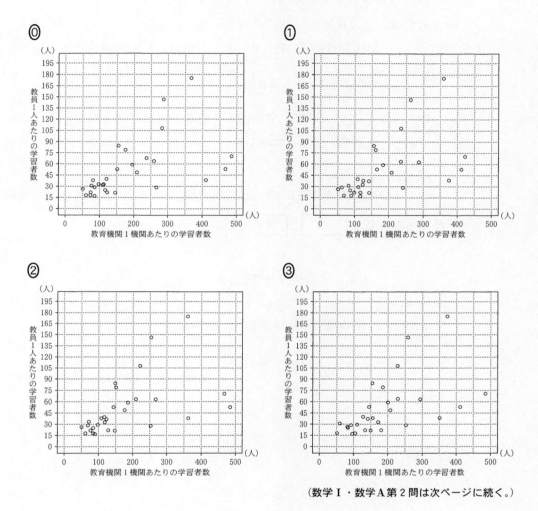

（数学Ⅰ・数学A第2問は次ページに続く。）

(3) 各国における 2018 年度の学習者数を 100 としたときの 2009 年度の学習者数 S，および，各国における 2018 年度の教員数を 100 としたときの 2009 年度の教員数 T を算出した。

例えば，学習者数について説明すると，ある国において，2009 年度が 44272 人，2018 年度が 174521 人であった場合，2009 年度の学習者数 S は $\dfrac{44272}{174521} \times 100$ より 25.4 と算出される。

表 1 は S と T について，平均値，標準偏差および共分散を計算したものである。ただし，S と T の共分散は，S の偏差と T の偏差の積の平均値である。

表 1 の数値が四捨五入していない正確な値であるとして，S と T の相関係数を求めると ソ . タチ である。

表 1 平均値，標準偏差および共分散

S の 平均値	T の 平均値	S の 標準偏差	T の 標準偏差	S と T の 共分散
81.8	72.9	39.3	29.9	735.3

(数学 I・数学 A 第 2 問は次ページに続く。)

(4) 表1と(3)で求めた相関係数を参考にすると，(3)で算出した2009年度のS(横軸)とT(縦軸)の散布図は ツ である。

ツ については，最も適当なものを，次の⓪〜③のうちから一つ選べ。なお，これらの散布図には，完全に重なっている点はない。

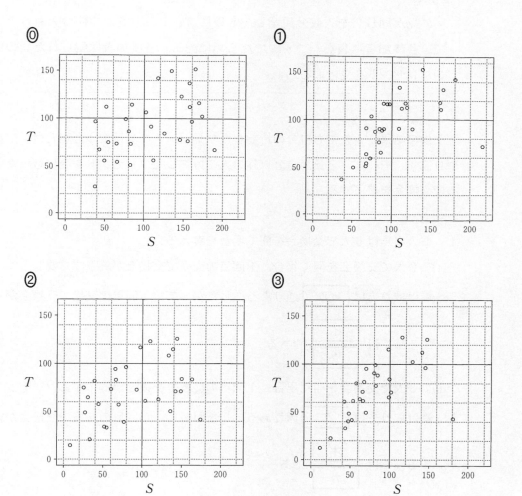

第3問 （選択問題）（配点 20）

複数人がそれぞれプレゼントを一つずつ持ち寄り，交換会を開く。ただし，プレゼントはすべて異なるとする。プレゼントの交換は次の**手順**で行う。

手順

外見が同じ袋を人数分用意し，各袋にプレゼントを一つずつ入れたうえで，各参加者に袋を一つずつでたらめに配る。各参加者は配られた袋の中のプレゼントを受け取る。

交換の結果，1人でも自分の持参したプレゼントを受け取った場合は，交換をやり直す。そして，全員が自分以外の人の持参したプレゼントを受け取ったところで交換会を終了する。

(1) 2人または3人で交換会を開く場合を考える。

(i) 2人で交換会を開く場合，1回目の交換で交換会が終了するプレゼントの受け取り方は $\boxed{ア}$ 通りある。したがって，1回目の交換で交換会が終了する確率は $\dfrac{\boxed{イ}}{\boxed{ウ}}$ である。

(ii) 3人で交換会を開く場合，1回目の交換で交換会が終了するプレゼントの受け取り方は $\boxed{エ}$ 通りある。したがって，1回目の交換で交換会が終了する確率は $\dfrac{\boxed{オ}}{\boxed{カ}}$ である。

(iii) 3人で交換会を開く場合，4回以下の交換で交換会が終了する確率は $\dfrac{\boxed{キク}}{\boxed{ケコ}}$ である。

（数学Ⅰ・数学A第3問は次ページに続く。）

2022 本試 数 I・A

(2) 4人で交換会を開く場合，1回目の交換で交換会が終了する確率を次の**構想**に基づいて求めてみよう。

> ─ 構想 ─────────────────────────
>
>   1回目の交換で交換会が**終了しない**プレゼントの受け取り方の総数を求める。そのために，自分の持参したプレゼントを受け取る人数によって場合分けをする。

　　1回目の交換で，4人のうち，ちょうど1人が自分の持参したプレゼントを受け取る場合は　サ　通りあり，ちょうど2人が自分のプレゼントを受け取る場合は　シ　通りある。このように考えていくと，1回目のプレゼントの受け取り方のうち，1回目の交換で交換会が終了しない受け取り方の総数は　スセ　である。

　　したがって，1回目の交換で交換会が終了する確率は $\dfrac{ソ}{タ}$ である。

(3) 5人で交換会を開く場合，1回目の交換で交換会が終了する確率は $\dfrac{チツ}{テト}$ である。

(4) A, B, C, D, Eの5人が交換会を開く。1回目の交換でA, B, C, Dがそれぞれ自分以外の人の持参したプレゼントを受け取ったとき，その回で交換会が終了する条件付き確率は $\dfrac{ナニ}{ヌネ}$ である。

— 21 —

第4問 （選択問題）（配点 20）

(1) $5^4 = 625$ を 2^4 で割ったときの余りは1に等しい。このことを用いると，不定方程式

$$5^4 x - 2^4 y = 1 \qquad \cdots\cdots\cdots\cdots\cdots\cdots\cdots ①$$

の整数解のうち，x が正の整数で最小になるのは

$$x = \boxed{\text{ア}}, \quad y = \boxed{\text{イウ}}$$

であることがわかる。

また，① の整数解のうち，x が2桁の正の整数で最小になるのは

$$x = \boxed{\text{エオ}}, \quad y = \boxed{\text{カキク}}$$

である。

(2) 次に，625^2 を 5^5 で割ったときの余りと，2^5 で割ったときの余りについて考えてみよう。

まず

$$625^2 = 5^{\boxed{\text{ケ}}}$$

であり，また，$m = \boxed{\text{イウ}}$ とすると

$$625^2 = 2^{\boxed{\text{ケ}}} m^2 + 2^{\boxed{\text{コ}}} m + 1$$

である。これらより，625^2 を 5^5 で割ったときの余りと，2^5 で割ったときの余りがわかる。

（数学Ⅰ・数学A第4問は次ページに続く。）

— 22 —

2022 本試 数 I・A

(3) (2)の考察は，不定方程式

$$5^5 x - 2^5 y = 1 \qquad\qquad \cdots\cdots\cdots\cdots\cdots\cdots ②$$

の整数解を調べるために利用できる。

x，y を②の整数解とする。$5^5 x$ は 5^5 の倍数であり，2^5 で割ったときの余りは 1 となる。よって，(2)により，$5^5 x - 625^2$ は 5^5 でも 2^5 でも割り切れる。5^5 と 2^5 は互いに素なので，$5^5 x - 625^2$ は $5^5 \cdot 2^5$ の倍数である。

このことから，②の整数解のうち，x が 3 桁の正の整数で最小になるのは

$$x = \boxed{サシス}, \quad y = \boxed{セソタチツ}$$

であることがわかる。

(4) 11^4 を 2^4 で割ったときの余りは 1 に等しい。不定方程式

$$11^5 x - 2^5 y = 1$$

の整数解のうち，x が正の整数で最小になるのは

$$x = \boxed{テト}, \quad y = \boxed{ナニヌネノ}$$

である。

— 23 —

第 5 問 （選択問題）（配点 20）

△ABC の重心を G とし，線分 AG 上で点 A とは異なる位置に点 D をとる。直線 AG と辺 BC の交点を E とする。また，直線 BC 上で辺 BC 上にはない位置に点 F をとる。直線 DF と辺 AB の交点を P，直線 DF と辺 AC の交点を Q とする。

(1) 点 D は線分 AG の中点であるとする。このとき，△ABC の形状に関係なく

$$\frac{AD}{DE} = \frac{\boxed{ア}}{\boxed{イ}}$$

である。また，点 F の位置に関係なく

$$\frac{BP}{AP} = \boxed{ウ} \times \frac{\boxed{エ}}{\boxed{オ}}, \qquad \frac{CQ}{AQ} = \boxed{カ} \times \frac{\boxed{キ}}{\boxed{ク}}$$

であるので，つねに

$$\frac{BP}{AP} + \frac{CQ}{AQ} = \boxed{ケ}$$

となる。

$\boxed{エ}$，$\boxed{オ}$，$\boxed{キ}$，$\boxed{ク}$ の解答群(同じものを繰り返し選んでもよい。)

（数学Ⅰ・数学A第5問は次ページに続く。）

(2) AB = 9，BC = 8，AC = 6 とし，(1)と同様に，点 D は線分 AG の中点であるとする。ここで，4 点 B，C，Q，P が同一円周上にあるように点 F をとる。

このとき，$AQ = \dfrac{\boxed{コ}}{\boxed{サ}} AP$ であるから

$$AP = \dfrac{\boxed{シス}}{\boxed{セ}}，\qquad AQ = \dfrac{\boxed{ソタ}}{\boxed{チ}}$$

であり

$$CF = \dfrac{\boxed{ツテ}}{\boxed{トナ}}$$

である。

(3) △ABC の形状や点 F の位置に関係なく，つねに $\dfrac{BP}{AP} + \dfrac{CQ}{AQ} = 10$ となるのは，$\dfrac{AD}{DG} = \dfrac{\boxed{ニ}}{\boxed{ヌ}}$ のときである。

— 25 —

2021 年度

大学入学共通テスト
本試験(第1日程)

(100点　70分)

'21
本試問題

```
●標準所要時間●
第1問    21分  │ 第4問    14分
第2問    21分  │ 第5問    14分
第3問    14分  │
```

(注)　第1問・第2問は必答，第3問～第5問のうち2問選択解答

数学Ⅰ・数学A

第1問 （必答問題）（配点　30）

〔1〕　c を正の整数とする。x の2次方程式

$$2x^2 + (4c-3)x + 2c^2 - c - 11 = 0 \quad \cdots\cdots\cdots\cdots\cdots\cdots ①$$

について考える。

(1)　$c = 1$ のとき，① の左辺を因数分解すると

$$\left(\boxed{\text{ア}}\,x + \boxed{\text{イ}} \right)\left(x - \boxed{\text{ウ}} \right)$$

であるから，① の解は

$$x = -\frac{\boxed{\text{イ}}}{\boxed{\text{ア}}},\quad \boxed{\text{ウ}}$$

である。

(2)　$c = 2$ のとき，① の解は

$$x = \frac{-\boxed{\text{エ}} \pm \sqrt{\boxed{\text{オカ}}}}{\boxed{\text{キ}}}$$

であり，大きい方の解を α とすると

$$\frac{5}{\alpha} = \frac{\boxed{\text{ク}} + \sqrt{\boxed{\text{ケコ}}}}{\boxed{\text{サ}}}$$

である。また，$m < \dfrac{5}{\alpha} < m+1$ を満たす整数 m は $\boxed{\text{シ}}$ である。

（数学Ⅰ・数学A第1問は次ページに続く。）

— 2 —

2021 第 1 日程 数 I・A

(3) 太郎さんと花子さんは，①の解について考察している。

太郎：①の解は c の値によって，ともに有理数である場合もあれ
　　ば，ともに無理数である場合もあるね。c がどのような値のと
　　きに，解は有理数になるのかな。

花子：2次方程式の解の公式の根号の中に着目すればいいんじゃない
　　かな。

①の解が異なる二つの有理数であるような正の整数 c の個数は
  ス 個である。

(数学 I・数学 A 第 1 問は次ページに続く。)

— 3 —

〔2〕 右の図のように，△ABC の外側に辺 AB，BC，CA をそれぞれ 1 辺とする正方形 ADEB，BFGC，CHIA をかき，2 点 E と F，G と H，I と D をそれぞれ線分で結んだ図形を考える。以下において

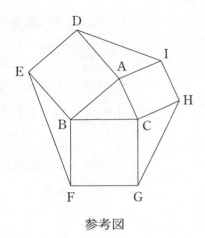

参考図

$BC = a$，$CA = b$，$AB = c$
$\angle CAB = A$，$\angle ABC = B$，$\angle BCA = C$

とする。

(1) $b = 6$，$c = 5$，$\cos A = \dfrac{3}{5}$ のとき，$\sin A = \dfrac{\boxed{セ}}{\boxed{ソ}}$ であり，

△ABC の面積は $\boxed{タチ}$，△AID の面積は $\boxed{ツテ}$ である。

(数学Ⅰ・数学A第 1 問は次ページに続く。)

2021 第 1 日程 数 I・A

(2) 正方形 BFGC，CHIA，ADEB の面積をそれぞれ S_1，S_2，S_3 とする。このとき，$S_1 - S_2 - S_3$ は

- $0° < A < 90°$ のとき，$\boxed{\text{ト}}$。

- $A = 90°$ のとき，$\boxed{\text{ナ}}$。

- $90° < A < 180°$ のとき，$\boxed{\text{ニ}}$。

$\boxed{\text{ト}}$ ～ $\boxed{\text{ニ}}$ の解答群（同じものを繰り返し選んでもよい。）

⓪ 0 である

① 正の値である

② 負の値である

③ 正の値も負の値もとる

(3) △AID，△BEF，△CGH の面積をそれぞれ T_1，T_2，T_3 とする。このとき，$\boxed{\text{ヌ}}$ である。

$\boxed{\text{ヌ}}$ の解答群

⓪ $a < b < c$ ならば，$T_1 > T_2 > T_3$

① $a < b < c$ ならば，$T_1 < T_2 < T_3$

② A が鈍角ならば，$T_1 < T_2$ かつ $T_1 < T_3$

③ $a,\ b,\ c$ の値に関係なく，$T_1 = T_2 = T_3$

（数学 I・数学 A 第 1 問は次ページに続く。）

⑷ △ABC，△AID，△BEF，△CGH のうち，外接円の半径が最も小さいものを求める。

$0° < A < 90°$ のとき，ID　ネ　BC であり

（△AID の外接円の半径）　ノ　（△ABC の外接円の半径）

であるから，外接円の半径が最も小さい三角形は

- $0° < A < B < C < 90°$ のとき，　ハ　である。
- $0° < A < B < 90° < C$ のとき，　ヒ　である。

ネ，ノ の解答群（同じものを繰り返し選んでもよい。）

⓪ <	① =	② >

ハ，ヒ の解答群（同じものを繰り返し選んでもよい。）

⓪ △ABC	① △AID	② △BEF	③ △CGH

— 6 —

2021 第 1 日程 数 I・A

（下 書 き 用 紙）

数学 I・数学 A の試験問題は次に続く。

第2問　（必答問題）（配点 30）

〔1〕 陸上競技の短距離100 m走では，100 mを走るのにかかる時間（以下，タイムと呼ぶ）は，1歩あたりの進む距離（以下，ストライドと呼ぶ）と1秒あたりの歩数（以下，ピッチと呼ぶ）に関係がある。ストライドとピッチはそれぞれ以下の式で与えられる。

$$\text{ストライド(m/歩)} = \frac{100\,(\text{m})}{100\,\text{mを走るのにかかった歩数(歩)}}$$

$$\text{ピッチ(歩/秒)} = \frac{100\,\text{mを走るのにかかった歩数(歩)}}{\text{タイム(秒)}}$$

ただし，100 mを走るのにかかった歩数は，最後の1歩がゴールラインをまたぐこともあるので，小数で表される。以下，単位は必要のない限り省略する。

例えば，タイムが10.81で，そのときの歩数が48.5であったとき，ストライドは $\frac{100}{48.5}$ より約2.06，ピッチは $\frac{48.5}{10.81}$ より約4.49である。

なお，小数の形で解答する場合は，**解答上の注意**にあるように，指定された桁数の一つ下の桁を四捨五入して答えよ。また，必要に応じて，指定された桁まで**⓪**にマークせよ。

（数学Ⅰ・数学A第2問は次ページに続く。）

2021 第 1 日程 数 I・A

(1) ストライドを x, ピッチを z とおく。ピッチは 1 秒あたりの歩数, ストライドは 1 歩あたりの進む距離なので, 1 秒あたりの進む距離すなわち平均速度は, x と z を用いて $\boxed{\text{ア}}$ (m/秒) と表される。

これより, タイムと, ストライド, ピッチとの関係は

$$\text{タイム} = \frac{100}{\boxed{\text{ア}}} \qquad\qquad \cdots\cdots\cdots\cdots\cdots\cdots ①$$

と表されるので, $\boxed{\text{ア}}$ が最大になるときにタイムが最もよくなる。ただし, タイムがよくなるとは, タイムの値が小さくなることである。

$\boxed{\text{ア}}$ の解答群

⓪ $x + z$	① $z - x$	② xz
③ $\dfrac{x + z}{2}$	④ $\dfrac{z - x}{2}$	⑤ $\dfrac{xz}{2}$

(数学 I・数学 A 第 2 問は次ページに続く。)

(2) 男子短距離 100 m 走の選手である太郎さんは，①に着目して，タイムが最もよくなるストライドとピッチを考えることにした。

次の表は，太郎さんが練習で 100 m を 3 回走ったときのストライドとピッチのデータである。

	1 回目	2 回目	3 回目
ストライド	2.05	2.10	2.15
ピッチ	4.70	4.60	4.50

また，ストライドとピッチにはそれぞれ限界がある。太郎さんの場合，ストライドの最大値は 2.40，ピッチの最大値は 4.80 である。

太郎さんは，上の表から，ストライドが 0.05 大きくなるとピッチが 0.1 小さくなるという関係があると考えて，ピッチがストライドの 1 次関数として表されると仮定した。このとき，ピッチ z はストライド x を用いて

$$z = \boxed{イウ}\, x + \frac{\boxed{エオ}}{5} \qquad\qquad \cdots\cdots\cdots\cdots\cdots ②$$

と表される。

②が太郎さんのストライドの最大値 2.40 とピッチの最大値 4.80 まで成り立つと仮定すると，x の値の範囲は次のようになる。

$$\boxed{カ}.\boxed{キク} \leqq x \leqq 2.40$$

(数学 I・数学 A 第 2 問は次ページに続く。)

$y =$ ア とおく。②を $y =$ ア に代入することにより，y を x の関数として表すことができる。太郎さんのタイムが最もよくなるストライドとピッチを求めるためには，カ ． キク $\leqq x \leqq 2.40$ の範囲で y の値を最大にする x の値を見つければよい。このとき，y の値が最大になるのは $x =$ ケ ． コサ のときである。

よって，太郎さんのタイムが最もよくなるのは，ストライドが ケ ． コサ のときであり，このとき，ピッチは シ ． スセ である。また，このときの太郎さんのタイムは，①により ソ である。

ソ については，最も適当なものを，次の ⓪ ～ ⑤ のうちから一つ選べ。

⓪ 9.68	① 9.97	② 10.09
③ 10.33	④ 10.42	⑤ 10.55

（数学Ⅰ・数学A第2問は次ページに続く。）

— 11 —

〔2〕 就業者の従事する産業は，勤務する事業所の主な経済活動の種類によって，第1次産業(農業，林業と漁業)，第2次産業(鉱業，建設業と製造業)，第3次産業(前記以外の産業)の三つに分類される。国の労働状況の調査(国勢調査)では，47の都道府県別に第1次，第2次，第3次それぞれの産業ごとの就業者数が発表されている。ここでは都道府県別に，就業者数に対する各産業に就業する人数の割合を算出したものを，各産業の「就業者数割合」と呼ぶことにする。

(数学Ⅰ・数学A第2問は14ページに続く。)

2021 第 1 日程 数 I・A

（下 書 き 用 紙）

数学 I・数学 A の試験問題は次に続く。

(1) 図1は，1975年度から2010年度まで5年ごとの8個の年度(それぞれを時点という)における都道府県別の三つの産業の就業者数割合を箱ひげ図で表したものである。各時点の箱ひげ図は，それぞれ上から順に第1次産業，第2次産業，第3次産業のものである。

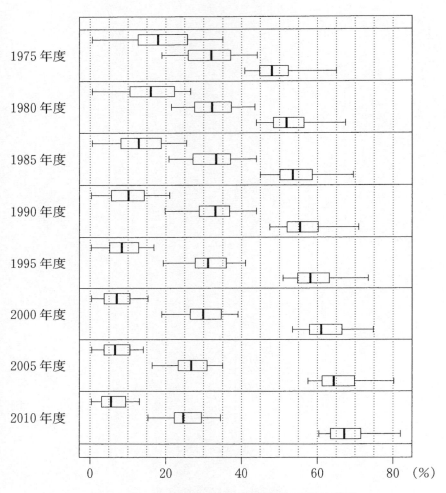

図1 三つの産業の就業者数割合の箱ひげ図

(出典：総務省のWebページにより作成)

(数学Ⅰ・数学A第2問は次ページに続く。)

2021 第 1 日程 数 I・A

次の⓪～⑤のうち，図1から読み取れることとして正しくないものは
┌─┐ と ┌─┐ である。
│タ│   │チ│
└─┘   └─┘

┌─┐ ，┌─┐ の解答群（解答の順序は問わない。）
│タ│   │チ│
└─┘   └─┘

┌──┐
│ ⓪ 第1次産業の就業者数割合の四分位範囲は，2000 年度までは，   │
│   後の時点になるにしたがって減少している。   │
│ ① 第1次産業の就業者数割合について，左側のひげの長さと右側の   │
│   ひげの長さを比較すると，どの時点においても左側の方が長い。   │
│ ② 第2次産業の就業者数割合の中央値は，1990 年度以降，後の時   │
│   点になるにしたがって減少している。   │
│ ③ 第2次産業の就業者数割合の第1四分位数は，後の時点になるに   │
│   したがって減少している。   │
│ ④ 第3次産業の就業者数割合の第3四分位数は，後の時点になるに   │
│   したがって増加している。   │
│ ⑤ 第3次産業の就業者数割合の最小値は，後の時点になるにした   │
│   がって増加している。   │
└──┘

（数学 I・数学A第 2 問は次ページに続く。）

(2) (1)で取り上げた8時点の中から5時点を取り出して考える。各時点における都道府県別の，第1次産業と第3次産業の就業者数割合のヒストグラムを一つのグラフにまとめてかいたものが，次ページの五つのグラフである。それぞれの右側の網掛けしたヒストグラムが第3次産業のものである。なお，ヒストグラムの各階級の区間は，左側の数値を含み，右側の数値を含まない。

- 1985 年度におけるグラフは ┃ ツ ┃ である。

- 1995 年度におけるグラフは ┃ テ ┃ である。

┃ ツ ┃，┃ テ ┃については，最も適当なものを，次の⓪〜④のうちから一つずつ選べ。ただし，同じものを繰り返し選んでもよい。

（数学Ⅰ・数学A第2問は次ページに続く。）

(都道府県数)

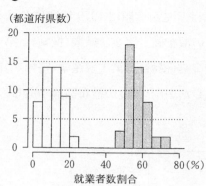

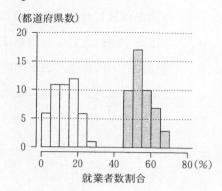

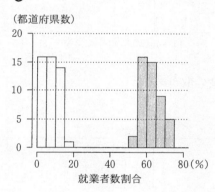

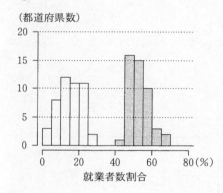

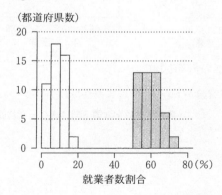

(出典：総務省のWebページにより作成)

(数学Ⅰ・数学A第2問は次ページに続く。)

(3) 三つの産業から二つずつを組み合わせて都道府県別の就業者数割合の散布図を作成した。図2の散布図群は，左から順に1975年度における第1次産業(横軸)と第2次産業(縦軸)の散布図，第2次産業(横軸)と第3次産業(縦軸)の散布図，および第3次産業(横軸)と第1次産業(縦軸)の散布図である。また，図3は同様に作成した2015年度の散布図群である。

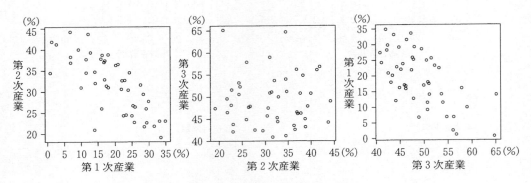

図2　1975年度の散布図群

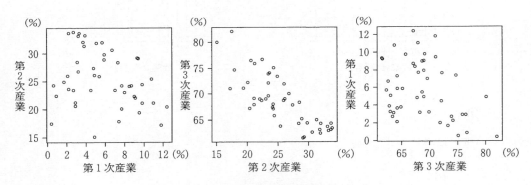

図3　2015年度の散布図群

(出典：図2，図3はともに総務省のWebページにより作成)

(数学Ⅰ・数学A第2問は次ページに続く。)

2021 第 1 日程 数 I・A

　下の (I), (II), (III) は，1975 年度を基準としたときの，2015 年度の変化を記述したものである。ただし，ここで「相関が強くなった」とは，相関係数の絶対値が大きくなったことを意味する。

(I)　都道府県別の第 1 次産業の就業者数割合と第 2 次産業の就業者数割合の間の相関は強くなった。

(II)　都道府県別の第 2 次産業の就業者数割合と第 3 次産業の就業者数割合の間の相関は強くなった。

(III)　都道府県別の第 3 次産業の就業者数割合と第 1 次産業の就業者数割合の間の相関は強くなった。

(I), (II), (III) の正誤の組合せとして正しいものは　ト　である。

ト　の解答群

	⓪	①	②	③	④	⑤	⑥	⑦
(I)	正	正	正	正	誤	誤	誤	誤
(II)	正	正	誤	誤	正	正	誤	誤
(III)	正	誤	正	誤	正	誤	正	誤

（数学 I・数学 A 第 2 問は次ページに続く。）

(4) 各都道府県の就業者数の内訳として男女別の就業者数も発表されている。そこで，就業者数に対する男性・女性の就業者数の割合をそれぞれ「男性の就業者数割合」，「女性の就業者数割合」と呼ぶことにし，これらを都道府県別に算出した。図 4 は，2015 年度における都道府県別の，第 1 次産業の就業者数割合（横軸）と，男性の就業者数割合（縦軸）の散布図である。

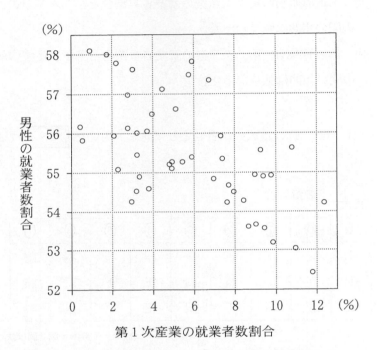

図 4　都道府県別の，第 1 次産業の就業者数割合と，男性の就業者数割合の散布図

（出典：総務省の Web ページにより作成）

（数学 I・数学 A 第 2 問は次ページに続く。）

各都道府県の，男性の就業者数と女性の就業者数を合計すると就業者数の全体となることに注意すると，2015 年度における都道府県別の，第 1 次産業の就業者数割合（横軸）と，女性の就業者数割合（縦軸）の散布図は ナ である。

ナ については，最も適当なものを，下の ⓪〜③ のうちから一つ選べ。なお，設問の都合で各散布図の横軸と縦軸の目盛りは省略しているが，横軸は右方向，縦軸は上方向がそれぞれ正の方向である。

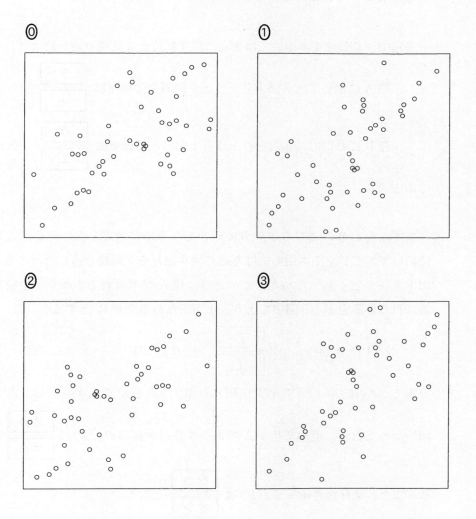

第 3 問 （選択問題）（配点 20）

　　中にくじが入っている箱が複数あり，各箱の外見は同じであるが，当たりくじ
を引く確率は異なっている。くじ引きの結果から，どの箱からくじを引いた可能
性が高いかを，条件付き確率を用いて考えよう。

(1)　当たりくじを引く確率が $\dfrac{1}{2}$ である箱 A と，当たりくじを引く確率が $\dfrac{1}{3}$

である箱 B の二つの箱の場合を考える。

(i)　各箱で，くじを 1 本引いてはもとに戻す試行を 3 回繰り返したとき

$$\text{箱 A において，3 回中ちょうど 1 回当たる確率は } \dfrac{\boxed{\text{ア}}}{\boxed{\text{イ}}} \quad \cdots ①$$

$$\text{箱 B において，3 回中ちょうど 1 回当たる確率は } \dfrac{\boxed{\text{ウ}}}{\boxed{\text{エ}}} \quad \cdots ②$$

である。

(ii)　まず，A と B のどちらか一方の箱をでたらめに選ぶ。次にその選んだ箱
において，くじを 1 本引いてはもとに戻す試行を 3 回繰り返したところ，3
回中ちょうど 1 回当たった。このとき，箱 A が選ばれる事象を A，箱 B が
選ばれる事象を B，3 回中ちょうど 1 回当たる事象を W とすると

$$P(A \cap W) = \frac{1}{2} \times \dfrac{\boxed{\text{ア}}}{\boxed{\text{イ}}}, \quad P(B \cap W) = \frac{1}{2} \times \dfrac{\boxed{\text{ウ}}}{\boxed{\text{エ}}}$$

である。$P(W) = P(A \cap W) + P(B \cap W)$ であるから，3 回中ちょうど 1

回当たったとき，選んだ箱が A である条件付き確率 $P_W(A)$ は $\dfrac{\boxed{\text{オカ}}}{\boxed{\text{キク}}}$ とな

る。また，条件付き確率 $P_W(B)$ は $\dfrac{\boxed{\text{ケコ}}}{\boxed{\text{サシ}}}$ となる。

（数学 I・数学 A 第 3 問は次ページに続く。）

(2) (1)の$P_W(A)$と$P_W(B)$について，次の**事実**(*)が成り立つ。

事実(*)
$P_W(A)$と$P_W(B)$の　ス　は，①の確率と②の確率の　ス　に等しい。

ス　の解答群

| ⓪ 和 | ① 2乗の和 | ② 3乗の和 | ③ 比 | ④ 積 |

(3) 花子さんと太郎さんは**事実**(*)について話している。

花子：**事実**(*)はなぜ成り立つのかな？
太郎：$P_W(A)$と$P_W(B)$を求めるのに必要な$P(A \cap W)$と$P(B \cap W)$の計算で，①，②の確率に同じ数$\frac{1}{2}$をかけているからだよ。
花子：なるほどね。外見が同じ三つの箱の場合は，同じ数$\frac{1}{3}$をかけることになるので，同様のことが成り立ちそうだね。

当たりくじを引く確率が，$\frac{1}{2}$である箱A，$\frac{1}{3}$である箱B，$\frac{1}{4}$である箱Cの三つの箱の場合を考える。まず，A，B，Cのうちどれか一つの箱をでたらめに選ぶ。次にその選んだ箱において，くじを1本引いてはもとに戻す試行を3回繰り返したところ，3回中ちょうど1回当たった。このとき，選んだ箱がAである条件付き確率は$\dfrac{セソタ}{チツテ}$となる。

（数学Ⅰ・数学A第3問は次ページに続く。）

(4)

> 花子：どうやら箱が三つの場合でも，条件付き確率の│ ス │は各箱で3
>
> 回中ちょうど1回当たりくじを引く確率の│ ス │になっているみ
>
> たいだね。
>
> 太郎：そうだね。それを利用すると，条件付き確率の値は計算しなくて
>
> も，その大きさを比較することができるね。

当たりくじを引く確率が，$\dfrac{1}{2}$ である箱A，$\dfrac{1}{3}$ である箱B，$\dfrac{1}{4}$ である箱

C，$\dfrac{1}{5}$ である箱Dの四つの箱の場合を考える。まず，A，B，C，Dのうちど

れか一つの箱をでたらめに選ぶ。次にその選んだ箱において，くじを1本引い

てはもとに戻す試行を3回繰り返したところ，3回中ちょうど1回当たった。

このとき，条件付き確率を用いて，どの箱からくじを引いた可能性が高いかを

考える。可能性が高い方から順に並べると│ ト │となる。

│ ト │の解答群

⓪ A, B, C, D	① A, B, D, C	② A, C, B, D
③ A, C, D, B	④ A, D, B, C	⑤ B, A, C, D
⑥ B, A, D, C	⑦ B, C, A, D	⑧ B, C, D, A

2021 第 1 日程 数 I・A

（下 書 き 用 紙）

数学 I・数学 A の試験問題は次に続く。

第4問 （選択問題）（配点 20）

円周上に 15 個の点 P_0, P_1, $\cdots$, P_{14} が反時計回りに順に並んでいる。最初，点 P_0 に石がある。さいころを投げて偶数の目が出たら石を反時計回りに 5 個先の点に移動させ，奇数の目が出たら石を時計回りに 3 個先の点に移動させる。この操作を繰り返す。例えば，石が点 P_5 にあるとき，さいころを投げて 6 の目が出たら石を点 P_{10} に移動させる。次に，5 の目が出たら点 P_{10} にある石を点 P_7 に移動させる。

(1) さいころを 5 回投げて，偶数の目が $\boxed{\text{ア}}$ 回，奇数の目が $\boxed{\text{イ}}$ 回出れば，点 P_0 にある石を点 P_1 に移動させることができる。このとき，$x = \boxed{\text{ア}}$，$y = \boxed{\text{イ}}$ は，不定方程式 $5x - 3y = 1$ の整数解になっている。

(数学 I ・数学 A 第 4 問は次ページに続く。)

2021 第1日程 数Ⅰ・A

(2) 不定方程式

$$5x - 3y = 8 \qquad \cdots\cdots\cdots\cdots\cdots\cdots ①$$

のすべての整数解 x, y は, k を整数として

$$x = \boxed{\text{ア}} \times 8 + \boxed{\text{ウ}}\, k, \quad y = \boxed{\text{イ}} \times 8 + \boxed{\text{エ}}\, k$$

と表される。① の整数解 x, y の中で, $0 \leqq y < \boxed{\text{エ}}$ を満たすものは

$$x = \boxed{\text{オ}}, \quad y = \boxed{\text{カ}}$$

である。したがって, さいころを $\boxed{\text{キ}}$ 回投げて, 偶数の目が $\boxed{\text{オ}}$ 回, 奇数の目が $\boxed{\text{カ}}$ 回出れば, 点 P_0 にある石を点 P_8 に移動させることができる。

(数学Ⅰ・数学A第4問は次ページに続く。)

(3) (2)において，さいころを $\boxed{\ \text{キ}\ }$ 回より少ない回数だけ投げて，点 P_0 にある石を点 P_8 に移動させることはできないだろうか。

          （＊） 石を反時計回りまたは時計回りに 15 個先の点に移動させると元の点に戻る。

（＊）に注意すると，偶数の目が $\boxed{\ \text{ク}\ }$ 回，奇数の目が $\boxed{\ \text{ケ}\ }$ 回出れば，さいころを投げる回数が $\boxed{\ \text{コ}\ }$ 回で，点 P_0 にある石を点 P_8 に移動させることができる。このとき，$\boxed{\ \text{コ}\ } < \boxed{\ \text{キ}\ }$ である。

(4) 点 P_1，P_2，$\cdots$，P_{14} のうちから点を一つ選び，点 P_0 にある石をさいころを何回か投げてその点に移動させる。そのために必要となる，さいころを投げる最小回数を考える。例えば，さいころを 1 回だけ投げて点 P_0 にある石を点 P_2 へ移動させることはできないが，さいころを 2 回投げて偶数の目と奇数の目が 1 回ずつ出れば，点 P_0 にある石を点 P_2 へ移動させることができる。したがって，点 P_2 を選んだ場合には，この最小回数は 2 回である。

点 P_1，P_2，$\cdots$，P_{14} のうち，この最小回数が最も大きいのは点 $\boxed{\ \text{サ}\ }$ であり，その最小回数は $\boxed{\ \text{シ}\ }$ 回である。

$\boxed{\ \text{サ}\ }$ の解答群

    ⓪ P_{10} ① P_{11} ② P_{12} ③ P_{13} ④ P_{14}

2021 第 1 日程 数 I・A

（下 書 き 用 紙）

数学 I・数学 A の試験問題は次に続く。

第5問 （選択問題）（配点 20）

△ABC において，AB = 3，BC = 4，AC = 5 とする。

∠BAC の二等分線と辺 BC との交点を D とすると

$$\mathrm{BD} = \dfrac{\boxed{ア}}{\boxed{イ}}, \quad \mathrm{AD} = \dfrac{\boxed{ウ}\sqrt{\boxed{エ}}}{\boxed{オ}}$$

である。

また，∠BAC の二等分線と △ABC の外接円 O との交点で点 A とは異なる点を E とする。△AEC に着目すると

$$\mathrm{AE} = \boxed{カ}\sqrt{\boxed{キ}}$$

である。

△ABC の 2 辺 AB と AC の両方に接し，外接円 O に内接する円の中心を P とする。円 P の半径を r とする。さらに，円 P と外接円 O との接点を F とし，直線 PF と外接円 O との交点で点 F とは異なる点を G とする。このとき

$$\mathrm{AP} = \sqrt{\boxed{ク}}\, r, \quad \mathrm{PG} = \boxed{ケ} - r$$

と表せる。したがって，方べきの定理により $r = \dfrac{\boxed{コ}}{\boxed{サ}}$ である。

（数学 I・数学 A 第 5 問は次ページに続く。）

— 30 —

2021 第 1 日程 数 I・A

△ABC の内心を Q とする。内接円 Q の半径は $\boxed{\text{シ}}$ で，AQ $= \sqrt{\boxed{\text{ス}}}$

である。また，円 P と辺 AB との接点を H とすると，AH $= \dfrac{\boxed{\text{セ}}}{\boxed{\text{ソ}}}$ である。

以上から，点 H に関する次の(a), (b)の正誤の組合せとして正しいものは
$\boxed{\text{タ}}$ である。

(a) 点 H は 3 点 B, D, Q を通る円の周上にある。

(b) 点 H は 3 点 B, E, Q を通る円の周上にある。

$\boxed{\text{タ}}$ の解答群

	⓪	①	②	③
(a)	正	正	誤	誤
(b)	正	誤	正	誤

― 31 ―

— MEMO —

― MEMO ―

— MEMO —

— MEMO —

2024−駿台　大学入試完全対策シリーズ
大学入学共通テスト実戦問題集　数学Ⅰ・A

2023年7月6日　2024年版発行

編　　者	駿　台　文　庫
発　行　者	山　﨑　良　子
印刷・製本	三美印刷株式会社

発　行　所　　駿台文庫株式会社
〒 101−0062　東京都千代田区神田駿河台 1−7−4
小畑ビル内
TEL. 編集 03 (5259) 3302
販売 03 (5259) 3301
《共通テスト実戦・数学Ⅰ・A 372pp.》

ⓒSundaibunko 2023
許可なく本書の一部または全部を，複製，複写，
デジタル化する等の行為を禁じます。
落丁・乱丁がございましたら，送料小社負担にて
お取り替えいたします。
ISBN978−4−7961−6443−6　Printed in Japan

駿台文庫 Web サイト
https://www.sundaibunko.jp

数学① 解答用紙 第1面

数学① 解答用紙

第2面

注意事項

1 問題番号 1 2 3 の解答欄は、この用紙の第1面にあります。

2 選択問題は、選択した問題番号の解答欄に解答しなさい。

マーク例

	良い例	悪い例
	●	⦿ ⊗ ◐ ⊙ ○

駿台文庫

数学① 解答用紙
第1面

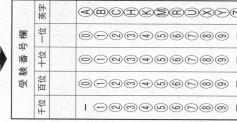

数学① 解答用紙

第2面

注意事項

1 問題番号1 2 3の解答欄は,この用紙の第1面にあります。

2 選択問題は,選択した問題番号の解答欄に解答しなさい。

マーク例

良い例	悪い例
●	⦿ ⊗ ● ◐

駿台文庫

数学① 解答用紙 第1面

数学① 解答用紙

第2面

注意事項

1 問題番号 [1] [2] [3] の解答欄は，この用紙の第1面にあります。

2 選択問題は，選択した問題番号の解答欄に解答しなさい。

マーク例

良い例	悪い例
●	⊙ ⊗ ◐ ○

駿 台 文 庫

数学① 解答用紙
第2面

注意事項

1 問題番号[1] [2] [3]の解答欄は，この用紙の第1面にあります。
2 選択問題は，選択した問題番号の解答欄に解答しなさい。

4

	解	答	欄									
	−	±	0	1	2	3	4	5	6	7	8	9
ア	⊖	±	⓪	①	②	③	④	⑤	⑥	⑦	⑧	⑨
イ	⊖	±	⓪	①	②	③	④	⑤	⑥	⑦	⑧	⑨
ウ	⊖	±	⓪	①	②	③	④	⑤	⑥	⑦	⑧	⑨
エ	⊖	±	⓪	①	②	③	④	⑤	⑥	⑦	⑧	⑨
オ	⊖	±	⓪	①	②	③	④	⑤	⑥	⑦	⑧	⑨
カ	⊖	±	⓪	①	②	③	④	⑤	⑥	⑦	⑧	⑨
キ	⊖	±	⓪	①	②	③	④	⑤	⑥	⑦	⑧	⑨
ク	⊖	±	⓪	①	②	③	④	⑤	⑥	⑦	⑧	⑨
ケ	⊖	±	⓪	①	②	③	④	⑤	⑥	⑦	⑧	⑨
コ	⊖	±	⓪	①	②	③	④	⑤	⑥	⑦	⑧	⑨
サ	⊖	±	⓪	①	②	③	④	⑤	⑥	⑦	⑧	⑨
シ	⊖	±	⓪	①	②	③	④	⑤	⑥	⑦	⑧	⑨
ス	⊖	±	⓪	①	②	③	④	⑤	⑥	⑦	⑧	⑨
セ	⊖	±	⓪	①	②	③	④	⑤	⑥	⑦	⑧	⑨
ソ	⊖	±	⓪	①	②	③	④	⑤	⑥	⑦	⑧	⑨
タ	⊖	±	⓪	①	②	③	④	⑤	⑥	⑦	⑧	⑨
チ	⊖	±	⓪	①	②	③	④	⑤	⑥	⑦	⑧	⑨
ツ	⊖	±	⓪	①	②	③	④	⑤	⑥	⑦	⑧	⑨
テ	⊖	±	⓪	①	②	③	④	⑤	⑥	⑦	⑧	⑨
ト	⊖	±	⓪	①	②	③	④	⑤	⑥	⑦	⑧	⑨
ナ	⊖	±	⓪	①	②	③	④	⑤	⑥	⑦	⑧	⑨
ニ	⊖	±	⓪	①	②	③	④	⑤	⑥	⑦	⑧	⑨
ヌ	⊖	±	⓪	①	②	③	④	⑤	⑥	⑦	⑧	⑨
ネ	⊖	±	⓪	①	②	③	④	⑤	⑥	⑦	⑧	⑨
ノ	⊖	±	⓪	①	②	③	④	⑤	⑥	⑦	⑧	⑨
ハ	⊖	±	⓪	①	②	③	④	⑤	⑥	⑦	⑧	⑨
ヒ	⊖	±	⓪	①	②	③	④	⑤	⑥	⑦	⑧	⑨
フ	⊖	±	⓪	①	②	③	④	⑤	⑥	⑦	⑧	⑨
ヘ	⊖	±	⓪	①	②	③	④	⑤	⑥	⑦	⑧	⑨
ホ	⊖	±	⓪	①	②	③	④	⑤	⑥	⑦	⑧	⑨

5

	解	答	欄									
	−	±	0	1	2	3	4	5	6	7	8	9
ア	⊖	±	⓪	①	②	③	④	⑤	⑥	⑦	⑧	⑨
イ	⊖	±	⓪	①	②	③	④	⑤	⑥	⑦	⑧	⑨
ウ	⊖	±	⓪	①	②	③	④	⑤	⑥	⑦	⑧	⑨
エ	⊖	±	⓪	①	②	③	④	⑤	⑥	⑦	⑧	⑨
オ	⊖	±	⓪	①	②	③	④	⑤	⑥	⑦	⑧	⑨
カ	⊖	±	⓪	①	②	③	④	⑤	⑥	⑦	⑧	⑨
キ	⊖	±	⓪	①	②	③	④	⑤	⑥	⑦	⑧	⑨
ク	⊖	±	⓪	①	②	③	④	⑤	⑥	⑦	⑧	⑨
ケ	⊖	±	⓪	①	②	③	④	⑤	⑥	⑦	⑧	⑨
コ	⊖	±	⓪	①	②	③	④	⑤	⑥	⑦	⑧	⑨
サ	⊖	±	⓪	①	②	③	④	⑤	⑥	⑦	⑧	⑨
シ	⊖	±	⓪	①	②	③	④	⑤	⑥	⑦	⑧	⑨
ス	⊖	±	⓪	①	②	③	④	⑤	⑥	⑦	⑧	⑨
セ	⊖	±	⓪	①	②	③	④	⑤	⑥	⑦	⑧	⑨
ソ	⊖	±	⓪	①	②	③	④	⑤	⑥	⑦	⑧	⑨
タ	⊖	±	⓪	①	②	③	④	⑤	⑥	⑦	⑧	⑨
チ	⊖	±	⓪	①	②	③	④	⑤	⑥	⑦	⑧	⑨
ツ	⊖	±	⓪	①	②	③	④	⑤	⑥	⑦	⑧	⑨
テ	⊖	±	⓪	①	②	③	④	⑤	⑥	⑦	⑧	⑨
ト	⊖	±	⓪	①	②	③	④	⑤	⑥	⑦	⑧	⑨
ナ	⊖	±	⓪	①	②	③	④	⑤	⑥	⑦	⑧	⑨
ニ	⊖	±	⓪	①	②	③	④	⑤	⑥	⑦	⑧	⑨
ヌ	⊖	±	⓪	①	②	③	④	⑤	⑥	⑦	⑧	⑨
ネ	⊖	±	⓪	①	②	③	④	⑤	⑥	⑦	⑧	⑨
ノ	⊖	±	⓪	①	②	③	④	⑤	⑥	⑦	⑧	⑨
ハ	⊖	±	⓪	①	②	③	④	⑤	⑥	⑦	⑧	⑨
ヒ	⊖	±	⓪	①	②	③	④	⑤	⑥	⑦	⑧	⑨
フ	⊖	±	⓪	①	②	③	④	⑤	⑥	⑦	⑧	⑨
ヘ	⊖	±	⓪	①	②	③	④	⑤	⑥	⑦	⑧	⑨
ホ	⊖	±	⓪	①	②	③	④	⑤	⑥	⑦	⑧	⑨

マーク例

良い例	悪い例
●	⊙ ⊗ ◐ ○

数学① 解答用紙 第1面

数学① 解答用紙
第2面

注意事項

1 問題番号 1 2 3 の解答欄は、この用紙の第1面にあります。

2 選択問題は、選択した問題番号の解答欄に解答しなさい。

マーク例

良い例	悪い例
●	⦿ ⊗ ◖ ◗

駿台文庫

数学① 解答用紙 第1面

数学① 解答用紙
第2面

注意事項
1 問題番号 1 2 3 の解答欄は，第1面にあります。
2 選択問題は，選択した問題番号の解答欄に，この用紙の解答欄に解答しなさい。

マーク例

良い例	悪い例
●	◯ ⊗ ◑

駿 台 文 庫

4

解答欄	−	±	0	1	2	3	4	5	6	7	8	9
ア												
イ												
ウ												
エ												
オ												
カ												
キ												
ク												
ケ												
コ												
サ												
シ												
ス												
セ												
ソ												
タ												
チ												
ツ												
テ												
ト												
ナ												
ニ												
ヌ												
ネ												
ノ												
ハ												
ヒ												
フ												
ヘ												
ホ												

5

解答欄	−	±	0	1	2	3	4	5	6	7	8	9
ア												
イ												
ウ												
エ												
オ												
カ												
キ												
ク												
ケ												
コ												
サ												
シ												
ス												
セ												
ソ												
タ												
チ												
ツ												
テ												
ト												
ナ												
ニ												
ヌ												
ネ												
ノ												
ハ												
ヒ												
フ												
ヘ												
ホ												

数学① 解答用紙 第1面

数学① 解答用紙
第2面

注意事項
1 問題番号 [1] [2] [3] の解答欄は、この用紙の第1面にあります。
2 選択問題は、選択した問題番号の解答欄に解答しなさい。

マーク例

良い例	悪い例
●	⦿ ⊗ ◐ ○

駿 台 文 庫

4

解答欄	- ± 0 1 2 3 4 5 6 7 8 9
ア	⊖ ⊕ ⓪ ① ② ③ ④ ⑤ ⑥ ⑦ ⑧ ⑨
イ	⊖ ⊕ ⓪ ① ② ③ ④ ⑤ ⑥ ⑦ ⑧ ⑨
ウ	⊖ ⊕ ⓪ ① ② ③ ④ ⑤ ⑥ ⑦ ⑧ ⑨
エ	⊖ ⊕ ⓪ ① ② ③ ④ ⑤ ⑥ ⑦ ⑧ ⑨
オ	⊖ ⊕ ⓪ ① ② ③ ④ ⑤ ⑥ ⑦ ⑧ ⑨
カ	⊖ ⊕ ⓪ ① ② ③ ④ ⑤ ⑥ ⑦ ⑧ ⑨
キ	⊖ ⊕ ⓪ ① ② ③ ④ ⑤ ⑥ ⑦ ⑧ ⑨
ク	⊖ ⊕ ⓪ ① ② ③ ④ ⑤ ⑥ ⑦ ⑧ ⑨
ケ	⊖ ⊕ ⓪ ① ② ③ ④ ⑤ ⑥ ⑦ ⑧ ⑨
コ	⊖ ⊕ ⓪ ① ② ③ ④ ⑤ ⑥ ⑦ ⑧ ⑨
サ	⊖ ⊕ ⓪ ① ② ③ ④ ⑤ ⑥ ⑦ ⑧ ⑨
シ	⊖ ⊕ ⓪ ① ② ③ ④ ⑤ ⑥ ⑦ ⑧ ⑨
ス	⊖ ⊕ ⓪ ① ② ③ ④ ⑤ ⑥ ⑦ ⑧ ⑨
セ	⊖ ⊕ ⓪ ① ② ③ ④ ⑤ ⑥ ⑦ ⑧ ⑨
ソ	⊖ ⊕ ⓪ ① ② ③ ④ ⑤ ⑥ ⑦ ⑧ ⑨
タ	⊖ ⊕ ⓪ ① ② ③ ④ ⑤ ⑥ ⑦ ⑧ ⑨
チ	⊖ ⊕ ⓪ ① ② ③ ④ ⑤ ⑥ ⑦ ⑧ ⑨
ツ	⊖ ⊕ ⓪ ① ② ③ ④ ⑤ ⑥ ⑦ ⑧ ⑨
テ	⊖ ⊕ ⓪ ① ② ③ ④ ⑤ ⑥ ⑦ ⑧ ⑨
ト	⊖ ⊕ ⓪ ① ② ③ ④ ⑤ ⑥ ⑦ ⑧ ⑨
ナ	⊖ ⊕ ⓪ ① ② ③ ④ ⑤ ⑥ ⑦ ⑧ ⑨
ニ	⊖ ⊕ ⓪ ① ② ③ ④ ⑤ ⑥ ⑦ ⑧ ⑨
ヌ	⊖ ⊕ ⓪ ① ② ③ ④ ⑤ ⑥ ⑦ ⑧ ⑨
ネ	⊖ ⊕ ⓪ ① ② ③ ④ ⑤ ⑥ ⑦ ⑧ ⑨
ノ	⊖ ⊕ ⓪ ① ② ③ ④ ⑤ ⑥ ⑦ ⑧ ⑨
ハ	⊖ ⊕ ⓪ ① ② ③ ④ ⑤ ⑥ ⑦ ⑧ ⑨
ヒ	⊖ ⊕ ⓪ ① ② ③ ④ ⑤ ⑥ ⑦ ⑧ ⑨
フ	⊖ ⊕ ⓪ ① ② ③ ④ ⑤ ⑥ ⑦ ⑧ ⑨
ヘ	⊖ ⊕ ⓪ ① ② ③ ④ ⑤ ⑥ ⑦ ⑧ ⑨
ホ	⊖ ⊕ ⓪ ① ② ③ ④ ⑤ ⑥ ⑦ ⑧ ⑨

5

解答欄	- ± 0 1 2 3 4 5 6 7 8 9
ア	⊖ ⊕ ⓪ ① ② ③ ④ ⑤ ⑥ ⑦ ⑧ ⑨
イ	⊖ ⊕ ⓪ ① ② ③ ④ ⑤ ⑥ ⑦ ⑧ ⑨
ウ	⊖ ⊕ ⓪ ① ② ③ ④ ⑤ ⑥ ⑦ ⑧ ⑨
エ	⊖ ⊕ ⓪ ① ② ③ ④ ⑤ ⑥ ⑦ ⑧ ⑨
オ	⊖ ⊕ ⓪ ① ② ③ ④ ⑤ ⑥ ⑦ ⑧ ⑨
カ	⊖ ⊕ ⓪ ① ② ③ ④ ⑤ ⑥ ⑦ ⑧ ⑨
キ	⊖ ⊕ ⓪ ① ② ③ ④ ⑤ ⑥ ⑦ ⑧ ⑨
ク	⊖ ⊕ ⓪ ① ② ③ ④ ⑤ ⑥ ⑦ ⑧ ⑨
ケ	⊖ ⊕ ⓪ ① ② ③ ④ ⑤ ⑥ ⑦ ⑧ ⑨
コ	⊖ ⊕ ⓪ ① ② ③ ④ ⑤ ⑥ ⑦ ⑧ ⑨
サ	⊖ ⊕ ⓪ ① ② ③ ④ ⑤ ⑥ ⑦ ⑧ ⑨
シ	⊖ ⊕ ⓪ ① ② ③ ④ ⑤ ⑥ ⑦ ⑧ ⑨
ス	⊖ ⊕ ⓪ ① ② ③ ④ ⑤ ⑥ ⑦ ⑧ ⑨
セ	⊖ ⊕ ⓪ ① ② ③ ④ ⑤ ⑥ ⑦ ⑧ ⑨
ソ	⊖ ⊕ ⓪ ① ② ③ ④ ⑤ ⑥ ⑦ ⑧ ⑨
タ	⊖ ⊕ ⓪ ① ② ③ ④ ⑤ ⑥ ⑦ ⑧ ⑨
チ	⊖ ⊕ ⓪ ① ② ③ ④ ⑤ ⑥ ⑦ ⑧ ⑨
ツ	⊖ ⊕ ⓪ ① ② ③ ④ ⑤ ⑥ ⑦ ⑧ ⑨
テ	⊖ ⊕ ⓪ ① ② ③ ④ ⑤ ⑥ ⑦ ⑧ ⑨
ト	⊖ ⊕ ⓪ ① ② ③ ④ ⑤ ⑥ ⑦ ⑧ ⑨
ナ	⊖ ⊕ ⓪ ① ② ③ ④ ⑤ ⑥ ⑦ ⑧ ⑨
ニ	⊖ ⊕ ⓪ ① ② ③ ④ ⑤ ⑥ ⑦ ⑧ ⑨
ヌ	⊖ ⊕ ⓪ ① ② ③ ④ ⑤ ⑥ ⑦ ⑧ ⑨
ネ	⊖ ⊕ ⓪ ① ② ③ ④ ⑤ ⑥ ⑦ ⑧ ⑨
ノ	⊖ ⊕ ⓪ ① ② ③ ④ ⑤ ⑥ ⑦ ⑧ ⑨
ハ	⊖ ⊕ ⓪ ① ② ③ ④ ⑤ ⑥ ⑦ ⑧ ⑨
ヒ	⊖ ⊕ ⓪ ① ② ③ ④ ⑤ ⑥ ⑦ ⑧ ⑨
フ	⊖ ⊕ ⓪ ① ② ③ ④ ⑤ ⑥ ⑦ ⑧ ⑨
ヘ	⊖ ⊕ ⓪ ① ② ③ ④ ⑤ ⑥ ⑦ ⑧ ⑨
ホ	⊖ ⊕ ⓪ ① ② ③ ④ ⑤ ⑥ ⑦ ⑧ ⑨

数学① 解答用紙

第2面

注意事項

1 問題番号 1 2 3 の解答欄は、この用紙の第1面にあります。

2 選択問題は、選択した問題番号の解答欄に解答しなさい。

マーク例

良い例	悪い例
●	⊙ ⊗ ◐ ○

駿 台 文 庫

駿台

2024
大学入学共通テスト
実戦問題集

数学Ⅰ・A

【解答・解説編】

駿台文庫編

直前チェック総整理

各問いの解説ごとに，解答の際利用する項目の番号が
記されている。

数　学　Ⅰ

I. 数と式

1 実数

$$\cdot\text{実数}\begin{cases}\text{有理数}\begin{cases}\text{整数}\begin{cases}\text{正の整数（自然数）}\\0\\\text{負の整数}\end{cases}\\\text{小数}\begin{cases}\text{有限小数}\\\text{循環する無限小数}\end{cases}\end{cases}\\\text{無理数（循環しない無限小数）}\end{cases}$$

有理数は $\dfrac{n}{m}$ $(m, n$ は整数, $m \neq 0)$ で表せるが，無
理数は表せない。

・四則演算

有理数の和，差，積，商は有理数である。

実数の和，差，積，商は実数である。

（いずれも，0 で割ることは除く）

無理数の和，差，積，商は無理数とは限らない。

・p, q を有理数，α を無理数とするとき

$$p + q\alpha = 0 \Longleftrightarrow p = q = 0$$

・絶対値

$$|a| \geqq 0 \qquad |a| = \begin{cases} a & (a \geqq 0) \\ -a & (a < 0) \end{cases}$$

$$|x| = a\ (a > 0) \text{ の解} \cdots\ x = \pm a$$

2 平方根

・性質

$$\sqrt{a^2} = |a|$$

$a > 0, b > 0, c > 0$ のとき

$$\sqrt{a}\sqrt{b} = \sqrt{ab},\ \frac{\sqrt{a}}{\sqrt{b}} = \sqrt{\frac{a}{b}},\ \sqrt{c^2 a} = c\sqrt{a}$$

・分母の有理化

$$\frac{b}{\sqrt{a}} = \frac{b\sqrt{a}}{a}$$

$$\frac{1}{\sqrt{a} + \sqrt{b}} = \frac{\sqrt{a} - \sqrt{b}}{a - b},\ \frac{1}{\sqrt{a} - \sqrt{b}} = \frac{\sqrt{a} + \sqrt{b}}{a - b}$$

・2 重根号

$a > 0,\ b > 0$ のとき $\sqrt{a + b + 2\sqrt{ab}} = \sqrt{a} + \sqrt{b}$

$a > b > 0$ のとき $\sqrt{a + b - 2\sqrt{ab}} = \sqrt{a} - \sqrt{b}$

3 整式の計算

・指数法則　（m, n を正の整数とする）

$$a^m a^n = a^{m+n},\quad (a^m)^n = a^{mn},\quad (ab)^n = a^n b^n$$

・計算の法則

交換法則　$A + B = B + A,\quad AB = BA$

結合法則　$(A + B) + C = A + (B + C),$

$\qquad\qquad (AB)C = A(BC)$

分配法則　$A(B + C) = AB + AC,$

$\qquad\qquad (A + B)C = AC + BC$

4 乗法の公式

・展開・因数分解

以下の各式において

左辺から右辺への変形が「展開」

右辺から左辺への変形が「因数分解」

$$(a \pm b)^2 = a^2 \pm 2ab + b^2$$

$$(a + b)(a - b) = a^2 - b^2$$

$$(x + a)(x + b) = x^2 + (a + b)x + ab$$

$$(ax + b)(cx + d) = acx^2 + (ad + bc)x + bd$$

$$(a + b + c)^2 = a^2 + b^2 + c^2 + 2ab + 2bc + 2ca$$

$$(a \pm b)^3 = a^3 \pm 3a^2 b + 3ab^2 \pm b^3$$

$$(a \pm b)(a^2 \mp ab + b^2) = a^3 \pm b^3$$

（以上複号同順）

5 1 次不等式

・不等式の性質

$a < b$　ならば　$a + c < b + c,\ a - c < b - c$

$a < b,\ c > 0$　ならば　$ac < bc,\ \dfrac{a}{c} < \dfrac{b}{c}$

$a < b,\ c < 0$　ならば　$ac > bc,\ \dfrac{a}{c} > \dfrac{b}{c}$

・1 次不等式の解

$ax + b > 0 \cdots\ a > 0$ ならば　$x > -\dfrac{b}{a}$

$\qquad\qquad\qquad a < 0$ ならば　$x < -\dfrac{b}{a}$

$|x| < a\ (a > 0) \cdots\ -a < x < a$

$|x| > a\ (a > 0) \cdots\ x < -a,\ a < x$

—数 IA 1—

II. 集合と命題

1 集合
・部分集合
「$x \in A \Longrightarrow x \in B$」のとき $A \subset B$
「$A \subset B$ かつ $A \supset B$」のとき $A = B$
・補集合
$A \subset B \Longleftrightarrow \overline{A} \supset \overline{B}$
$A \cap \overline{A} = \phi$（空集合），$A \cup \overline{A} =$（全体集合），$\overline{(\overline{A})} = A$
$\overline{A \cup B} = \overline{A} \cap \overline{B},\ \overline{A \cap B} = \overline{A} \cup \overline{B}$
（ド・モルガンの法則）

2 必要条件・十分条件
・条件 p, q についての命題 $p \Longrightarrow q$ が真のとき
　　q は p であるための必要条件である。
　　p は q であるための十分条件である。
・条件 p, q についての命題 $p \Longleftrightarrow q$ が真のとき
　　q は p であるための必要十分条件である。
　　p は q であるための必要十分条件である。
　　p と q は互いに同値である。
・条件 p, q を満たすものの集合をそれぞれ P, Q とすると，命題 $p \Longrightarrow q$ が真であることと $P \subset Q$ が成り立つことは同じである。
・条件 p, q についての命題 $p \Longrightarrow q$ が偽のとき，p を満たすが q を満たさないものが存在する。この例を反例という。

3 逆・裏・対偶
・否定
　　$\overline{p \text{ かつ } q} \Longleftrightarrow \overline{p} \text{ または } \overline{q}$
　　$\overline{p \text{ または } q} \Longleftrightarrow \overline{p} \text{ かつ } \overline{q}$
・逆・裏・対偶

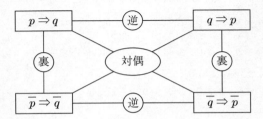

真の命題の逆・裏は，かならずしも真ではない。
真（偽）の命題の対偶は，つねに真（偽）である。
ある命題が真であることを証明するには，その対偶が真であることを証明してもよい。

4 背理法
・背理法
　　命題が成り立たないと仮定すると矛盾が生じることから，もとの命題の成立を示す証明法。

III. 2次関数

1 グラフの移動
- 点の平行移動 点 (a,b) を x 軸方向に p, y 軸方向に q だけ平行移動した点の座標 … $(a+p, b+q)$
- グラフの平行移動 $y=f(x)$ のグラフを x 軸方向に p, y 軸方向に q だけ平行移動したグラフの方程式 …
$$y-q=f(x-p) \quad (y=f(x-p)+q)$$
- 点の対称移動 点 (a,b) を
  - x 軸に関して対称移動した点の座標 … $(a,-b)$
  - y 軸に関して対称移動した点の座標 … $(-a,b)$
  - 原点に関して対称移動した点の座標 … $(-a,-b)$
- グラフの対称移動 $y=f(x)$ のグラフを
  - x 軸に関して対称移動したグラフの方程式 …
  $$y=-f(x)$$
  - y 軸に関して対称移動したグラフの方程式 …
  $$y=f(-x)$$
  - 原点に関して対称移動したグラフの方程式 …
  $$y=-f(-x)$$

2 2次関数のグラフ
- $y=a(x-p)^2+q$ $(a \neq 0)$ のグラフ
  頂点 (p,q), 対称軸 $x=p$ の放物線
  ($a>0$ の図)

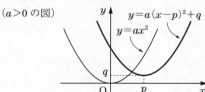

- $y=ax^2+bx+c$ $(a \neq 0)$ のグラフ
  頂点 $\left(-\dfrac{b}{2a}, -\dfrac{b^2-4ac}{4a}\right)$, 対称軸 $x=-\dfrac{b}{2a}$ の放物線
  ($a>0$ の図)

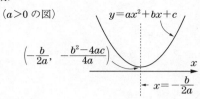

3 最大・最小
- $y=a(x-p)^2+q$ (x:実数全体)

  $a>0$　　　　　　　　$a<0$

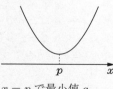

　$x=p$ で最小値 q　　　$x=p$ で最大値 q
　（最大値はない）　　　（最小値はない）

- $y=a(x-p)^2+q$ $(\alpha \leqq x \leqq \beta)$
  (i) $\alpha \leqq p \leqq \beta$ のとき

  $a>0$　　　　　　　　$a<0$

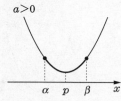 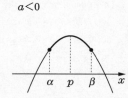

　$x=p$ で最小　　　　　$x=p$ で最大
　$x=\alpha$ または β で最大　　$x=\alpha$ または β で最小
　（p から遠い方で最大）　（p から遠い方で最小）

  (ii) $\beta \leqq p$ のとき

  $a>0$　　　　　　　　$a<0$

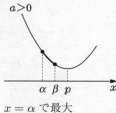 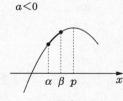

　$x=\alpha$ で最大　　　　$x=\beta$ で最大
　$x=\beta$ で最小　　　　$x=\alpha$ で最小

  (iii) $p \leqq \alpha$ のとき

  $a>0$　　　　　　　　$a<0$

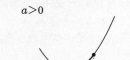 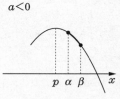

　$x=\beta$ で最大　　　　$x=\alpha$ で最大
　$x=\alpha$ で最小　　　　$x=\beta$ で最小

4 2次方程式
- $ax^2+bx+c=0$ $(a \neq 0)$ の解
  - $b^2-4ac>0$ のとき　$x=\dfrac{-b \pm \sqrt{b^2-4ac}}{2a}$
  - $b^2-4ac=0$ のとき　$x=-\dfrac{b}{2a}$ （重解）
  - $b^2-4ac<0$ のとき　実数の解はない

5 2次不等式

・$\alpha < \beta$ のとき
$$(x-\alpha)(x-\beta) > 0 \text{ の解} \cdots\cdots x < \alpha, \beta < x$$
$$(x-\alpha)(x-\beta) \geqq 0 \text{ の解} \cdots\cdots x \leqq \alpha, \beta \leqq x$$
$$(x-\alpha)(x-\beta) < 0 \text{ の解} \cdots\cdots \alpha < x < \beta$$
$$(x-\alpha)(x-\beta) \leqq 0 \text{ の解} \cdots\cdots \alpha \leqq x \leqq \beta$$

・2次不等式の解 (以下, $a > 0, D = b^2 - 4ac$ とする)
$$ax^2 + bx + c > 0 \cdots\cdots ①$$
$$ax^2 + bx + c \geqq 0 \cdots\cdots ②$$
$$ax^2 + bx + c < 0 \cdots\cdots ③$$
$$ax^2 + bx + c \leqq 0 \cdots\cdots ④$$

$D > 0$ のとき
$ax^2 + bx + c = 0$ の解を α, β $(\alpha < \beta)$ とすると
  ①の解 $\cdots\cdots$ $x < \alpha, \beta < x$
  ②の解 $\cdots\cdots$ $x \leqq \alpha, \beta \leqq x$
  ③の解 $\cdots\cdots$ $\alpha < x < \beta$
  ④の解 $\cdots\cdots$ $\alpha \leqq x \leqq \beta$

$D = 0$ のとき
$ax^2 + bx + c = 0$ の解を α (重解) とすると
  ①の解 $\cdots\cdots$ $x \neq \alpha$ の実数
  ②の解 $\cdots\cdots$ 全実数
  ③の解 $\cdots\cdots$ ない
  ④の解 $\cdots\cdots$ $x = \alpha$

$D < 0$ のとき
  ①, ②の解 $\cdots\cdots$ 全実数
  ③, ④の解 $\cdots\cdots$ ない

6 放物線と x 軸

・2次関数 $y = ax^2 + bx + c\ (a \neq 0)$ のグラフと x 軸は, $b^2 - 4ac > 0$ のとき, 2点で交わる。
このとき, $y = ax^2 + bx + c$ が x 軸から切り取る線分の長さは $\dfrac{\sqrt{b^2 - 4ac}}{|a|}$
$b^2 - 4ac = 0$ のとき, 1点で接する。
$b^2 - 4ac < 0$ のとき, 共有点をもたない。

IV. 図形と計量

1 三角比の基本性質

・三角比
$$\sin\theta = \frac{a}{c},\ \cos\theta = \frac{b}{c},$$
$$\tan\theta = \frac{a}{b}$$
$$(0° < \theta < 90°)$$

$$\sin\theta = \frac{y}{r},\ \cos\theta = \frac{x}{r},$$
$$\tan\theta = \frac{y}{x} = \frac{t}{r}\ (x \neq 0)$$
$$(0° \leqq \theta \leqq 180°)$$
$\theta = 90°$ のとき, $\tan\theta$ の値はない.

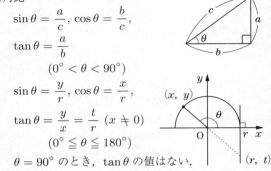

・三角比の値

θ	$0°$	$30°$	$45°$	$60°$	$90°$	$120°$	$135°$	$150°$	$180°$
$\sin\theta$	0	$\dfrac{1}{2}$	$\dfrac{1}{\sqrt{2}}$	$\dfrac{\sqrt{3}}{2}$	1	$\dfrac{\sqrt{3}}{2}$	$\dfrac{1}{\sqrt{2}}$	$\dfrac{1}{2}$	0
$\cos\theta$	1	$\dfrac{\sqrt{3}}{2}$	$\dfrac{1}{\sqrt{2}}$	$\dfrac{1}{2}$	0	$-\dfrac{1}{2}$	$-\dfrac{1}{\sqrt{2}}$	$-\dfrac{\sqrt{3}}{2}$	-1
$\tan\theta$	0	$\dfrac{1}{\sqrt{3}}$	1	$\sqrt{3}$	✕	$-\sqrt{3}$	-1	$-\dfrac{1}{\sqrt{3}}$	0

・補角・余角の三角比
$$\sin(90° - \theta) = \cos\theta,\ \cos(90° - \theta) = \sin\theta,$$
$$\tan(90° - \theta) = \frac{1}{\tan\theta}$$
$$\sin(180° - \theta) = \sin\theta,\ \cos(180° - \theta) = -\cos\theta,$$
$$\tan(180° - \theta) = -\tan\theta$$

・角の大小と三角比の大小
$0° \leqq \alpha < \beta \leqq 90°$ のとき $\sin\alpha < \sin\beta$
$90° \leqq \alpha < \beta \leqq 180°$ のとき $\sin\alpha > \sin\beta$
$0° \leqq \alpha < \beta \leqq 180°$ のとき $\cos\alpha > \cos\beta$

・三角比の相互関係
$$\tan\theta = \frac{\sin\theta}{\cos\theta}$$
$$\sin^2\theta + \cos^2\theta = 1,\ 1 + \tan^2\theta = \frac{1}{\cos^2\theta}$$

・直線の傾き
図で, $m = \tan\theta$

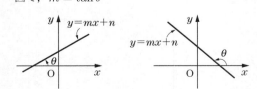

2 正弦定理・余弦定理

△ABC で BC $= a$, CA $= b$, AB $= c$ とし，△ABC の外接円の半径を R とする。

・正弦定理
$$\frac{a}{\sin A} = \frac{b}{\sin B} = \frac{c}{\sin C} = 2R$$

・余弦定理
$$a^2 = b^2 + c^2 - 2bc\cos A, \quad \cos A = \frac{b^2+c^2-a^2}{2bc}$$
$$b^2 = c^2 + a^2 - 2ca\cos B, \quad \cos B = \frac{c^2+a^2-b^2}{2ca}$$
$$c^2 = a^2 + b^2 - 2ab\cos C, \quad \cos C = \frac{a^2+b^2-c^2}{2ab}$$

・
$\angle A < 90° \iff a^2 < b^2 + c^2$
$\angle A = 90° \iff a^2 = b^2 + c^2$ （三平方の定理）
$\angle A > 90° \iff a^2 > b^2 + c^2$

3 三角形の面積

△ABC で BC $= a$, CA $= b$, AB $= c$ とし，△ABC の内接円の半径を r，面積を S とする。
$$S = \frac{1}{2}ab\sin C = \frac{1}{2}bc\sin A = \frac{1}{2}ca\sin B$$
$$S = \frac{1}{2}(a+b+c)r = sr$$
$$S = \sqrt{s(s-a)(s-b)(s-c)} \quad (\text{ヘロンの公式})$$
$$\left(s = \frac{1}{2}(a+b+c)\right)$$

V. データの分析

1 代表値

・平均値 n 個のデータ $x_1, x_2, \cdots, x_n$ について
$$\frac{1}{n}(x_1 + x_2 + \cdots + x_n)$$

・中央値（メジアン） データを大きさの順に並べたとき，中央にくる値
　データが偶数個のときは中央の 2 数の平均値

・最頻値（モード） データの中で最も個数の多い値

2 散らばり

・範囲（レンジ） （データの最大値）−（データの最小値）

・四分位数 データを大きさの順に並べて 4 等分するとき，小さい方から順に
　　第 1 四分位数，第 2 四分位数，第 3 四分位数
（四分位範囲）＝（第 3 四分位数）−（第 1 四分位数）
$$(四分位偏差) = \frac{(四分位範囲)}{2}$$

・箱ひげ図

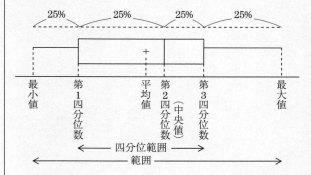

・分散・標準偏差
　n 個のデータ $x_1, x_2, \cdots, x_n$ の平均値を $\overline{x}$ とする。
$$(分散) = \frac{1}{n}\{(x_1-\overline{x})^2 + (x_2-\overline{x})^2 + \cdots + (x_n-\overline{x})^2\}$$
$$= \frac{1}{n}(x_1^2 + x_2^2 + \cdots + x_n^2) - \overline{x}^2$$

（標準偏差）$= \sqrt{(分散)}$

3 相関

・散布図 2 つのデータの関係を座標平面に表したもの

・相関係数 2 つのデータの組
　　$(x_1, y_1), (x_2, y_2), \cdots, (x_n, y_n)$
について
　　$x_1, x_2, \cdots, x_n$ の平均値を $\overline{x}$，標準偏差を s_x
　　$y_1, y_2, \cdots, y_n$ の平均値を $\overline{y}$，標準偏差を s_y
とする。

共分散
$$s_{xy} = \frac{1}{n}\{(x_1-\overline{x})(y_1-\overline{y}) + (x_2-\overline{x})(y_2-\overline{y}) + \cdots$$
$$+ (x_n-\overline{x})(y_n-\overline{y})\}$$
$$((x_i-\overline{x})(y_i-\overline{y}) \text{ の平均値})$$

相関係数
$$r = \frac{s_{xy}}{s_x s_y} \quad (-1 \leqq r \leqq 1)$$

r が 1 に近いとき　　正の相関関係が強い

r が -1 に近いとき　　負の相関関係が強い

r が 0 に近いとき　　相関関係は弱い

・$z_i = x_i + a, w_i = by_i \ (i = 1, 2, \cdots, n)$
とすると

平均値　　$\overline{z} = \overline{x} + a, \overline{w} = b\overline{y}$

分　散　　$s_z{}^2 = s_x{}^2, s_w{}^2 = b^2 s_y{}^2$

標準偏差　$s_z = s_x, s_w = |b|s_y$

共分散　　$s_{zw} = bs_{xy}$

相関係数　$r_{zw} = \begin{cases} r_{xy} & (b > 0) \\ -r_{xy} & (b < 0) \end{cases}$

数　学　A

VI.　場合の数と確率

1　集合の要素の個数

・要素の個数　集合 X の要素の個数を $n(X)$ と書く。
$$n(A \cup B) = n(A) + n(B) - n(A \cap B)$$
$$(A \cap B = \phi \text{ のとき } n(A \cup B) = n(A) + n(B))$$
$$n(A \cup B \cup C) = n(A) + n(B) + n(C)$$
$$- n(A \cap B) - n(B \cap C)$$
$$- n(C \cap A) + n(A \cap B \cap C)$$

2　場合の数

・樹形図　すべての場合を，もれなく，重なりなく数え上げることが大切で，樹形図を作ると有効である。

・和の法則

　同時には起こらない 2 つ以上の事柄 $A, B, \cdots\cdots$ があり，A の起こり方が a 通り，B の起こり方が b 通り，$\cdots\cdots$ ならば，$A, B, \cdots\cdots$ のいずれかが起こる場合の数は
$$a + b + \cdots\cdots \text{ 通り}$$

・積の法則

　2 つ以上の事柄 $A, B, \cdots\cdots$ について，A の起こり方が a 通り，そのそれぞれについて，B の起こり方が b 通り，$\cdots\cdots$ ならば，$A, B, \cdots\cdots$ がすべて起こる場合の数は
$$ab\cdots\cdots \text{ 通り}$$

3　順列

・順列　異なる n 個のものから r 個を取り出し，一列に並べる順列
$$_n\mathrm{P}_r = n(n-1)\cdot\cdots\cdot(n-r+1)$$
$$= \frac{n!}{(n-r)!} \quad (0! = 1 \text{ と定める})$$

・円順列　異なる n 個のものを円形に並べる順列
$$(n-1)!$$

・重複順列　異なる n 個のものから，繰り返し取ることを許して r 個を取り出し，一列に並べる順列
$$n^r$$

4　組合せ

・組合せ　異なる n 個のものから r 個を取り出す組合せ
$$_n\mathrm{C}_r = \frac{_n\mathrm{P}_r}{r!} = \frac{n!}{(n-r)!\,r!}$$

・同じものを含む順列　n 個のもののうち，p 個が同じ

—数 IA 6—

もの，q 個が他の同じもの，さらに，r 個が別の同じもの，$\cdots$ のとき，これら n 個を一列に並べる順列

$$_n\mathrm{C}_p \cdot {}_{n-p}\mathrm{C}_q \cdot {}_{n-p-q}\mathrm{C}_r \cdots\cdots = \frac{n!}{p!\,q!\,r!\cdots}$$

$$(p+q+r+\cdots\cdots = n)$$

・$_n\mathrm{C}_r$ の性質

$$_n\mathrm{C}_0 = {}_n\mathrm{C}_n = 1$$

$$_n\mathrm{C}_r = {}_n\mathrm{C}_{n-r} \quad (0 \leqq r \leqq n)$$

$$_n\mathrm{C}_r = {}_{n-1}\mathrm{C}_{r-1} + {}_{n-1}\mathrm{C}_r$$

$$(1 \leqq r \leqq n-1,\ n \geqq 2)$$

5 確率の基本

・何が同様に確からしいか（同じ程度に期待できるか）を正しく判断する。

　確率の問題では，区別のできないものも，区別のできる異なるものとして考える。

・$P(A) = \dfrac{(\text{事象 } A \text{ の起こる場合の数})}{(\text{起こり得るすべての場合の数})}$

・$0 \leqq P(A) \leqq 1,\ P(\phi) = 0,\ P(U) = 1$
（$\phi\cdots$ 空事象，$U\cdots$ 全事象）

・和事象の確率

　A, B が互いに排反な事象のとき $(A \cap B = \phi)$

$$P(A \cup B) = P(A) + P(B)$$

　A, B が互いに排反な事象でないとき $(A \cap B \neq \phi)$

$$P(A \cup B) = P(A) + P(B) - P(A \cap B)$$

・余事象の確率

$$P(A) + P(\overline{A}) = 1,\ P(\overline{A}) = 1 - P(A)$$

6 独立な試行

・独立な試行の確率　2 つの独立な試行（一方の結果が他方の結果に影響を与えない試行）S, T があるとき，S で事象 A が起こり，T で事象 B が起こる確率は

$$P(A) \cdot P(B)$$

・反復試行の確率　1 回の試行で事象 A の起こる確率が p のとき，この試行を n 回行って事象 A が r 回起こる確率は

$$_n\mathrm{C}_r p^r (1-p)^{n-r}$$

7 条件付き確率

・条件付き確率　A が起こったときに B が起こる確率を「A が起こったときの B の起こる条件付き確率」といい $P_A(B)$ で表す。

$$P_A(B) = \frac{P(A \cap B)}{P(A)}$$

・確率の乗法定理　$P(A \cap B) = P(A)P_A(B)$

VII. 整数の性質

1 約数と倍数

・素数　正の約数を 2 つもつ自然数（1 およびそれ自身以外に正の約数をもたない自然数で 1 を除くもの）素数でない自然数を合成数という。素数は無数に存在する。

・素因数分解　正の整数を素数の積に表す。

・特別な倍数

　2 の倍数　一の位が 0, 2, 4, 6, 8

　5 の倍数　一の位が 0, 5

　3 の倍数　各位の数字の和が 3 の倍数

　9 の倍数　各位の数字の和が 9 の倍数

・約数　自然数 N を素因数分解して

$$N = p^l q^m r^n$$

とすると N の正の約数は

$$p^i q^j r^k$$

$$(i = 0, 1, \cdots, l, \quad j = 0, 1, \cdots, m, \quad k = 0, 1, \cdots, n)$$

で表され，正の約数の個数は

$$(l+1)(m+1)(n+1) \text{ 個}$$

2 公約数・公倍数

・公約数　2 つ以上の正の整数に共通な約数

　正の公約数のうち最大のものが最大公約数

　最大公約数が 1 の 2 つの正の整数を互いに素という。

・公倍数　2 つ以上の正の整数に共通な倍数

　正の公倍数のうち最小のものが最小公倍数

・最大公約数と最小公倍数

　2 つの正の整数 a, b の最大公約数を g，最小公倍数を l とする。

$$a = a'g, \quad b = b'g \ (a',\ b' \text{ は互いに素})$$

$$l = a'b'g, \quad ab = gl$$

3 除法

・整数の除法　a, b が正の整数のとき

$$a = bq + r \quad (0 \leqq r < b,\ q \text{ は商，} r \text{ は余り})$$

・整数の分類　すべての整数は，正の整数 k で割ったときの余りで次のように分類できる（p は整数）

$$kp,\ kp+1,\ kp+2,\ \cdots,\ kp+(k-1)$$

4 ユークリッドの互除法

・割り算と公約数　a, b 2 つの正の整数について，a を b で割ったときの商を q，余りを r とする $(a = bq + r)$。

　$(a \text{ と } b \text{ の最大公約数}) = (b \text{ と } r \text{ の最大公約数})$

・ユークリッドの互除法　余りが 0 になる（割り切れる）まで割り算を実行することで，最大公約数を求める。

—数 IA 7—

5 2元1次不定方程式

・2元1次不定方程式の整数解

a, b, c を整数 $(a \neq 0, b \neq 0)$ とするとき

x, y の方程式 $ax + by = c$ の整数解は

c が a, b の最大公約数の倍数のとき，解は無数にある。

c が a, b の最大公約数の倍数でないとき，解はない。

1組の解 $(x = x_0, y = y_0)$ が見つかれば

$$ax + by = c \iff a(x - x_0) + b(y - y_0) = 0$$

より

$$x = bk + x_0, \quad y = -ak + y_0 \quad (k \text{ は整数})$$

6 n 進法

・n 進法 0 から $n-1$ までの n 個の数字を用いてすべての数を表す。

例えば

10 進法の 23 を 2 進法で表すと

$23 = 1 \times 2^4 + 0 \times 2^3 + 1 \times 2^2 + 1 \times 2 + 1$

$= 10111_{(2)}$

```
2) 23
2) 11 …1
2)  5 …1
2)  2 …1
    1 …0
```

10 進法の 23 を 3 進法で表すと

$23 = 2 \times 3^2 + 1 \times 3 + 2$

$= 212_{(3)}$

```
3) 23
3)  7 …2
    2 …1
```

6 進法 $0.23_{(6)}$ を 10 進法で表すと

$0.23_{(6)} = \dfrac{2}{6} + \dfrac{3}{6^2}$

$= \dfrac{1}{3} + \dfrac{1}{12}$

$= \dfrac{5}{12}$

$= 0.41666\cdots$

$= 0.41\dot{6}$

VIII. 図形の性質

1 三角形の基本性質

・辺の長さ

$a < b + c$

$b < c + a$

$c < a + b$

$|b - c| < a < b + c$

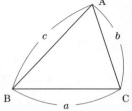

・辺と角の大小

$a > b \iff \angle A > \angle B$

・平行線と比例

$\dfrac{AP}{AB} = \dfrac{AQ}{AC} \iff PQ /\!/ BC$

$\dfrac{AP}{PB} = \dfrac{AQ}{QC} \iff PQ /\!/ BC$

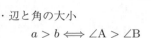

・三平方の定理

$\angle A = 90° \iff a^2 = b^2 + c^2$

BC の中点を D とすると

$$AB^2 + AC^2 = 2AD^2 + \dfrac{1}{2}BC^2 \quad (\text{中線定理})$$

・角の二等分線と比

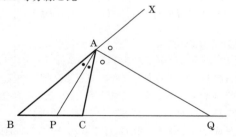

$\angle BAP = \angle CAP \iff BP : CP = AB : AC$

$\angle XAQ = \angle CAQ \iff BQ : CQ = AB : AC$

2 三角形の五心

・三角形の外心 (O)

　　三角形の 3 辺の垂直二等分線の交点

　　3 頂点から等距離にあり，三角形の外接円の中心

・三角形の内心 (I)

　　三角形の 3 つの内角の二等分線の交点

　　3 辺から等距離にあり，三角形の内接円の中心

・三角形の重心 (G)

三角形の 3 つの中線の交点
中線を頂点の方から 2:1 に内分
- 三角形の垂心 (H)
三角形の頂点から対辺（またはその延長）へ下ろした垂線の交点
- 三角形の傍心 (I_1, I_2, I_3)
三角形の 1 つの頂点における内角の二等分線と，他の 2 つの頂点における外角の二等分線の交点（1 つの三角形に傍心は 3 個ある）

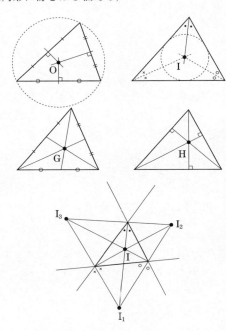

3 チェバの定理・メネラウスの定理

△ABC の辺 BC またはその延長上，辺 CA またはその延長上，辺 AB またはその延長上（いずれも頂点は除く）にそれぞれ点 D, E, F をとる。

- チェバの定理

「AD, BE, CF が 1 点で交わる」
$\iff \dfrac{BD}{DC} \cdot \dfrac{CE}{EA} \cdot \dfrac{AF}{FB} = 1$

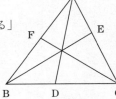

- メネラウスの定理

「D, E, F が 1 直線上にある」
$\iff \dfrac{BD}{DC} \cdot \dfrac{CE}{EA} \cdot \dfrac{AF}{FB} = 1$

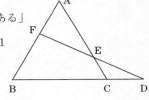

4 円の性質

- 円と四角形

「四角形 ABCD が円に内接する」
$\iff \angle A + \angle C = 180°$

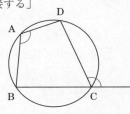

- 円の接線

$PT_1 = PT_2$
$\angle OPT_1 = \angle OPT_2$
$OT_1 \perp PT_1, \; OT_2 \perp PT_2$

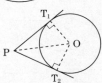

- 接線と弦の作る角

「l が T で円に接する」
$\iff \angle BAT = \angle BTX$

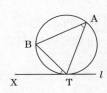

- 方べきの定理

「A, B, C, D が 1 つの円周上にある」
$\iff PA \cdot PB = PC \cdot PD$

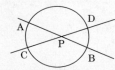 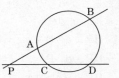

「l が T で円に接する」 $\iff PA \cdot PB = PT^2$

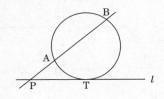

5 2 つの円

中心 O, O' の円の半径をそれぞれ r, r' ($r > r'$)，$OO' = d$ とする。

- 2 円の位置関係

$d > r + r' \iff$ 「2 円が離れている」
$d = r + r' \iff$ 「2 円が外接している」
$r - r' < d < r + r' \iff$ 「2 円が 2 点で交わっている」
$d = r - r' \iff$ 「半径 r の円に半径 r' の円が内接している」
$d < r - r' \iff$ 「半径 r の円の内部に半径 r' の円がある」
　　　　　　($d = 0$ のときは同心円)

・2円の共通接線
$$d > r + r' \quad \cdots\cdots 4本$$
$$d = r + r' \quad \cdots\cdots 3本$$
$$r - r' < d < r + r' \quad \cdots\cdots 2本$$
$$d = r - r' \quad \cdots\cdots 1本$$
($d < r - r'$ のときはない)

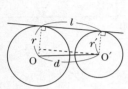
$l = \sqrt{d^2 - (r - r')^2}$

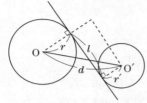
$l = \sqrt{d^2 - (r + r')^2}$

6 空間図形

・2直線の位置関係
　1点で交わる　　平行である　　ねじれの位置にある
・直線と平面の位置関係
　直線が平面上にある　　1点で交わる　　平行である
・2平面の位置関係
　交わる（交わりが交線）　　平行である
・三垂線の定理
　　$HP \perp \alpha, \ HA \perp l \Longrightarrow PA \perp l$
　　$HP \perp \alpha, \ PA \perp l \Longrightarrow HA \perp l$
　　$HP \perp HA, \ HA \perp l, \ PA \perp l \Longrightarrow HP \perp \alpha$

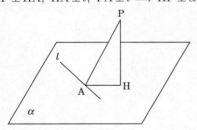

・正多面体

正四面体

正六面体
（立方体）

正八面体

正十二面体

正二十面体

・オイラーの定理
　多面体の頂点，辺，面の数をそれぞれ v, e, f とすると
　　$v - e + f = 2$

第1回
実 戦 問 題

解答・解説

数学 I・A　　第 1 回　（100 点満点）

（解答・配点）

問題番号（配点）	解答記号（配点）		正解	自己採点欄	問題番号（配点）	解答記号（配点）		正解	自己採点欄
第1問 (30)	ア	(2)	①		第2問 (30)	アイ	(2)	10	
	イ	(2)	⓪			ウ	(2)	④	
	ウ	(2)	⓪			エ	(3)	5	
	エ	(1)	④			オ	(2)	⑤	
	オ	(1)	①			$\dfrac{\text{カキ}}{\text{ク}}$	(3)	$\dfrac{99}{5}$	
	カ	(2)	③			ケコ	(3)	40	
	キ	(2)	①			サ	(2)	⑥	
	ク	(2)	⓪			シ	(2)	⑧	
	ケ	(2)	①			スセ	(2)	13	
	コ	(2)	②			ソ	(2)	②	
	$\sqrt{\text{サシ}}$	(2)	$\sqrt{22}$			タ	(2)	③	
	ス	(2)	3			チ	(2)	⑦	
	セ	(2)	①			ツ	(3)	①	
	ソ	(2)	③			小　　計			
	タ	(2)	②						
	チ	(2)	⓪						
	小　　計								

— 数 I A 12 —

問 題 番 号 （配点）	解答記号 （配点）		正　解	自己採点欄	問 題 番 号 （配点）	解答記号 （配点）		正　解	自己採点欄
第3問 (20)	$\dfrac{ア}{イ}$	(2)	$\dfrac{2}{9}$		**第5問** (20)	$\dfrac{ア}{イ}$	(2)	$\dfrac{3}{5}$	
	$\dfrac{ウ}{エ}$	(3)	$\dfrac{1}{4}$			ウ	(2)	9	
						エオ	(2)	12	
	$\dfrac{オ}{カ}$	(3)	$\dfrac{3}{4}$			カ	(3)	6	
	$\dfrac{キ}{クケ}$	(3)	$\dfrac{7}{36}$			キクケ	(2)	225	
	$\dfrac{コ}{サ}$	(3)	$\dfrac{1}{6}$			コ, サ	(2)	⑤, ⓪	
	$\dfrac{シ}{スセ}$	(3)	$\dfrac{7}{27}$			シ, ス	(3)	②, 6	
	ソ	(3)	③			セ	(2)	⓪	
小　　計						ソ	(2)	⓪	

		小　　計		
		合　　計		

(注) 第1問，第2問は必答，第3問〜第5問のうちから2問選択，計4問を解答。

問 題 番 号 （配点）	解答記号 （配点）		正　解	自己採点欄
第4問 (20)	アイウ	(2)	481	
	エオ	(2)	48	
	カ	(3)	5	
	キ	(2)	①	
	クケ	(3)	24	
	コサシ, スセソ	(3)	168, 792	
	タ	(3)	4	
	チ	(2)	⓪	
小　　計				

解 説

第1問
〔1〕（数学Ⅰ　数と式／集合と命題）

Ⅰ ①，Ⅱ ②　　　　　　　　　　【難易度…★】

(1) $a+b\sqrt{3}=0$ 　　　　　　……①

$b\neq 0$ と仮定すると
$$\sqrt{3}=-\frac{a}{b}$$

$-\dfrac{a}{b}$ は有理数であるから，$\sqrt{3}$ が無理数であることと矛盾する。ゆえに，$b=0$ であり，このとき①より $a=0$ である。

したがって，命題 A は真である。

また，命題 B は偽である。（反例：$a=2$，$b=-1$）

よって，A，B の真偽の組合せとして正しいものは ①

a，b を有理数，n を自然数とするとき

・$a+b\sqrt{n}=0 \Longrightarrow a=b=0$ は偽
（反例：$a=2$，$b=-1$，$n=4$）

・$a=b=0 \Longrightarrow a+b\sqrt{n}=0$ は真

よって，$a+b\sqrt{n}=0$ であることは $a=b=0$ であるための必要条件であるが，十分条件ではない。（⓪）

(2) α，β がともに「0でない有理数」であるとき
$$\alpha=\frac{p}{q},\ \beta=\frac{r}{s}\quad (p,\ q,\ r,\ s\text{ は0でない整数})$$
と表される。このとき
$$\alpha+\beta=\frac{ps+qr}{qs},\ \alpha\beta=\frac{pr}{qs},\ \frac{\alpha}{\beta}=\frac{ps}{qr}$$

となり，$\alpha+\beta$，$\alpha\beta$，$\dfrac{\alpha}{\beta}$ はすべて有理数である。

よって，与えられた命題は真である。（⓪）

・$\alpha=2\sqrt{3}$，$\beta=\sqrt{3}$ のとき
$$\alpha+\beta=3\sqrt{3},\ \alpha\beta=6,\ \frac{\alpha}{\beta}=2$$

となり，$\alpha+\beta$ は無理数で，$\alpha\beta$，$\dfrac{\alpha}{\beta}$ は有理数である。
（④）

・$\alpha=2+\sqrt{3}$，$\beta=2-\sqrt{3}$ のとき
$$\alpha+\beta=4,\ \alpha\beta=4-3=1$$
$$\frac{\alpha}{\beta}=\frac{(2+\sqrt{3})^2}{4-3}=7+4\sqrt{3}$$

となり，$\alpha+\beta$，$\alpha\beta$ は有理数であり，$\dfrac{\alpha}{\beta}$ は無理数である。（①）

α，β を0でない実数として
$$p:\alpha+\beta,\ \alpha\beta,\ \frac{\alpha}{\beta}\text{ はすべて無理数}$$
$$q:\alpha,\ \beta\text{ はともに無理数}$$

とおくと
$$\overline{p}:\alpha+\beta,\ \alpha\beta,\ \frac{\alpha}{\beta}\text{ の少なくとも一つは有理数}$$
$$\overline{q}:\alpha,\ \beta\text{ の少なくとも一方は有理数}$$

であり

$q \Longrightarrow p$ は偽なので　$\overline{p} \Longrightarrow \overline{q}$ も偽
（反例：$\alpha=2+\sqrt{3}$，$\beta=2-\sqrt{3}$）

$p \Longrightarrow q$ は偽なので　$\overline{q} \Longrightarrow \overline{p}$ も偽
（反例：$\alpha=\sqrt{3}$，$\beta=1$）

よって，$\overline{p}$ は $\overline{q}$ であるための必要条件でも十分条件でもない。（③）

〔2〕（数学Ⅰ　図形と計量）

Ⅳ ①②③　　　　　　　　　　【難易度…★★】

(1) $\sin(90°-\theta)=\cos\theta$　（⓪）
$\cos(90°-\theta)=\sin\theta$　（⓪）

である。また
$$\sin(90°+\theta)=\sin\{180°-(90°-\theta)\}$$
$$=\sin(90°-\theta)$$
$$=\cos\theta\quad (⓪)$$
$$\cos(90°+\theta)=\cos\{180°-(90°-\theta)\}$$
$$=-\cos(90°-\theta)$$
$$=-\sin\theta\quad (②)$$

である。

(2)

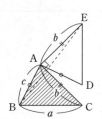

$\triangle ABC$ に余弦定理を用いると
$$a^2=b^2+c^2-2bc\cos A$$
$$=5^2+3^2-2\cdot 5\cdot 3\cdot\frac{2}{5}$$
$$=22$$

$a>0$ であるから
$$a=\sqrt{22}$$

であり
$$AE=AC=5$$

∠BAE＝∠BAC＋∠CAE
　　　＝$A+90°$

に注意すると
$$\triangle ABE = \frac{1}{2} \cdot AB \cdot AE \cdot \sin\angle BAE$$
$$= \frac{1}{2} \cdot 3 \cdot 5 \sin(90°+A)$$
$$= \frac{15}{2} \cdot \cos A$$
$$= \frac{15}{2} \cdot \frac{2}{5}$$
$$= \mathbf{3}$$

である。

(3)

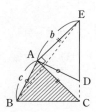

△ABC に正弦定理を用いると
$$\frac{a}{\sin A} = \frac{b}{\sin B} = \frac{c}{\sin C}$$
よって
$$a:b:c = \sin A : \sin B : \sin C \quad (\mathbf{①})$$
$$\cdots\cdots(*)$$
である。

また，$S = \frac{1}{2}bc\sin A$ であることに注意して，△ACD に余弦定理を用いると
$$CD^2 = AC^2 + AD^2 - 2AC \cdot AD\cos\angle CAD$$
$$= b^2 + c^2 - 2bc\cos(90°-A)$$
$$= b^2 + c^2 - 4 \cdot \frac{1}{2}bc\sin A$$
$$= b^2 + c^2 - 4S \quad (\mathbf{③})$$
である。

(4) (3)より
$$P_A = b^2 + c^2 - 4S$$
であり，△ABG，△BCH にそれぞれ余弦定理を用いると，(3)と同様にして
$$P_B = AG^2 = c^2 + a^2 - 4S$$
$$P_C = BH^2 = a^2 + b^2 - 4S$$
である。$0° < C < A < B < 90°$ のとき
$$\sin C < \sin A < \sin B$$
である。このことと，$(*)$ より

$$c < a < b$$
である。よって
$$c^2 + a^2 < b^2 + c^2 < a^2 + b^2$$
が成り立つから
$$P_B < P_A < P_C$$
である（**②**）。
また，△ABE に余弦定理を用いると
$$Q_A = BE^2 = AB^2 + AE^2 - 2AB \cdot AE\cos\angle BAE$$
$$= c^2 + b^2 - 2cb\cos(90°+A)$$
$$= c^2 + b^2 - 2cb \cdot (-\sin A)$$
$$= b^2 + c^2 + 4 \cdot \frac{1}{2}bc\sin A$$
$$= b^2 + c^2 + 4S$$
であり，同様にして，△BCF，△ACI にそれぞれ余弦定理を用いると
$$Q_B = CF^2 = c^2 + a^2 + 4S$$
$$Q_C = AI^2 = a^2 + b^2 + 4S$$
である。
ゆえに，つねに
$$Q_A - P_A = Q_B - P_B = Q_C - P_C (= 8S)$$
である（**⓪**）。

第2問

〔1〕（数学Ⅰ　2次関数）

Ⅲ 2 　　　　　　　　　　　【難易度…★★】
$$x = at \quad \cdots\cdots①'$$
$$y = bt - 5t^2 \quad \cdots\cdots②'$$

(1) ②' より
$$y = -5\left(t - \frac{b}{10}\right)^2 + \frac{b^2}{20}$$
よって，$t \geqq 0$ のとき，y の最大値は $\frac{b^2}{20}$ であり，これが5以上になる条件は
$$\frac{b^2}{20} \geqq 5 \quad \therefore \quad b^2 \geqq 100$$
$b \geqq 0$ であるから
$$b \geqq \mathbf{10}$$
である。
また
(i) $b = 10$ のとき，y の最大値は
$$\frac{b^2}{20} = \frac{10^2}{20} = 5$$

(ii) $b=10\times2=20$ のとき，y の最大値は
$$\frac{b^2}{20}=\frac{20^2}{20}=20$$
「ジャンプの高さ」は，$t\geqq0$ で②の y の最大値であるから，(i)，(ii)より，ジャンプボタンを2回連打したときのジャンプの高さ20は，ジャンプボタンを1回だけ押したときのジャンプの高さ5の
$$\frac{20}{5}=4(倍)\quad ④$$
である。

(2) $b=10$，$a>0$ のとき，①より
$$t=\frac{x}{a}$$
これを②すなわち
$$y=10t-5t^2$$
に代入することにより
$$y=10\cdot\frac{x}{a}-5\cdot\left(\frac{x}{a}\right)^2$$
$$=\frac{10}{a}x-\frac{5}{a^2}x^2 \quad\cdots\cdots③$$
$$=-\frac{5}{a^2}x(x-2a)$$
となる。③のグラフと x 軸の交点の座標は
$$(0,\ 0),\ (2a,\ 0)$$
であり，③の $y\geqq0$ におけるグラフは次図の実線のようになる。

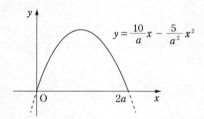

フロンタが水平方向右向きに移動しながらジャンプして着地したとき，フロンタの中心の●は x 軸の正の向きに $2a$ だけ移動する。ジャンプボタンを1回だけ押して，フロンタが横幅が8の落とし穴を飛び越えることができるためには，●が x 軸の正の向きに10以上移動すればよく，そのための a の値の範囲は
$$2a\geqq10 \quad\therefore\quad a\geqq\mathbf{5}$$
である。
また，飛び越えることができる落とし穴の横幅の最大値は
$$2a-2$$
である。

・$a=5$ のとき，$2a-2=2\cdot5-2=8$
・$a=10$ のとき，$2a-2=2\cdot10-2=18$

よって，$a=10$ のときの $2a-2$ の値18は，$a=5$ のときの $2a-2$ の値8の
$$\frac{18}{8}=\frac{9}{4}\ (倍)\quad ⑤$$
である。

(3) $a=5\times2=10$，$b=10\times2=20$ とするとき
$$y=\frac{b}{a}x-\frac{5}{a^2}x^2$$
$$=\frac{20}{10}x-\frac{5}{10^2}x^2$$
$$=-\frac{1}{20}x^2+2x \quad\cdots\cdots④$$
$$=-\frac{1}{20}(x-20)^2+20$$
となり，④のグラフは放物線であり，その軸の方程式は
$$x=20\quad (c=20)$$
である。
④のグラフが2点 $(c\pm2,\ h)$，すなわち点 $(18,\ h)$ と点 $(22,\ h)$ を通る条件は
$$h=-\frac{1}{20}(\pm2)^2+20=\frac{\mathbf{99}}{\mathbf{5}}$$
である。
また，④のグラフと x 軸の交点の座標は
$$(0,\ 0),\ (40,\ 0)$$
である。よって，ジャンプを始めたときの●の座標を $(0,\ 0)$ とすると，着地したときの●の座標は
$$\mathbf{(40,\ 0)}$$
である。

〔2〕（数学Ⅰ　データの分析）
　　　Ⅴ ① ② ③　　　　　　　　　　【難易度…★★】

(1) 変量 x，y の平均値をそれぞれ $\bar{x}$，$\bar{y}$ とし，変量 x，y の分散をそれぞれ s_x^2，s_y^2 とする。このとき
$$\bar{x}=\frac{1}{10}(1+2+3+4+5+5+6+7+8+9)$$
$$=5.0\quad ⑥$$
これより
$$s_x^2=\frac{1}{10}\{(1-5)^2+(2-5)^2+(3-5)^2+(4-5)^2$$
$$+(5-5)^2+(5-5)^2+(6-5)^2$$
$$+(7-5)^2+(8-5)^2+(9-5)^2\}$$
$$=\frac{1}{10}\cdot60=6.0\quad ⑧$$

(2) $\bar{y}=\bar{x}=5$ より

$$\frac{1}{10}(5+1+4+1+P+Q+5+8+5+8)=5$$

$$P+Q+37=50$$

$$P+Q=\mathbf{13} \qquad\qquad \cdots\cdots\text{①}$$

さらに，$s_y{}^2=s_x{}^2=6$ より

$$\frac{1}{10}\Big\{(5-5)^2+(1-5)^2+(4-5)^2+(1-5)^2$$
$$+(P-5)^2+(Q-5)^2+(5-5)^2+(8-5)^2$$
$$+(5-5)^2+(8-5)^2\Big\}=6$$

$$(P-5)^2+(Q-5)^2=9 \qquad\qquad \cdots\cdots\text{②}$$

①より

$$Q=13-P \qquad\qquad \cdots\cdots\text{①}'$$

①′ を②に代入すると

$$(P-5)^2+(8-P)^2=9$$

$$P^2-13P+40=0$$

$$(P-5)(P-8)=0$$

$$P=5,\ 8$$

①′ より

$$P=5\ \text{のとき},\quad Q=8$$
$$P=8\ \text{のとき},\quad Q=5$$

これらは，P，Q が 1 から 9 までの整数であることに適する。

したがって，P の値は 5 または 8（**②**）である。

(3) 6 行目と 7 行目の数値について，x の偏差と y の偏差の積の和は

$$(5-5)(P-5)+(5-5)(Q-5)$$
$$=0\cdot(P-5)+0\cdot(Q-5)$$
$$=0$$

すなわち，P，Q の値に関わらず，常に 0 である。

よって，二つの変量 x，y について，x の偏差と y の偏差の積の総和は一定であり，共分散の値は一定である。

したがって，相関係数がただ一つに決まる理由は **③** である。

(4) 変量 x，y の標準偏差をそれぞれ s_x，s_y とし，x と y の共分散を s_{xy}，相関係数を r とする。

$\bar{x}=\bar{y}=5$ より

$$s_{xy}=\frac{1}{10}\Big\{(1-5)(5-5)+(2-5)(1-5)$$
$$+(3-5)(4-5)+(4-5)(1-5)$$
$$+(5-5)(P-5)+(5-5)(Q-5)$$
$$+(6-5)(5-5)+(7-5)(8-5)$$
$$+(8-5)(5-5)+(9-5)(8-5)\Big\}$$

$$=\frac{1}{10}(0+12+2+4+0+0+0+6+0+12)$$

$$=3.6$$

また，$s_x{}^2=s_y{}^2=6$ より

$$s_x=s_y=\sqrt{6}$$

したがって

$$r=\frac{s_{xy}}{s_x s_y}$$

$$=\frac{3.6}{\sqrt{6}\times\sqrt{6}}=0.6 \quad (\mathbf{⑦})$$

(5) a～e について考える。

a 変量 x のデータの値を小さい順に並べたとき，3，4，5 番目の値をそれぞれ x_3, x_4, x_5 とする。箱ひげ図より，変量 x の第 1 四分位数が 4，中央値が 4.5 であるから

$$x_3=4\leqq x_4\leqq x_5\leqq 4.5$$

x_3, x_4, x_5 は整数であるから

$$x_3=x_4=x_5=4$$

よって，a は正しい。

b 箱ひげ図より，変量 y の中央値は 5 である。データの大きさが 10 であるから，小さい方から 5 番目と 6 番目の値の平均値が 5 であるが，データの値の中に 5 があるかどうかはわからない。よって，b は正しくない。

c 変量 x のデータの値を小さい順に並べたとき，4，5，6，7 番目の値をそれぞれ x_4, x_5, x_6, x_7 とする。箱ひげ図より，変量 x の第 1 四分位数が 4，中央値が 4.5，第 3 四分位数が 5 であるから

$$\begin{cases}4\leqq x_4\leqq x_5\leqq 4.5\leqq x_6\leqq x_7\leqq 5\\ \dfrac{1}{2}(x_5+x_6)=4.5\end{cases}$$

x_4, x_5, x_6, x_7 は整数であるから

$$x_4=x_5=4,\ x_6=x_7=5$$

したがって

$$x_4+x_5+x_6+x_7=4+4+5+5=18$$

よって，c は正しい。

d 変量 y のデータの値を小さい順に並べたとき，1，3，8，10 番目の値をそれぞれ y_1, y_3, y_8, y_{10} とする。y_1, y_3, y_8, y_{10} はそれぞれ最小値，第 1 四分位数，第 3 四分位数，最大値であるから，箱ひげ図より

$$y_1=2,\ y_3=4,\ y_8=7,\ y_{10}=9$$

したがって

$$y_1+y_3+y_8+y_{10}=2+4+7+9=22$$

よって，d は正しい。

e 変量 x の箱ひげ図が与えられた図のようになる場

合のうち，平均値が最大になるのは，10個の値が

$$3, 4, 4, 4, 4, 5, 5, 5, 6, 6$$

の場合に限られる。このとき，平均値は

$$\frac{1}{10}(3+4\cdot4+5\cdot3+6\cdot2)=4.6$$

よって，e は正しくない。

以上により，正しいものは，a, c, d である。（⓪）

第3問 （数学A　場合の数と確率）

　Ⅵ **5 7** 　　　　　　　　　　【難易度…★】

確率を考えるので，すべてのくじを区別して考える。

(1) A がくじを引く引き方は全部で9通り。

このうち，A があたりのくじを引く引き方は2通りであるから

$$p_1=\frac{\mathbf{2}}{\mathbf{9}}$$

A がはずれのくじを引いたとき，残りのくじは，あたりのくじが2本，はずれのくじが6本であるから，B があたりのくじを引く条件付き確率は

$$\frac{2}{8}=\frac{1}{4}$$

B があたりのくじを引くのは次の(i)または(ii)の場合である。

　　(i)　A があたりのくじを引き，
　　　　B があたりのくじを引く

　　(ii)　A がはずれのくじを引き，
　　　　B があたりのくじを引く　　……①

(i), (ii)は排反であるから

$$p_2=\frac{2}{9}\cdot\frac{1}{8}+\frac{7}{9}\cdot\frac{2}{8}=\frac{2}{9}$$

である。

C があたりのくじを引くのは次の(i)または(ii)または(iii)の場合である。

　　(i)　A があたり，B がはずれのくじを引き，
　　　　C があたりのくじを引く

　　(ii)　A がはずれ，B があたりのくじを引き，
　　　　C があたりのくじを引く

　　(iii)　A がはずれ，B がはずれのくじを引き，
　　　　C があたりのくじを引く　　……②

(i), (ii), (iii)は排反であるから

$$p_3=\frac{2}{9}\cdot\frac{7}{8}\cdot\frac{1}{7}+\frac{7}{9}\cdot\frac{2}{8}\cdot\frac{1}{7}+\frac{7}{9}\cdot\frac{6}{8}\cdot\frac{2}{7}=\frac{2}{9}$$

である。

C があたりのくじを引く事象を X，3人のうちで C が初めてあたりのくじを引く事象を Y とおくと

$$P(X)=p_3=\frac{2}{9}$$

②より

$$P(X\cap Y)=\frac{7}{9}\cdot\frac{6}{8}\cdot\frac{2}{7}=\frac{1}{6}\qquad\qquad ……③$$

よって，求める条件付き確率は

$$P_X(Y)=\frac{P(X\cap Y)}{P(X)}=\frac{\frac{1}{6}}{\frac{2}{9}}=\frac{\mathbf{3}}{\mathbf{4}}$$

(2) ①より

$$q_2=\frac{7}{9}\cdot\frac{2}{8}=\frac{\mathbf{7}}{\mathbf{36}}$$

であり，③より

$$q_3=P(X\cap Y)=\frac{\mathbf{1}}{\mathbf{6}}$$

(注)　$q_1=\frac{2}{9}=\frac{8}{36}$，$q_3=\frac{1}{6}=\frac{6}{36}$ より　$q_1>q_2>q_3$

(3) 　　$r_1=\frac{2}{9}\left(=\frac{54}{243}\right)$　　　　　　　……④

A があたりのくじを引く事象を R，B があたりのくじを引く事象を S，C があたりのくじを引く事象を T とおく。

$$P(\overline{R})=\frac{7}{9}$$

であり，$\overline{R}$ が起こったあと，くじは，あたりのくじが3本，はずれのくじが6本となるから，B があたりのくじを引く条件付き確率は

$$P_{\overline{R}}(S)=\frac{3}{9}=\frac{1}{3}$$

である。よって

$$r_2=P(\overline{R})\cdot P_{\overline{R}}(S)=\frac{7}{9}\cdot\frac{1}{3}=\frac{\mathbf{7}}{\mathbf{27}}\left(=\frac{63}{243}\right)$$
$$……⑤$$

また

$$P_{\overline{R}}(\overline{S})=\frac{6}{9}=\frac{2}{3}$$

であり，$\overline{R}$ かつ $\overline{S}$ が起こったあと，くじは，あたりのくじが4本，はずれのくじが5本となるから，C があたりのくじを引く条件付き確率は

$$P_{\overline{R}\cap\overline{S}}(T)=\frac{4}{9}$$

である。よって

$$r_3=P(\overline{R})\cdot P_{\overline{R}}(\overline{S})\cdot P_{\overline{R}\cap\overline{S}}(T)$$
$$=\frac{7}{9}\cdot\frac{2}{3}\cdot\frac{4}{9}=\frac{56}{243}\qquad\qquad ……⑥$$

④，⑤，⑥より

— 数ⅠA 18 —

$$r_1 < r_3 < r_2 \quad (\textbf{③})$$

第4問 （数学A　整数の性質）
Ⅶ $\boxed{1}$ $\boxed{2}$, Ⅱ $\boxed{2}$　　　　【難易度…★★】

(1)(i)　$A+B=960$ より
$$A=960-B$$
であり，$A<B$ であるから
$$960-B<B$$
$$960<2B$$
$$480<B$$
である。また，A は自然数より $A>0$ であるから
$$960-B>0$$
$$B<960$$
である。したがって，B のとり得る値の範囲は
$$\textbf{481} \leqq B \leqq \textbf{959} \qquad \cdots\cdots①$$
である。

(ii)　5544 を素因数分解すると
$$5544=2^3 \cdot 3^2 \cdot 7 \cdot 11$$
であるから，5544 の正の約数は
$$(3+1)(2+1)(1+1)(1+1)=\textbf{48}\ （個）$$
ある。$481 \leqq B \leqq 959$ より
$$\frac{5544}{959} \leqq \frac{5544}{B} \leqq \frac{5544}{481}$$
すなわち
$$6 \leqq \frac{5544}{B} \leqq 11$$
である。この範囲で $5544=2^3 \cdot 3^2 \cdot 7 \cdot 11$ の正の約数を探すと
$$2 \cdot 3,\ 7,\ 2^3,\ 3^2,\ 11$$
が条件を満たす。これらで 5544 を割ることにより
$$B=2^2 \cdot 3 \cdot 7 \cdot 11,\ 2^3 \cdot 3^2 \cdot 11,\ 3^2 \cdot 7 \cdot 11,$$
$$2^3 \cdot 7 \cdot 11,\ 2^3 \cdot 3^2 \cdot 7$$
となる。
ゆえに，①を満たす約数 B の個数は **5** 個である。

(2)(i)　「a と b が互いに素である」ことの定義は⓪であり，②，③は⓪と同じこと（同値）である。
ところが，例えば $a=3$，$b=4$ の場合は，⓪は成り立つが①は成り立たない。よって，a と b が互いに素であるということの言い換えとして誤っているものは　**①**

(ii)　A と B の最大公約数を g とすると
$$A=ga,\ B=gb$$
　（a と b は互いに素な自然数で，$a<b$）
とかける。このとき，A と B の最小公倍数は gab と表される。A と B の和が 960 で最小公倍数が 5544 であるから
$$g(a+b)=960=2^6 \cdot 3 \cdot 5$$
$$gab=5544=2^3 \cdot 3^2 \cdot 7 \cdot 11 \qquad \cdots\cdots②$$
である。
　　a と b が互いに素であるとき，$a+b$ と ab も互いに素である　　　$\cdots\cdots(*)$
ことが成り立つから，②より
$$g=2^3 \cdot 3=\textbf{24}$$
となる。

(注)　(2)(i)の「互いに素である」ことの言い換え③を用いて，(*)は次のように証明できる。
(ア)　　「a と b が互いに素である」
　　　$\Longrightarrow$「$a+b$ と a が互いに素である」
　　　　　　　　　　　　　　　$\cdots\cdots(**)$
が成り立つことをその対偶を用いて示す。もし $a+b$ と a が互いに素でないとすると
$$a+b=kp,\ a=k'p$$
となる自然数 k，k'，素数 p が存在する。このとき
$$b=kp-a=kp-k'p=(k-k')p$$
となり，a と b は共通の素因数 p をもつ。よって，a と b は互いに素ではないから(**)は成り立つ。
(イ)　同様に
　　　「a と b が互いに素である」
　　　$\Longrightarrow$「$a+b$ と b が互いに素である」
が成り立つ。
(ウ)　(ア)，(イ)より
　　　「a と b が互いに素である」
ならば
　　　「$a+b$ と a が互いに素である」
　　かつ「$a+b$ と b が互いに素である」
となる。よって，ab の素因数分解を考えることにより
　　　「$a+b$ と ab が互いに素である」
が成り立つ。

(3)　(2)の方法で解く。
(2)(ii)より $g=2^3 \cdot 3=24$ であるから，②を用いて
$$\begin{cases} 2^3 \cdot 3 \cdot (a+b)=2^6 \cdot 3 \cdot 5 \\ 2^3 \cdot 3 \cdot ab=2^3 \cdot 3^2 \cdot 7 \cdot 11 \end{cases}$$
である。したがって

$$a+b=2^3\cdot 5,\ ab=3\cdot 7\cdot 11$$

となる。a と b は互いに素な自然数で，$a<b$ であるから

$$a=7,\ b=3\cdot 11=33$$

である。よって，求める A，B の値は

$$A=ga=24\cdot 7=\mathbf{168}$$
$$B=gb=24\cdot 33=\mathbf{792}$$

である。

(4) C と D の最大公約数が 24 であるから

$$C=24c,\ D=24d$$

  (c と d は互いに素な自然数で，$c<d$)

とかける。このとき，C と D の最小公倍数は $24cd$ と表されるので

$$24cd=5544$$

すなわち

$$2^3\cdot 3\cdot cd=2^3\cdot 3^2\cdot 7\cdot 11$$

である。よって

$$cd=3\cdot 7\cdot 11$$

となる。
c と d は互いに素であるから，3，7，11 はいずれも c，d のどちらか一方のみの素因数である。よって，$c<d$ に注意すると

((C, D) の組の個数) = ((c, d) の組の個数)
$$=\frac{2^3}{2}=\mathbf{4}\ (組)$$

である。
$x<y$ である二つの自然数 x，y に対して，条件 p，q を

$p:x$ と y の最大公約数が 24，最小公倍数が 5544 である。

$q:(x,\ y)=(A,\ B)=(168,\ 792)$

とすると，(3)より「q ならば p」は真である。ところが，$(x,\ y)=(C,\ D)$ のとき p は成り立つが q は成り立たないから，「p ならば q」は偽である。したがって，p であることは q であるための

必要条件であるが，十分条件ではない。(**⓪**)

第5問　(数学 A　図形の性質)

Ⅷ 3 4 5　　　　　　　　　　【難易度…★★】

点 C は AB を直径とする円上にあるから，$\angle ACB=90°$ である。よって

$$\cos\angle BAC=\frac{AC}{AB}=\frac{15}{25}=\frac{3}{5}$$

であるから，直角三角形 ACH において

$$AH=AC\cos\angle BAC=15\cdot\frac{3}{5}=\mathbf{9}$$

また，三平方の定理を用いると

$$CH=\sqrt{AC^2-AH^2}=\sqrt{15^2-9^2}=\sqrt{144}=\mathbf{12}$$

である。
これと，円 O_2 の半径 $AD=AC=15$ より

$$DH=AD-AH=15-9=6$$

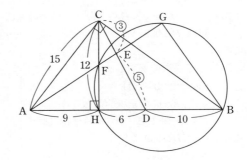

△CDH と直線 AE にメネラウスの定理を用いると

$$\frac{DE}{EC}\cdot\frac{CF}{FH}\cdot\frac{HA}{AD}=1$$
$$\frac{5}{3}\cdot\frac{CF}{FH}\cdot\frac{9}{15}=1$$
$$\therefore\ \frac{CF}{FH}=1$$

CH=12 より

$$FH=CF=\mathbf{6}$$

である。また，四角形 BGFH の外接円と 2 直線 AG，AB について方べきの定理を用いると

$$AF\cdot AG=AH\cdot AB=9\cdot 25=\mathbf{225}$$

である。
一方，AD=15 より

$$AD^2=225\ (\mathbf{⑤})$$

よって

$$AD^2=AF\cdot AG$$

であるから，方べきの定理の逆により，3 点 D，F，G を通る円 O_3 は直線 AB と点 D で接する(**⓪**)。

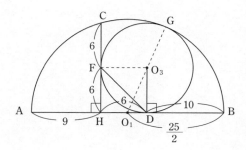

円 O_3 は直線 AB に接するから，$\angle O_3DH=90°$ であり，$\triangle DFH$ は直角二等辺三角形より，$\angle FDH=45°$ であるから
$$\angle O_3DF=90°-45°=45° \quad (\text{②})$$
これと $O_3D=O_3F$ より，$\triangle O_3DF$ は $\angle DO_3F=90°$ の直角二等辺三角形である。さらに，DF が共通であることから，$\triangle HDF$ と $\triangle O_3DF$ は合同であり，四角形 O_3DHF は正方形である。よって
$$O_3F=\mathbf{6}$$
であり，円 O_3 は直線 CH と点 F で接する(⓪)。

また，円 O_1 の半径は $\dfrac{25}{2}$ であり
$$BD=AB-AH-HD=25-9-6=10$$
より，円 O_1 の中心を O_1 とすると
$$O_1D=\dfrac{25}{2}-10=\dfrac{5}{2}$$
である。また，$O_3D=6$ より，直角三角形 DO_1O_3 に三平方の定理を用いると
$$O_1O_3=\sqrt{6^2+\left(\dfrac{5}{2}\right)^2}=\sqrt{\dfrac{169}{4}}=\dfrac{13}{2}$$
いま
$$O_1G=\dfrac{25}{2},\quad O_3G=6$$
であるから $\dfrac{25}{2}-6=\dfrac{13}{2}$，すなわち $O_1G-O_3G=O_1O_3$ が成り立つ。よって，円 O_3 は円 O_1 と点 G で接する(⓪)。

第 2 回
実 戦 問 題

解答・解説

数学Ⅰ・A　　第2回　（100点満点）

（解答・配点）

問題番号（配点）	解答記号（配点）		正解	自己採点欄	問題番号（配点）	解答記号（配点）		正解	自己採点欄
第1問 (30)	ア	(2)	①		第2問 (30)	ア	(1)	③	
	イ	(2)	①			イ，ウ	(2)	②，⓪	
	ウ	(2)	2			エ，オ	(4) (各2)	③，④ (解答の順序は問わない)	
	エ	(2)	4			カキ	(2)	10	
	オ	(2)	8			クケ	(2)	40	
	$\dfrac{カ\sqrt{キ}+ク}{ケ}$	(3)	$\dfrac{3\sqrt{7}+7}{2}$			コ	(2)	②	
	$\dfrac{コ}{サ}$	(2)	$\dfrac{3}{4}$			サシ$\sqrt{ス}$	(2)	$10\sqrt{6}$	
	シ	(2)	4			セ	(1)	③	
	$\dfrac{ス\sqrt{セソ}}{タ}$	(3)	$\dfrac{4\sqrt{14}}{7}$			ソ	(1)	①	
						タ	(1)	②	
	チ，ツ	(4) (各2)	①，⑦ (解答の順序は問わない)			チ	(2)	①	
						ツ	(2)	③	
	テト	(3)	45			テ	(2)	①	
	ナ	(3)	①			ト，ナ	(2) (各1)	①，③ (解答の順序は問わない)	
小　　計						ニ	(2)	⓪	
						ヌ	(2)	③	
					小　　計				

— 数ⅠA 24 —

問題番号（配点）	解答記号（配点）		正解	自己採点欄
第3問 (20)	$\dfrac{\text{ア}}{\text{イウ}}$	(2)	$\dfrac{1}{32}$	
	$\dfrac{\text{エ}}{\text{オカ}}$	(2)	$\dfrac{5}{16}$	
	$\dfrac{\text{キ}}{\text{ク}}$	(2)	$\dfrac{1}{8}$	
	$\dfrac{\text{ケ}}{\text{コサシ}}$	(2)	$\dfrac{5}{128}$	
	$\dfrac{\text{ス}}{\text{セ}}$	(2)	$\dfrac{1}{8}$	
	$\dfrac{\text{ソ}}{\text{タチ}}$	(3)	$\dfrac{7}{64}$	
	$\dfrac{\text{ツテト}}{2^{\text{ナニ}}}$	(4)	$\dfrac{245}{2^{14}}$	
	$\dfrac{\text{ヌ}}{\text{ネ}}$	(3)	$\dfrac{3}{5}$	
	小　　計			
第4問 (20)	ア	(1)	2	
	イ	(1)	4	
	ウ	(1)	①	
	エ	(2)	③	
	オ	(2)	③	
	カ, キク	(2)	3, 13	
	ケ, コ	(2)	5, 7	
	サ	(1)	6	
	シ, ス	(2)	2, 6	
	セ, ソ	(2)	4, 5	
	タ, チ	(2)	6, 5	
	ツ, テ, ト	(2)	8, 6, 5	
	小　　計			

問題番号（配点）	解答記号（配点）		正解	自己採点欄
第5問 (20)	ア	(2)	4	
	イ$\sqrt{\text{ウ}}$	(2)	$2\sqrt{2}$	
	エ	(2)	②	
	オ$\sqrt{\text{カ}}$	(2)	$4\sqrt{2}$	
	キ	(2)	4	
	ク	(2)	③	
	ケ	(2)	⓪	
	コ	(2)	⑦	
	$\dfrac{\text{サ}}{\text{シ}}$	(2)	$\dfrac{1}{2}$	
	$\dfrac{\text{ス}\sqrt{\text{セ}}}{\text{ソ}}$	(2)	$\dfrac{4\sqrt{2}}{3}$	
	小　　計			
	合　　計			

(注) 第1問, 第2問は必答, 第3問～第5問のうちから2問選択, 計4問を解答。

解　説

第1問

〔1〕（数学Ⅰ　数と式）

Ⅰ ④　　　　　　　　　　　　【難易度…★】

$$32b^2-64b-18=2(16b^2-32b-9)$$
$$=2(4b+1)(4b-9)\quad(\text{⓪})$$

したがって

$$a^2+12ab+32b^2-7a-64b-18$$
$$=a^2+(12b-7)a+32b^2-64b-18$$
$$=a^2+(12b-7)a+2(4b+1)(4b-9)$$
$$=\{a+2(4b+1)\}\{a+(4b-9)\}$$
$$=(a+8b+2)(a+4b-9)\quad(\text{⓪})$$

〔2〕（数学Ⅰ　数と式）

Ⅰ ①②　　　　　　　　　　【難易度…★】

(1) 1辺の長さが2の正方形の辺上の2点を結ぶ線分の長さが最大となるのは，その線分が対角線になるときで，その長さは $2\sqrt{2}$ である。$2\sqrt{2}=\sqrt{8}$ で，$\sqrt{4}<\sqrt{8}<\sqrt{9}$ であるから

$$2<2\sqrt{2}<3$$

よって，求める線分の長さの最大値は **2** である。
1辺の長さが3の正方形について同様に考えると，対角線の長さは $3\sqrt{2}=\sqrt{18}$ で，$\sqrt{16}<\sqrt{18}<\sqrt{25}$ であるから

$$4<3\sqrt{2}<5$$

よって，求める線分の長さの最大値は **4** である。

(2) 1辺の長さが6の正方形について(1)と同様に考えると，対角線の長さは $6\sqrt{2}$ であり，$6\sqrt{2}=\sqrt{72}$，$\sqrt{64}<\sqrt{72}<\sqrt{81}$ であるから

$$8<6\sqrt{2}<9$$

よって，求める線分の長さの最大値は **8** である。

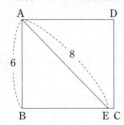

このとき，直角三角形 ABE において，三平方の定理から

$$BE=\sqrt{8^2-6^2}=\sqrt{28}=2\sqrt{7}$$

よって

$$CE=BC-BE$$
$$=6-2\sqrt{7}$$

したがって

$$\frac{BE}{CE}=\frac{2\sqrt{7}}{6-2\sqrt{7}}$$
$$=\frac{\sqrt{7}(3+\sqrt{7})}{(3-\sqrt{7})(3+\sqrt{7})}=\frac{3\sqrt{7}+7}{2}$$

〔3〕（数学Ⅰ　図形と計量）

Ⅳ ①②③　　　　　　　　　【難易度…★★】

(1) 余弦定理により

$$CA^2=AB^2+BC^2-2AB\cdot BC\cos\theta\quad\cdots\cdots①$$

である。$x=2$ のとき

$$(2\sqrt{2})^2=2^2+4^2-2\cdot2\cdot4\cos\theta$$

であるから

$$\cos\theta=\frac{4+16-8}{16}=\frac{3}{4}$$

である。また，$\cos\theta=\frac{3}{4}$ のとき，①より

$$(2\sqrt{2})^2=x^2+4^2-2\cdot x\cdot4\cos\theta$$

であるから

$$8=x^2+16-8x\cdot\frac{3}{4}$$
$$x^2-6x+8=0$$
$$(x-2)(x-4)=0$$

となるので，$x=2$ 以外の解は

$$x=4$$

である。

(2)(i) $x=4$ のとき

$$\sin\theta=\sqrt{1-\cos^2\theta}=\frac{\sqrt{7}}{4}$$

△ABC に正弦定理を用いると

$$\frac{2\sqrt{2}}{\sin\theta}=2R_1$$

であるから

$$R_1=\frac{\sqrt{2}}{\sin\theta}=\sqrt{2}\cdot\frac{4}{\sqrt{7}}=\frac{4\sqrt{14}}{7}$$

である。

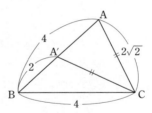

(ii) (1)より $CA'=2\sqrt{2}$ であるから，$\triangle A'BC$ に正弦定理を用いると
$$\frac{2\sqrt{2}}{\sin\theta}=2R_2$$
である。よって
$$R_2=\frac{\sqrt{2}}{\sin\theta}$$
となるので，$R_1=R_2$ である。また，O_1 は $\triangle ABC$ の外心であり，O_2 は $\triangle A'BC$ の外心であるから，O_1，O_2 は線分 BC の垂直二等分線上にある。よって，線分 BC の中点を D とすると
　　　3点 O_1, D, O_2 は一直線上にあって
　　　$O_1O_2 \perp BC$
である。

以上より，正しいものは ⓪，⑦

(3) 点 C を中心とする半径 $2\sqrt{2}$ の円を考える。
直線 BA がこの円と 2 点で交わるとき $\triangle ABC$ は 2 通りに定まり，直線 BA がこの円と接するとき $\triangle ABC$ は 1 通りに定まる。直線 BA がこの円と共有点をもたないとき $\triangle ABC$ はできない。

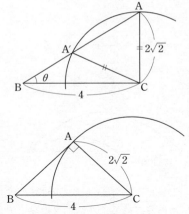

直線 BA がこの円と接するとき，$\angle BAC=90°$ であり，$AB=AC=2\sqrt{2}$ となるので $\theta=45°$
したがって，θ のとり得る値の範囲は $0°<\theta\leqq 45°$ であり，この範囲において，$0°<\theta<45°$ のとき $\triangle ABC$ は 2 通りに定まり，$\theta=45°$ のとき $\triangle ABC$ は 1 通りに定まる。
よって ⓪

第 2 問

〔1〕（数学 I　2 次関数）
Ⅲ ①②③　　　　　　　　　　　【難易度…★】

(1) $a=-4$, $b=2$ のとき
$$f(x)=x^2-4x+2=(x-2)^2-2$$
$$g(x)=x^2-2x-4=(x-1)^2-5$$
であり，$f(x)=g(x)$ より
$$x^2-4x+2=x^2-2x-4$$
$$x=3$$
であるから，$y=f(x)$，$y=g(x)$ のグラフの概形は次の図のようになる（③）。

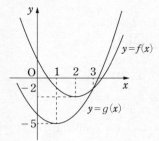

また，$y=f(x)$ の頂点 $(2, -2)$ を $y=g(x)$ の頂点 $(1, -5)$ に一致するように平行移動するには，x 軸方向に -1（②），y 軸方向に -3（⓪）だけ平行移動すればよい。

(2) $b=1$ のとき
$$f(x)=x^2+ax+1$$
$$=\left(x+\frac{a}{2}\right)^2+1-\frac{a^2}{4}$$
$$g(x)=x^2-x+a$$
$$=\left(x-\frac{1}{2}\right)^2+a-\frac{1}{4}$$
である。

・$y=f(x)$ の頂点の y 座標 $1-\frac{a^2}{4}$ は，$a>2$ のとき負となる。よって，⓪ は正しくない。

・$y=f(x)$ の頂点の y 座標 $1-\frac{a^2}{4}$ は，$0<a\leqq 2$ のとき 0 以上であり，グラフは下に凸であるから $f(x)<0$ は解をもたない。よって，① は正しくない。

・$y=g(x)$ の軸は直線 $x=\frac{1}{2}$ である。よって，② は正しくない。

・$0\leqq x\leqq 1$ における $g(x)$ の最大値は
$$g(0)=g(1)=a$$
である。よって，③ は正しい。

- $a=1$ のとき
$$f(x)=\left(x+\frac{1}{2}\right)^2+\frac{3}{4}$$
$$g(x)=\left(x-\frac{1}{2}\right)^2+\frac{3}{4}$$
であるから，$y=f(x)$ と $y=g(x)$ のグラフは y 軸に関して対称である。よって，④ は正しい。
- $y=f(x)$ のグラフをある点に関して対称移動すると，x^2 の係数は -1 となり，$y=g(x)$ のグラフに一致することはない。よって，⑤ は正しくない。

以上より，正しいものは **③，④**

〔2〕 （数学Ⅰ　2次関数）
Ⅲ 1 2 3 4　　　　【難易度…★】

(1)
$$y=x-\frac{10}{20^2}x^2$$
$$=-\frac{1}{40}(x^2-40x)$$
$$=-\frac{1}{40}\{(x-20)^2-20^2\}$$
$$=-\frac{1}{40}(x-20)^2+10 \quad\cdots\cdots ①$$

であるから，放物線①について
　　　頂点の座標は　$(20, 10)$
である。

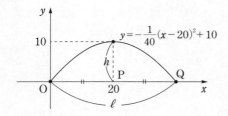

よって
$$h=\mathbf{10}\ (\text{m})$$
である。

$P(20, 0)$ とし，物体が地面に達した地点を Q とすると，放物線①は直線 $x=20$ に関して対称であるから $OQ=2OP$ となる。よって
$$\ell=20\times 2=\mathbf{40}\ (\text{m})$$
である。

(注)　ℓ の値は次のようにしても求めることができる。
物体が地面に達したとき，①において $y=0$ であるから
$$0=x-\frac{10}{20^2}x^2$$

$$0=x\left(1-\frac{1}{40}x\right)$$
となる。$x\neq 0$ であるから
$$1-\frac{1}{40}x=0$$
$$x=40$$
となる。よって，物体が地面に達した地点の原点からの距離 ℓ は
$$\ell=40\ (\text{m})$$
である。

(2)(i)　原点から仰角 $45°$ の向きに速さ v で物体を投げたとすると，この物体のえがく曲線の方程式は
$$y=x-\frac{10}{v^2}x^2 \quad\cdots\cdots ②$$
となる。B さんは原点より後方 20 m の地点から仰角 $45°$ の向きに速さ v で物体を投げるから，この物体のえがく曲線は，放物線②を x 軸方向に -20 だけ平行移動したものである。

よって，B さんが投げた物体のえがく曲線の方程式は
$$y=\{x-(-20)\}-\frac{10}{v^2}\{x-(-20)\}^2$$
すなわち
$$y=x+20-\frac{10}{v^2}(x+20)^2 \quad (\mathbf{②}) \quad\cdots\cdots ③$$
である。

(ii)
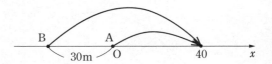

B さんが投げた物体が A さんが投げた物体と同じ地点に落ちるための条件は，放物線③が $(40, 0)$ を通ることである。
③に $x=40$，$y=0$ を代入すると
$$0=40+20-\frac{10}{v^2}(40+20)^2$$
$$0=60-\frac{10}{v^2}\cdot 60^2$$
$$0=60v^2-10\cdot 60^2$$
$$v^2=10\cdot 60=600$$
となり，$v>0$ であるから
$$v=\sqrt{600}=\mathbf{10\sqrt{6}}$$
である。

〔3〕 (数学Ⅰ　データの分析)

V ①②③ 　　　　　　　　　　【難易度…★】

(1)　Aクラス40人の生徒の通学時間を，小さい(大きくない)順に並べたとき

第1四分位数は，10番目と11番目の平均値
中央値は，20番目と21番目の平均値
第3四分位数は，30番目と31番目の平均値

であるから，中央値も第1四分位数も第3四分位数も，整数値でないことがある(③)。
Bクラス37人の生徒の通学時間を，小さい(大きくない)順に並べたとき

第1四分位数は，9番目と10番目の平均値
中央値は，19番目の値
第3四分位数は，28番目と29番目の平均値

であるから，中央値は必ず整数値であるが，第1四分位数と第3四分位数は整数値でないことがある(①)。
Cクラス38人の生徒の通学時間を，小さい(大きくない)順に並べたとき

第1四分位数は，10番目の値
中央値は，19番目と20番目の平均値
第3四分位数は，29番目の値

であるから，第1四分位数と第3四分位数は必ず整数値であるが，中央値は整数値でないことがある(②)。
したがって，表1について

　①……Cクラス
　②……Aクラス
　③……Bクラス

である。
二つの整数の平均は整数または小数部分が0.5の数のいずれかである。

(Ⅰ)　A，Bクラスの四分位範囲は整数値でないから，第1四分位数と第3四分位数の一方は整数値で，他方は整数値でない。Cクラスは第1四分位数，第3四分位数ともに整数値である。よって，(Ⅰ)は正しい。

(Ⅱ)　Bクラスの中央値は17であり，範囲が42であるから，通学時間の最大値は，最も大きくて17+42=59であり，60未満である。よって，(Ⅱ)は正しくない。

(Ⅲ)　Cクラスの中央値は42であり，四分位範囲は26であるから，第1四分位数は最も大きくて42，最も小さくて42-26=16であり，30より小さいとは判断できない。

したがって，表1から読み取れることとして正しいものは(Ⅰ)だけである(①)。

(2)　図2，図3のヒストグラムから，次の度数分布表を得る。

階級(分)	図2		図3	
	度数	累積度数	度数	累積度数
0以上～5未満	0	0	6	6
5　～10	5	5	3	9
10　～15	5	10	6	15
15　～20	18	28	4	19
20　～25	1	29	8	27
25　～30	0	29	6	33
30　～35	5	34	4	37
35　～40	4	38	0	37
合計	38		37	

図2のデータの個数は38個であるから，対応する箱ひげ図はCである(③)。

最小値は　　　　5以上10未満の階級
第1四分位数は　10以上15未満の階級
中央値は　　　　15以上20未満の階級
第3四分位数は　20以上25未満の階級
最大値は　　　　35以上40未満の階級

図3のデータの個数は37個であり

最小値は　　　　0以上5未満の階級
第1四分位数は　5以上15未満の階級
中央値は　　　　15以上20未満の階級
第3四分位数は　25以上30未満の階級
最大値は　　　　30以上35未満の階級

にあるから，対応する箱ひげ図はB_1である(①)。

(3)⓪　Aクラスで電車通学している生徒のうち，通学時間が2番目に短い(20分)生徒は，家を出発した時刻(-32分)は4番目に遅い。よって，⓪は正しくない。

①　Aクラスで電車通学している生徒のうち，通学時間が2番目に長い(81分)生徒は，家を出発した時刻(-107分)も2番目に早い。Cクラスで通学時間が2番目に長い(80分)生徒は，家を出発した時刻(-98分)も2番目に早い。よって，①は正しい。

②　Cクラスで電車通学している生徒のうち，始業時刻の60分前の時点で家を出発していないのは3人，出発しているのは18人である。よって，②は正しくない。

③　Aクラスで電車通学している生徒のうち，通学時間が最長の生徒(-131，123)は，始業時刻の8分前に高校に到着していて，通学時間が最短の生徒(-21，16)は，始業時刻の5分前に高校に到着している。よって，③は正しい。

④　Aクラスで電車通学している生徒のうち，始業待

ち時間が 10 分以上である生徒の人数は，散布図の 2 点 $(-140, 130)$，$(-10, 0)$ を通る直線上，およびその下側にある点の個数であり，14 人いて，32 人の半分の 16 人より少ない。よって，④は正しくない。

⑤ C クラスで電車通学している生徒のうち，始業待ち時間が 10 分以上である生徒の人数は，散布図の 2 点 $(-140, 130)$，$(-10, 0)$ を通る直線上，およびその下側にある点の個数であり，21 人全員である。よって，⑤は正しくない。

したがって，正しいものは **①**，**③**

(4) 平均値 $\overline{x}$，$\overline{y}$ は
$$\overline{x} = \frac{1}{n}(x_1 + x_2 + \cdots + x_n)$$
$$\overline{y} = \frac{1}{n}(y_1 + y_2 + \cdots + y_n)$$

分散 $s_x{}^2$，$s_y{}^2$ は
$$s_x{}^2 = \frac{1}{n}(x_1{}^2 + x_2{}^2 + \cdots + x_n{}^2) - (\overline{x})^2$$
$$s_y{}^2 = \frac{1}{n}(y_1{}^2 + y_2{}^2 + \cdots + y_n{}^2) - (\overline{y})^2$$

$x_1 \neq y_1$，$x_2 = y_2$，$x_3 = y_3$，$\cdots$，$x_n = y_n$ のとき

$$s_x{}^2 - s_y{}^2 = \frac{1}{n}(x_1{}^2 - y_1{}^2) - \left\{ (\overline{x})^2 - (\overline{y})^2 \right\}$$
$$= \frac{1}{n}(x_1 - y_1)(x_1 + y_1) - (\overline{x} - \overline{y})(\overline{x} + \overline{y})$$
$$= \frac{x_1 - y_1}{n}(x_1 + y_1) - \frac{x_1 - y_1}{n}(\overline{x} + \overline{y})$$
$$= \frac{x_1 - y_1}{n}\left\{ (x_1 + y_1) - (\overline{x} + \overline{y}) \right\} \quad (\textbf{⓪}，\textbf{③})$$

よって，$s_x{}^2 = s_y{}^2$ のとき，$x_1 \neq y_1$ から
$$x_1 + y_1 = \overline{x} + \overline{y}$$
が成り立つ。

第3問 （数学 A　場合の数と確率）
Ⅵ 5 6 7　　　　　　　【難易度…★★】

(1) 硬貨を投げたとき，表が出る確率も裏が出る確率もどちらも $\frac{1}{2}$ である。

1 回目の試行で，試行が終了するのは 5 枚とも裏が出るときであるから，その確率は
$$\left(\frac{1}{2} \right)^5 = \frac{1}{32}$$

1 回目の試行で，表が 3 枚，裏が 2 枚出る確率は
$$_5C_2 \left(\frac{1}{2} \right)^3 \left(\frac{1}{2} \right)^2 = \frac{5}{16}$$

である。このとき，2 回目に投げる硬貨は 3 枚であるから，2 回目の試行で終了するのは 3 枚とも裏が出るときであり，この条件付き確率は
$$\left(\frac{1}{2} \right)^3 = \frac{1}{8}$$

したがって，1 回目の試行で表が 3 枚，裏が 2 枚出て，かつ 2 回目で試行が終了する確率は
$$\frac{5}{16} \cdot \frac{1}{8} = \frac{5}{128}$$

(2) 3 回目の試行の後，硬貨 A が表の状態であるのは，硬貨 A だけを考えて，3 回とも表が出るときであるから，その確率は
$$\left(\frac{1}{2} \right)^3 = \frac{1}{8}$$

このとき，硬貨 B が裏が上の状態になるのは，硬貨 B だけ考えて
- ・1 回目に裏が出るとき
- ・1 回目は表が出て，2 回目に裏が出るとき
- ・1 回目，2 回目に表が出て，3 回目に裏が出るとき

があるから，その確率は
$$\frac{1}{2} + \frac{1}{2} \cdot \frac{1}{2} + \left(\frac{1}{2} \right)^2 \cdot \frac{1}{2} = \frac{7}{8}$$

（注） 余事象を考えると，3 回目の試行の後，硬貨 B が表が上の状態である確率は，硬貨 A と同じであるから $\frac{1}{8}$

したがって，3 回目の試行の後，硬貨 B が裏が上の状態である確率は
$$1 - \frac{1}{8} = \frac{7}{8}$$

3 回目の試行の後，硬貨 A が表が上の状態で，硬貨 B が裏が上の状態である確率は
$$\frac{1}{8} \cdot \frac{7}{8} = \frac{7}{64}$$

3 回目の試行の後，表が上の状態の硬貨が 3 枚と裏が上の状態の硬貨が 2 枚である確率は，表が上の状態である硬貨の選び方が $_5C_3$ 通りであるから
$$_5C_3 \left(\frac{1}{8} \right)^3 \left(\frac{7}{8} \right)^2 = 10 \cdot \frac{7^2}{8^5} = \frac{245}{2^{14}}$$

(3) 4 回目の試行の後，硬貨 A が表が上の状態である確率は
$$\left(\frac{1}{2} \right)^4 = \frac{1}{16}$$

したがって，硬貨 A が裏が上の状態である確率は
$$1 - \frac{1}{16} = \frac{15}{16}$$

他の硬貨も同様である。

4回目の試行の後，表が上の状態である硬貨が3枚，裏が上の状態である硬貨が2枚である確率は，(2)と同様にして

$$_5C_3\left(\frac{1}{16}\right)^3\left(\frac{15}{16}\right)^2=\frac{10\cdot15^2}{16^5}$$

このとき，硬貨Aが表の状態であり，残り4枚の硬貨について，表が上の状態の硬貨が2枚，裏が上の状態の硬貨が2枚である確率は

$$\frac{1}{16}\cdot{}_4C_2\left(\frac{1}{16}\right)^2\cdot\left(\frac{15}{16}\right)^2=\frac{6\cdot15^2}{16^5}$$

よって，求める条件付き確率は

$$\frac{\frac{6\cdot15^2}{16^5}}{\frac{10\cdot15^2}{16^5}}=\frac{6}{10}=\boldsymbol{\frac{3}{5}}$$

第4問（数学A　整数の性質）

Ⅶ 1　　　　　　　　　　　　【難易度…★★】

(1)・1, 2, 3, 4, 5, 6のうちで $6(=2\cdot3)$ と互いに素であるものは1, 5
・1, 2, 3, 4, 5, 6, 7, 8のうちで $8(=2^3)$ と互いに素であるものは1, 3, 5, 7

ゆえに
$$f(6)=\boldsymbol{2},\ f(8)=\boldsymbol{4}$$

(2) 1, 2, 3, …, p のうちで p と互いに素でないものは p のみであるから
$$f(p)=p-1\quad \text{(①)}$$

1, 2, 3, …, p^2 のうちで p と互いに素でないものは p の倍数である

$p, 2p, 3p, \cdots, p^2$ の p 個

であるから
$$f(p^2)=p^2-p$$
$$=p(p-1)\quad\text{(③)}$$

1, 2, 3, …, pq のうちで pq と互いに素でないものは，p の倍数または q の倍数である

$p, 2p, 3p, \cdots, (q-1)p, pq$ の q 個
$q, 2q, 3q, \cdots, (p-1)q, pq$ の p 個

であり，pq が重複しているから
$$f(pq)=pq-q-p+1$$
$$=(p-1)(q-1)\quad\text{(③)}$$

$f(pq)=24$ のとき
$$(p-1)(q-1)=24$$

$1\leqq p-1<q-1$ より，積が24となる2数の組は

$p-1$	1	2	3	4
$q-1$	24	12	8	6

このうち，$p,\ q$ ともに素数となるのは
$$(p,\ q)=(\boldsymbol{3},\ \boldsymbol{13}),\ (\boldsymbol{5},\ \boldsymbol{7})$$

(3) 1から 3^7 までの整数のうち，3の倍数は
$$1\cdot3,\ 2\cdot3,\ 3\cdot3,\ 4\cdot3,\ \cdots,\ 3^6\cdot3$$

であり 3^6 個ある。ゆえに
$$f(3^7)=3^7-3^6=\boldsymbol{2}\cdot3^6$$

同様に考えて
$$f(5^6)=5^6-5^5=\boldsymbol{4}\cdot5^5$$

また，1から $3^7\cdot5^6$ までの整数のうち $15(=3\cdot5)$ の倍数は
$$1\cdot15,\ 2\cdot15,\ \cdots,\ 3^6\cdot5^5\cdot15$$

の $3^6\cdot5^5\left(=\dfrac{3^7\cdot5^6}{15}\right)$ 個ある。

3の倍数は $3^6\cdot5^6$ 個，5の倍数は $3^7\cdot5^5$ 個であるから
$$f(3^7\cdot5^6)=3^7\cdot5^6-(3^6\cdot5^6+3^7\cdot5^5-3^6\cdot5^5)$$
$$=3^6\cdot5^5(15-7)$$
$$=\boldsymbol{8}\cdot3^6\cdot5^5$$

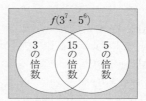

第5問（数学A　図形の性質）

Ⅷ 1 4　　　　　　　　　　　　【難易度…★★】

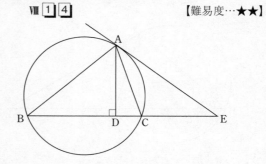

△ABDにおいて，三平方の定理より
$$AB=\sqrt{3^2+(\sqrt{7})^2}=\boldsymbol{4}$$

△ADC において，三平方の定理より
$$AC=\sqrt{(\sqrt{7})^2+1^2}=2\sqrt{2}$$
直線 AE は円 O における接線であるから
$$\angle CAE=\angle ABE \quad \cdots\cdots ①$$
また
$$\angle AEC=\angle BEA \quad （共通）$$
であるから，△CAE と △ABE(**❷**)が相似である。
（注）△CAE は ∠ACE＞90° の鈍角三角形である。
△ABC は鋭角三角形，△ABD，△DAC，△DAE は直角三角形であるから，いずれも △CAE とは相似ではない。

AE=x，CE=y とおくと，△CAE と △ABE の対応する辺の比から
$$\frac{CA}{AB}=\frac{AE}{BE}=\frac{CE}{AE}$$
$$\frac{2\sqrt{2}}{4}=\frac{x}{y+4}=\frac{y}{x}$$
$$\begin{cases}4x=2\sqrt{2}(y+4)\\ 4y=2\sqrt{2}\,x\end{cases}$$
よって
$$AE=x=\mathbf{4\sqrt{2}},\quad CE=y=\mathbf{4}$$
（注）AE=x，CE=y とおくと，方べきの定理より
$$AE^2=BE\cdot CE$$
$$x^2=(y+4)y \quad \cdots\cdots ②$$
△ADE において三平方の定理より
$$x^2=(\sqrt{7})^2+(y+1)^2 \quad \cdots\cdots ③$$
②，③ より
$$x=4\sqrt{2},\quad y=4$$

(1)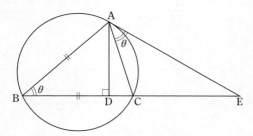

∠CAE=θ とすると，① より
$$\angle ABC=\theta \quad （\mathbf{❸}）$$
AB=BC(=4) より
$$\angle BAC=\angle BCA=\frac{180°-\theta}{2}$$
よって，△ADC において

∠DAC=180°－(∠ADC+∠ACD)
$$=180°-\left(90°+\frac{180°-\theta}{2}\right)$$
$$=\frac{\theta}{2} \quad （\mathbf{⓪}）$$
また，△ADE において
∠AEB=90°－∠DAE
$$=90°-\left(\theta+\frac{1}{2}\theta\right)$$
$$=90°-\frac{3}{2}\theta \quad （\mathbf{❼}）$$

(2)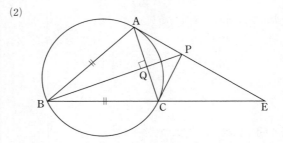

直線 AC と直線 BP の交点を Q とすると
∠AQB=∠CQB=90°，AB=CB，BQ は共通であるから
$$\triangle ABQ\equiv\triangle CBQ$$
よって，∠ABP=∠CBP であるから
AP：PE=AB：BE
$$=4:8$$
$$=1:2$$
よって
$$\frac{AP}{PE}=\mathbf{\frac{1}{2}}$$
（注）辺 AC と直線 BP の交点を Q とする。△ACE と直線 BP にメネラウスの定理を用いて
$$\frac{AP}{PE}\cdot\frac{EB}{BC}\cdot\frac{CQ}{QA}=1$$
$$\frac{AP}{PE}\cdot\frac{8}{4}\cdot\frac{1}{1}=1$$
$$\frac{AP}{PE}=\frac{1}{2}$$

また，CP=AP
$$=\frac{1}{3}AE$$
$$=\mathbf{\frac{4\sqrt{2}}{3}}$$

第 3 回

実 戦 問 題

解答・解説

数学Ⅰ・A　　第3回　（100点満点）

（解答・配点）

問題番号（配点）	解答記号（配点）		正　解	自己採点欄	問題番号（配点）	解答記号（配点）		正　解	自己採点欄
第1問（30）	$\sqrt{ア}$，$\sqrt{イ}$，ウ$\sqrt{エ}$	(2)	$\sqrt{3}$，$\sqrt{3}$，$2\sqrt{3}$		**第2問**（30）	ア	(2)	③	
	オ$\sqrt{カ}$	(2)	$4\sqrt{6}$			イ	(2)	2	
	キ	(2)	⑥			ウ	(2)	⑥	
	ク	(2)	⑤			エ	(2)	⑤	
	ケ	(2)	①			オ，カ，キ	(3)（各1）	④，⑦，⑤	
	コ	(1)	③			$\dfrac{クケ}{コサ}$	(2)	$\dfrac{41}{51}$	
	サ	(1)	⑧			シ．ス	(2)	8.2	
	シス，セソ	(2)	30，45			セ	(1)	③	
	タ	(2)	⓪			$\dfrac{ソ}{タ}$	(1)	$\dfrac{1}{2}$	
	チ	(2)	⑥			チ	(2)	④	
	ツ$-\sqrt{テ}$	(2)	$2-\sqrt{3}$			ツテトナニ	(2)	19000	
	ト	(1)	⓪			ヌネ	(2)	50	
	ナ	(1)	①			ノ	(1)	③	
	ニ	(1)	⑥			ハ，ヒ	(2)（各1）	⓪，③（解答の順序は問わない）	
	ヌ	(1)	⑦			フヘ	(2)	-1	
	ネ	(2)	⑥			ホ	(2)	8	
	ノ	(2)	③			**小　計**			
	ハ	(2)	⑧						
小　計									

— 数ⅠA 34 —

問題番号 (配点)	解答記号（配点）		正　解	自己採点欄	問題番号 (配点)	解答記号（配点）		正　解	自己採点欄
第3問 (20)	$\dfrac{ア}{イ}$	(3)	$\dfrac{1}{4}$		**第5問** (20)	ア	(1)	①	
	$\dfrac{ウ}{エ}$	(2)	$\dfrac{1}{2}$			イ，ウ	(1)	⓪，④	
	$\dfrac{オ}{カ}$	(2)	$\dfrac{1}{3}$			エ	(1)	①	
	$\dfrac{キ}{ク}$	(3)	$\dfrac{1}{6}$			オ	(2)	③	
	ケ	(3)	①			カ	(2)	③	
	$\dfrac{コ}{サシ}$	(2)	$\dfrac{1}{16}$			キ，ク	(2)	⓪，⑥ (解答の順序は問わない)	
	$\dfrac{ス}{セ}$	(3)	$\dfrac{3}{8}$			ケ，コ	(3)	④，⑥ (解答の順序は問わない)	
	$\dfrac{ソ}{タ}$	(2)	$\dfrac{1}{3}$			サ	(2)	③	
小　計						シ	(3)	③	
第4問 (20)	ア，イ，ウエ	(3)	5，3，23			ス，セ	(3)	①，② (解答の順序は問わない)	
	オカ	(2)	23		**小　計**				
	キ	(2)	6		**合　計**				

（注）　第1問，第2問は必答，第3問〜第5問のうちから2問選択，計4問を解答。

問題番号 (配点)	解答記号（配点）		正　解	自己採点欄
第4問 (20)	クケ	(2)	72	
	コサ，シ	(2)	32，9	
	ス，セソ	(2)	9，32	
	タ，チ	(2)	7，2	
	ツテ，ト，ナニ	(2)	27，6，32	
	ヌ，ネ	(3)	②，④ (解答の順序は問わない)	
小　計				

— 数 I A 35 —

解　説

第1問

〔1〕（数学Ⅰ　数と式／集合と命題／2次関数）

Ⅰ $\boxed{2}\boxed{4}\boxed{5}$, Ⅱ $\boxed{2}$, Ⅲ $\boxed{5}$　　【難易度…★】

$$A=\sqrt{3}xy-6x-3y+6\sqrt{3}$$
$$=\sqrt{3}(xy-2\sqrt{3}x-\sqrt{3}y+6)$$
$$=\sqrt{3}\{x(y-2\sqrt{3})-\sqrt{3}(y-2\sqrt{3})\}$$
$$=\sqrt{3}(x-\sqrt{3})(y-2\sqrt{3})\qquad\cdots\cdots①$$

(1)
$$x=\frac{1}{2-\sqrt{3}}=\frac{2+\sqrt{3}}{(2-\sqrt{3})(2+\sqrt{3})}$$
$$=\frac{2+\sqrt{3}}{4-3}=2+\sqrt{3}$$
$$y=\frac{2}{\sqrt{3}-\sqrt{2}}=\frac{2(\sqrt{3}+\sqrt{2})}{(\sqrt{3}-\sqrt{2})(\sqrt{3}+\sqrt{2})}$$
$$=\frac{2(\sqrt{3}+\sqrt{2})}{3-2}=2\sqrt{3}+2\sqrt{2}$$

これらを①に代入すると
$$A=\sqrt{3}\cdot2\cdot2\sqrt{2}$$
$$=4\sqrt{6}$$

$4\sqrt{6}=\sqrt{96}$ であり，$9.5^2=90.25$，$10^2=100$ であるから
$$9.5<4\sqrt{6}<10$$
したがって，A に最も近い整数は 10　**(⑥)**

(2) $y=-x$ のとき，$A<0$ より
$$\sqrt{3}(x-\sqrt{3})(-x-2\sqrt{3})<0$$
$$(x-\sqrt{3})(x+2\sqrt{3})>0$$
$$x<-2\sqrt{3},\ \sqrt{3}<x\quad **(⑤)**$$

(3) $x>2$ のとき　$x-\sqrt{3}>0$
$y<3$ のとき　$y-2\sqrt{3}<0$
であるから，$x>2$ かつ $y<3$ ならば
$$A=\sqrt{3}(x-\sqrt{3})(y-2\sqrt{3})<0$$
が成り立つ。
$x=2$，$y=3$ のとき，$A<0$ であるが $x>2$ かつ $y<3$ は満たさない。
したがって
「$x>2$ かつ $y<3$」$\Longrightarrow$「$A<0$」は真
「$x>2$ かつ $y<3$」$\Longleftarrow$「$A<0$」は偽
であるから，$x>2$ かつ $y<3$ であることは，$A<0$ であるための
十分条件であるが，必要条件ではない。**(⓪)**

---

〔2〕（数学Ⅰ　図形と計量）

Ⅳ $\boxed{1}\boxed{2}$　　【難易度…★】

(1) 点 B から AC に垂線を引き，AC との交点を H とする。
△ABH において
$$\sin\theta=\frac{1}{\mathrm{AB}}$$
よって　$\mathrm{AB}=\dfrac{1}{\sin\theta}$　**(③)**

次に　$\tan\theta=\dfrac{1}{\mathrm{AH}}$

よって　$\mathrm{AH}=\dfrac{1}{\tan\theta}$

したがって　$\mathrm{AC}=2\mathrm{AH}=\dfrac{2}{\tan\theta}$　**(⑧)**

$2<\mathrm{AC}<2\sqrt{3}$ のとき
$$2<\frac{2}{\tan\theta}<2\sqrt{3}$$
$\tan\theta>0$ より
$$\frac{1}{\sqrt{3}}<\tan\theta<1$$
$0°<\theta<90°$ より
$$\mathbf{30°<\theta<45°}$$

(2) △ABC において，$\angle\mathrm{ABC}=180°-2\times15°=150°$ であるから，正弦定理を用いると
$$\frac{\mathrm{BC}}{\sin15°}=\frac{\mathrm{AC}}{\sin150°}$$
$$\frac{\dfrac{1}{\sin15°}}{\sin15°}=\frac{\dfrac{2}{\tan15°}}{\dfrac{1}{2}}$$

よって
$$\frac{4}{\tan15°}=\frac{1}{\sin^2 15°}\quad **(⓪)**\qquad\cdots\cdots①$$

また，△ABC において，余弦定理を用いると
$$\mathrm{AC}^2=\mathrm{AB}^2+\mathrm{BC}^2-2\mathrm{AB}\cdot\mathrm{BC}\cos150°$$
$$\frac{4}{\tan^2 15°}=\frac{1}{\sin^2 15°}+\frac{1}{\sin^2 15°}$$
$$-2\cdot\frac{1}{\sin15°}\cdot\frac{1}{\sin15°}\cdot\left(-\frac{\sqrt{3}}{2}\right)$$

よって
$$\frac{4}{\tan^2 15°}=\frac{2+\sqrt{3}}{\sin^2 15°}\quad **(⑥)**\qquad\cdots\cdots②$$

①，②から，$\sin^2 15°$ を消去して
$$\frac{4(2+\sqrt{3})}{\tan15°}=\frac{4}{\tan^2 15°}$$

よって

$$\tan 15° = \frac{1}{2+\sqrt{3}} = \frac{2-\sqrt{3}}{(2+\sqrt{3})(2-\sqrt{3})}$$
$$= \boldsymbol{2-\sqrt{3}}$$

である。

〔3〕 （数学Ⅰ　図形と計量）
　　　Ⅳ ②　　　　　　　　　　　　【難易度…★★★】

(1)(i)　正弦定理より

$$\frac{a}{\sin A} = \frac{b}{\sin B} = 2R$$

$$\therefore \quad \sin A = \frac{a}{2R} \ (⓪), \quad \sin B = \frac{b}{2R} \ (①)$$

余弦定理より

$$\cos A = \frac{b^2+c^2-a^2}{2bc} \quad (⑥)$$

$$\cos B = \frac{c^2+a^2-b^2}{2ca} \quad (⑦)$$

(ii)　これらを代入すると

$$P = abc\left(\frac{a}{2R}\cdot\frac{b^2+c^2-a^2}{2bc} - \frac{b}{2R}\cdot\frac{c^2+a^2-b^2}{2ca}\right)$$

$$= \frac{1}{4R}\{a^2(b^2+c^2-a^2) - b^2(c^2+a^2-b^2)\}$$

$$= \frac{1}{4R}(a^2c^2-a^4-b^2c^2+b^4)$$

$$= \frac{1}{4R}\{(a^2-b^2)c^2 - (a^4-b^4)\}$$

$$= \frac{1}{4R}\{(a^2-b^2)c^2 - (a^2-b^2)(a^2+b^2)\}$$

$$= \frac{1}{4R}(a^2-b^2)(c^2-a^2-b^2)$$

$$= \frac{(b^2-a^2)(a^2+b^2-c^2)}{4R} \quad (⑥)$$

(2)　$P=0$ のとき

$$b^2-a^2=0 \quad \text{または} \quad a^2+b^2-c^2=0$$

$$\therefore \quad a=b \quad \text{または} \quad a^2+b^2=c^2$$

よって、△ABC は

　　　$a=b$ の二等辺三角形
　　　または $C=90°$ の直角三角形　　（③）

(3)　$P>0$ のとき

$$\begin{cases} b^2-a^2>0 \\ a^2+b^2-c^2>0 \end{cases} \text{または} \begin{cases} b^2-a^2<0 \\ a^2+b^2-c^2<0 \end{cases}$$

$$\therefore \begin{cases} a<b \\ a^2+b^2>c^2 \end{cases} \text{または} \begin{cases} a>b \\ a^2+b^2<c^2 \end{cases}$$

よって、△ABC は

　　　$a<b$ かつ $C<90°$ の三角形

または

　　　$a>b$ かつ $C>90°$ の三角形　　（⑧）

第2問

〔1〕（数学Ⅰ　データの分析）
　　　V ① ② ③　　　　　　　　　　【難易度…★★】

(1)　27 日間の収穫量を少ない（多くない）ものから順に

$$w_1, \ w_2, \ w_3, \ ..., \ w_{27}$$

とすると、表1から

$$w_1=3, \ w_2=4, \ w_3=8,$$
$$w_4=11, \ w_5=13, \ w_6=18,$$
$$\vdots$$
$$w_{22}=32, \ w_{23}=33, \ w_{24}=34,$$
$$w_{25}=36, \ w_{26}=37, \ w_{27}=39$$

であり、データの個数が 27 個であるから、図1の箱ひげ図より

　　　第1四分位数は　　$w_7=20$
　　　中央値は　　　　　$w_{14}=24$
　　　第3四分位数は　　$w_{21}=30$

である。

• 収穫量の第1四分位数は $w_7=20$、第3四分位数は $w_{21}=30$ である。よって、(Ⅰ)は正しい。

• 収穫量の四分位範囲は $w_{21}-w_7=10$ であるが、収穫量が 20 kg 以上 25 kg 以下の日は、w_7, w_8, …, w_{14} を含む $14-7+1=8$ 日以上ある。よって、(Ⅱ)は誤っている。

• $w_6=18(<20)$、$w_{22}=32(>30)$ であり、$w_7=20$、$w_{21}=30$ であるから、収穫量が 20 kg 以上 30 kg 以下の日はちょうど $21-7+1=15$ 日である。また、収穫量が 30 kg 以上の日は $27-21+1=7$ 日以上ある。よって、(Ⅲ)は誤っている。

以上より、(Ⅰ)、(Ⅱ)、(Ⅲ)の正誤の組合せとして正しいものは　③

　　　（第1四分位数）－（四分位範囲）×1.5
　　　　　　　　　　　　$=20-10×1.5=5$
　　　（第3四分位数）＋（四分位範囲）×1.5
　　　　　　　　　　　　$=30+10×1.5=45$

表1から、5 以下または 45 以上の値をとるデータ、すなわち外れ値は

$$w_1=3, \ w_2=4 \text{ の } \boldsymbol{2} \text{ 個}$$

外れ値を除いた 25 個のデータについて

　　　最小値は　　　　　$w_3=8$

　　　第1四分位数は　　$\dfrac{w_8+w_9}{2} \geqq \dfrac{w_7+w_7}{2}=20$

— 数 IA 37 —

中央値は $\qquad w_{15} \geqq 24$

第3四分位数は $\qquad \dfrac{w_{21}+w_{22}}{2}=\dfrac{30+32}{2}=31$

最大値は $\qquad w_{27}=39$

これらの値と矛盾しない箱ひげ図は **⑥**

(2)(i) 図2の散布図から，種の重さと収穫量の間には，強い正の相関があると読み取れる。よって，相関係数に最も近い値は 0.95 **（⑤）**

(ii)
$$f(m)=(y_1-mx_1)^2+(y_2-mx_2)^2+\cdots$$
$$\cdots+(y_{24}-mx_{24})^2$$
$$=(y_1{}^2-2mx_1y_1+m^2x_1{}^2)$$
$$+(y_2{}^2-2mx_2y_2+m^2x_2{}^2)$$
$$\vdots$$
$$+(y_{24}{}^2-2mx_{24}y_{24}+m^2x_{24}{}^2)$$
$$=(x_1{}^2+x_2{}^2+\cdots+x_{24}{}^2)m^2$$
$$-2(x_1y_1+x_2y_2+\cdots+x_{24}y_{24})m$$
$$+(y_1{}^2+y_2{}^2+\cdots+y_{24}{}^2)$$
（④，⑦，⑤）

(iii)
$$A=x_1{}^2+x_2{}^2+\cdots+x_{24}{}^2$$
$$B=x_1y_1+x_2y_2+\cdots+x_{24}y_{24}$$
$$C=y_1{}^2+y_2{}^2+\cdots+y_{24}{}^2$$
とすると
$$f(m)=Am^2-2Bm+C$$
$$=A\left(m-\frac{B}{A}\right)^2-\frac{B^2}{A}+C$$

であるから，m の2次関数 $f(m)$ が最小値をとるときの m の値 m_0 は

$$m_0=\frac{B}{A}=\frac{x_1y_1+x_2y_2+\cdots+x_{24}y_{24}}{x_1{}^2+x_2{}^2+\cdots+x_{24}{}^2}=\frac{410}{510}$$
$$=\boldsymbol{\frac{41}{51}}$$

(iv) $z=\dfrac{41}{51}x$ から，$x=10.2$ のとき
$$z=\frac{41}{51}\cdot 10.2=\boldsymbol{8.2}$$

〔2〕 （数学Ⅰ　2次関数）

Ⅲ ③ 　　　　　　　　　　　　　【難易度…★】

ジュースの1日の売り上げ数を z とすると，値段 x が200のとき $z=150$ であり，x が20増加すると z は10減少するから

$$z=-\frac{10}{20}(x-200)+150$$
$$=250-\boldsymbol{\frac{1}{2}}x \quad \textbf{（③）}$$

ジュース1杯につき利益は $(x-100)$ 円であるから，1日の利益 y は

$$y=(x-100)\left(250-\frac{1}{2}x\right)-1000$$
$$=-\frac{1}{2}x^2+300x-26000$$
$$=-\frac{1}{2}(x-300)^2+19000$$

よって，y は $x=300$（④）のとき最大値 **19000** をとる。

サンドイッチの利益は1個につき
$$320-160=160 \quad（円）$$

であり，売り上げ数は $z\times\dfrac{a}{100}$ すなわち

$$\frac{a}{100}\left(250-\frac{1}{2}x\right) \quad（個）$$

であるから，ジュースとサンドイッチを合わせた利益を w とすると

$$w=(x-100)\left(250-\frac{1}{2}x\right)$$
$$+160\cdot\frac{a}{100}\left(250-\frac{1}{2}x\right)-1000$$
$$=-\frac{1}{2}x^2+\left(300-\frac{4}{5}a\right)x+400a-26000$$
$$=-\frac{1}{2}\left\{x-\left(300-\frac{4}{5}a\right)\right\}^2$$
$$+\frac{1}{2}\left(300-\frac{4}{5}a\right)^2+400a-26000$$

よって，w は $x=300-\dfrac{4}{5}a$ のとき最大値をとる。

したがって
$$300-\frac{4}{5}a=260$$
$$a=\boldsymbol{50}$$

〔3〕 （数学Ⅰ　2次関数）

Ⅲ ① ② ③ 　　　　　　　　　　【難易度…★】
$$f(x)=x^2-2(a+1)x+a+1$$
$$=\{x-(a+1)\}^2-a^2-a$$

(1) C の頂点の x 座標は $\quad a+1$ **（③）**

(2)・$a=0$ のとき
$$f(x)=x^2-2x+1$$

となり，$f(0)=1>0$ であるから，C は y 軸の正の部分と交わる。⓪は正しい。

・C が x 軸と接するのは，頂点の y 座標が0になるときであり
$$-a^2-a=0$$

— 数 IA 38 —

$$-a(a+1)=0$$
$$a=0, \ -1$$
のときであるから，①は誤っている。
・$a>-1$ のとき
　頂点のx座標は　$a+1>0$
　頂点のy座標は　$-a^2-a=-a(a+1)$
であり，$a\geqq 0$ のとき頂点のy座標は0以下となる。
よって，②は誤っている。
・$a=2$ のとき
$$f(x)=(x-3)^2-6$$
であり，Cの頂点の座標は $(3, \ -6)$ であるから，Cをx軸方向に-3，y軸方向に6だけ平行移動すると，$y=x^2$のグラフとなる。③は正しい。
以上により，正しく記述しているものは　⓪，③

(3) $a=3$ のとき
$$f(x)=(x-4)^2-12$$
関数 $y=f(x)$ の $p\leqq x\leqq p+1$ における最大値を M とする。

(i) $p+\dfrac{1}{2}\leqq 4$，すなわち $p\leqq \dfrac{7}{2}$ のとき
$$M=f(p)=(p-4)^2-12$$
$$=p^2-8p+4$$
であるから，$M=13$ のとき
$$p^2-8p+4=13$$
$$p^2-8p-9=0$$
$$(p+1)(p-9)=0$$
$p\leqq \dfrac{7}{2}$ より　$p=-1$

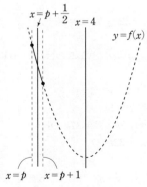

(ii) $4\leqq p+\dfrac{1}{2}$，すなわち $\dfrac{7}{2}\leqq p$ のとき
$$M=f(p+1)=(p-3)^2-12$$
$$=p^2-6p-3$$
であるから，$M=13$ のとき

$$p^2-6p-3=13$$
$$p^2-6p-16=0$$
$$(p+2)(p-8)=0$$
$p\geqq \dfrac{7}{2}$ より　$p=8$

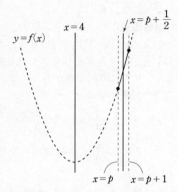

(i)，(ii)より，$M=13$ となるようなpの値は
$$p=-1, \ 8$$

第3問（数学A　場合の数と確率）
Ⅵ 5 6 7 　　　　　【難易度…★★】

(1) 1人目の利用者がAに座る確率は　$\dfrac{1}{2}$
　　2人目の利用者がDに座る確率は　1
　　3人目の利用者がBに座る確率は　$\dfrac{1}{2}$
　　4人目の利用者がCに座る確率は　1
よって，4人の利用者が A，D，B，C の順に座る確率は
$$\dfrac{1}{2}\cdot 1\cdot \dfrac{1}{2}\cdot 1=\dfrac{1}{4}$$
次に，3人の利用者が座ったとき，Cが空いている場合を考える。
はじめの2人の利用者はA，Dに確率1で座るから，3人目の利用者が残りの2席B，CのうちBに座ればよい。よって，求める確率は $\dfrac{1}{2}$ である。

(2) 4人の利用者が座ったとき，Cが空いているのは，はじめの2人がA，Fに座り，3人目の利用者がC，DのうちDに座り，4人目の利用者がB，C，EのうちBまたはEに座る場合で，その確率は
$$1\cdot \dfrac{1}{2}\cdot \dfrac{2}{3}=\dfrac{1}{3}$$
5人の利用者が座ったとき，Cが空いているのは，は

じめの2人がA，Fに座り，3人目の利用者がC，Dのうち D に座り，4人目の利用者はB，C，EのうちBまたはEに座り，5人目の利用者が残りの2席からCではない方に座る場合で，その確率は

$$1 \cdot \frac{1}{2} \cdot \frac{2}{3} \cdot \frac{1}{2} = \frac{1}{6} \qquad \cdots\cdots \text{①}$$

次に，5人の利用者が座ったとき，Bが空いているのは，はじめの2人がA，Fに座り，3人目の利用者がCまたはDに座り，4人目の利用者が残りの3席からB以外に座り，5人目の利用者が残りの2席からB以外に座る場合で，その確率は

$$P(B) = \left(1 \cdot \frac{1}{2} \cdot \frac{2}{3} \cdot \frac{1}{2}\right) \times 2 = \frac{1}{3}$$

一方，①より，$P(C) = \frac{1}{6}$ であるから

$$P(B) = 2P(C) \quad (\text{⓪})$$

(3)(i) 4人の利用者がA，H，C，Eの順に座る確率は

$$\frac{1}{2} \cdot 1 \cdot \frac{1}{4} \cdot \frac{1}{2} = \frac{1}{16}$$

(ii) 4人の利用者がA，C，E，Hに座るのは，はじめの2人がA，Hに座り，3人目以降の利用者が次の順に座る場合で，それぞれの確率は

(ア) C，E $\quad 1 \cdot \frac{1}{4} \cdot \frac{1}{2} = \frac{1}{8}$

(イ) E，C $\quad 1 \cdot \frac{1}{4} \cdot 1 = \frac{1}{4}$

よって，求める確率は

$$\frac{1}{8} + \frac{1}{4} = \frac{3}{8}$$

このうち，Eに座っている利用者が4人目に座った利用者である確率は，(ア)から $\frac{1}{8}$ である。

したがって，求める条件付き確率は

$$\frac{\frac{1}{8}}{\frac{3}{8}} = \frac{1}{3}$$

第4問 （数学A　整数の性質）

Ⅶ ⒈ ⒌ 　　　　　　　　【難易度…★★】

(1) $\quad a = 736 = 2^5 \cdot 23$

$\quad b = 621 = 3^3 \cdot 23$

であるから

$$ab = 2^5 \times 3^3 \times 23^2$$

また，a，b の最大公約数 g は

$$g = 23$$

次に

$$c = \sqrt{abN} = \sqrt{2^5 \cdot 3^3 \cdot 23^2 \cdot N}$$
$$= 2^2 \cdot 3 \cdot 23 \cdot \sqrt{2 \cdot 3 \cdot N}$$

が整数となる最小の正の整数 N は

$$N = 2 \cdot 3 = 6$$

このとき

$$\frac{c}{g} = 2^2 \cdot 3 \cdot (2 \cdot 3)$$
$$= 72$$

(2) $\quad a = 2^5 \cdot 23 = 32g$

$\quad b = 3^3 \cdot 23 = 27g$

であるから，①は

$$32gx + 27gy = 3g$$
$$32x + 27y = 3$$
$$32x = 3(1 - 9y)$$

32と3は互いに素であるから，x は3の倍数である。よって，z を整数として $x = 3z$ とおくと

$$32 \cdot 3z = 3(1 - 9y)$$
$$32z = 1 - 9y$$
$$9y + 32z = 1 \qquad \cdots\cdots \text{②}$$

である。

$$y = -7, \quad z = 2$$

は②を満たすので

$$9 \cdot (-7) + 32 \cdot 2 = 1 \qquad \cdots\cdots \text{③}$$

であるから，②－③より

$$9(y + 7) + 32(z - 2) = 0$$
$$9(y + 7) = -32(z - 2)$$

9と32は互いに素であるから，k を整数として②の整数解は

$$y = -32k - 7, \quad z = 9k + 2$$

と表される。

このうち，$|z|$ が最小となるのは，$k = 0$ のときであり，このとき

$$y = -7, \quad z = 2$$

また，①の整数解は

$$\begin{cases} x = 3(9k + 2) = 27k + 6 \\ y = -32k - 7 \end{cases}$$

と表される。

・$k = 1$ のとき，$x = 33$ であり，6の倍数でないから，⓪は正しくない。

・$k = 0$ のとき，$x = 6$ であり，6の倍数であるから，①は正しくない。

・$x = 9 \cdot 3k + 6$ であるから，x を9で割った余りはつねに6であり，x が9の倍数になることはない。②

— 数IA 40 —

は正しい。
- $y=2(-16k-4)+1$ であるから，y はつねに奇数である。よって，④は正しいが，③，⑤は正しくない。

よって，正しいものは　②，④

第5問（数学A　図形の性質）
Ⅷ 4 　　　　　　　　　　【難易度…★★】

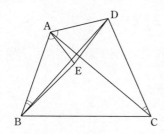

(1) $\angle BAE = \angle CAD$，$\angle ABE = \angle ACD$ より
$$\triangle ABE \backsim \triangle ACD \quad (⓪)$$
であるから
$$AB : AC = BE : CD \quad (⓪, ④)$$
$$\therefore \quad AB \cdot CD = AC \cdot BE \quad \cdots\cdots ①$$
また，$\triangle ABE \backsim \triangle ACD$ より
$$AB : AC = AE : AD \quad (⓪) \quad \cdots\cdots ②$$
であり，さらに
$$\angle BAC = \angle BAE + \angle CAE$$
$$= \angle CAD + \angle CAE$$
$$= \angle DAE \quad (③)$$
であるから
$$\triangle ABC \backsim \triangle AED \quad (③)$$
したがって
$$BC : ED = AC : AD \quad (⑥, ⓪)$$
$$\therefore \quad AD \cdot BC = ED \cdot AC \quad \cdots\cdots ③$$
①＋③ より
$$AB \cdot CD + AD \cdot BC = AC \cdot BE + ED \cdot AC$$
$$= AC(BE + ED)$$
ここで
$$BE + ED \geqq BD \quad (④, ⑥, ③) \quad \cdots\cdots ④$$
であるから
$$AB \cdot CD + AD \cdot BC \geqq AC \cdot BD$$
(2) $\quad AB \cdot CD + AD \cdot BC = AC \cdot BD \quad \cdots\cdots ⑤$
が成り立つための必要十分条件は，④より
$$BE + ED = BD$$
が成り立つことである。すなわち
B，E，Dが一直線上にある

ことであり
$$\angle ABD = \angle ABE = \angle ACD$$
である。
したがって，⑤が成り立つための必要十分条件は四角形ABCDが円に内接することである（③）。
⓪〜④の条件のうち，①または②のとき，四角形ABCDは円に内接し，⓪，③，④のとき，四角形ABCDは円に内接するとは限らない。したがって⑤が成り立つための十分条件は　⓪，②

（注）四角形ABCDが長方形ならば四角形ABCDは円に内接するが，逆は成立しない。
$\angle ABC = \angle CDA = 90°$ ならば四角形ABCDは円に内接するが，逆は成立しない。
したがって四角形ABCDが長方形であることや $\angle ABC = \angle CDA = 90°$ であることは四角形ABCDが円に内接することの十分条件であるが，必要条件ではない。

第 4 回
実 戦 問 題

解答・解説

第4回 解答・解説

数学 I・A　　第 4 回　（100 点満点）

（解答・配点）

問題番号（配点）	解答記号（配点）		正　解	自己採点欄	問題番号（配点）	解答記号（配点）		正　解	自己採点欄
第1問 (30)	$\dfrac{ア}{イ}$	(1)	$\dfrac{2}{3}$		第2問 (30)	ア	(2)	⓪	
	ウ	(1)	④			イ，ウ	(4)(各2)	②，⑥（解答の順序は問わない）	
	エ	(1)	①			エ	(3)	⓪	
	$\dfrac{オ-\sqrt{カ}}{キ}$	(2)	$\dfrac{3-\sqrt{6}}{3}$			オ	(2)	②	
	$ク+\sqrt{ケ}$	(2)	$3+\sqrt{6}$			カ，キ	(2)	⓪，④	
	コ	(3)	②			ク	(2)	①	
	サシ	(2)	30			$\dfrac{ケ}{コ}$	(1)	$\dfrac{1}{2}$	
	$ス\sqrt{セ}$	(2)	$2\sqrt{2}$			サ，シ	(2)	⓪，⑤	
	$\sqrt{ソ}$，$\sqrt{タ}$	(2)	$\sqrt{2}$，$\sqrt{6}$（解答の順序は問わない）			ス	(2)	③	
	チ	(2)	④			セ	(2)	⓪	
	ツ	(2)	②			ソ	(1)	4	
	テ，ト	(2)(各1)	①，④（解答の順序は問わない）			タ	(1)	6	
	ナ	(1)	①			チ，ツ	(2)	2，2	
	ニ	(1)	⑦			$\dfrac{テ}{ト}$	(1)	$\dfrac{3}{2}$	
	ヌ	(2)	⓪			$\dfrac{ナ}{ニ}$	(1)	$\dfrac{9}{2}$	
	ネ	(2)	③			$\dfrac{ヌ}{ネ}$	(2)	$\dfrac{7}{2}$	
	ノ	(2)	②						
	小　計					**小　計**			

— 数 I A 44 —

問題番号（配点）	解答記号（配点）		正解	自己採点欄
第3問 (20)	ア，イ	(4) (各2)	①，③ (解答の順序は問わない)	
	$\dfrac{ウ}{エオ}$	(2)	$\dfrac{1}{12}$	
	$\dfrac{カ}{キク}$	(2)	$\dfrac{7}{12}$	
	$\dfrac{ケ}{コ}$	(3)	$\dfrac{3}{7}$	
	$\dfrac{サシ}{スセ}$	(2)	$\dfrac{17}{48}$	
	$\dfrac{ソタ}{チツ}$	(3)	$\dfrac{13}{24}$	
	$\dfrac{テ}{トナ}$	(4)	$\dfrac{9}{26}$	
小　計				
第4問 (20)	ア，イ	(4) (各2)	①，② (解答の順序は問わない)	
	ウ，エ	(2)	2，7	
	オカ	(2)	11	
	キ	(2)	2	
	クケ	(2)	24	
	コサ，シス	(2)	38，83	
	セ	(2)	7	
	ソ	(2)	5	
	タチツ	(2)	107	
小　計				

問題番号（配点）	解答記号（配点）		正解	自己採点欄
第5問 (20)	ア，イ	(4) (各2)	①，③ (解答の順序は問わない)	
	ウ	(2)	1	
	$\dfrac{エ}{オ}$	(2)	$\dfrac{4}{9}$	
	$\dfrac{カキ}{キ}S$	(2)	$\dfrac{4}{9}S$	
	$\dfrac{ク}{ケコ}$	(2)	$\dfrac{9}{20}$	
	$\dfrac{サ}{シスセ}S$	(2)	$\dfrac{4}{145}S$	
	$\dfrac{ソタ\sqrt{チ}}{ツ}$	(3)	$\dfrac{16\sqrt{2}}{9}$	
	$\dfrac{テト}{ナ}$	(3)	$\dfrac{28}{9}$	
小　計				
合　計				

(注) 第1問，第2問は必答，第3問～第5問のうちから2問選択，計4問を解答。

解　説

第1問

〔1〕（数学Ⅰ　数と式）

Ⅰ [1][2][5]　【難易度…★】

$$|2-3x|=|3x-2|$$
$$=\begin{cases} 3x-2 & \left(x\geqq \dfrac{2}{3}\text{ のとき}\right) \\ -(3x-2) & \left(x<\dfrac{2}{3}\text{ のとき}\right) \end{cases}$$

であるから，$x\geqq\dfrac{2}{3}$ のとき

$$|2-3x|-\sqrt{6}x=(3-\sqrt{6})x-2 \quad (\text{④})$$

であり，$x<\dfrac{2}{3}$ のとき

$$|2-3x|-\sqrt{6}x=-(3+\sqrt{6})x+2 \quad (\text{⓪})$$

(1)　$a=1$ とする。$x\geqq\dfrac{2}{3}$ のとき，①は

$$(3-\sqrt{6})x-2>1$$
$$(3-\sqrt{6})x>3$$

$3-\sqrt{6}>0$ より

$$x>\dfrac{3}{3-\sqrt{6}}=\dfrac{3(3+\sqrt{6})}{9-6}=3+\sqrt{6}$$

これは $x\geqq\dfrac{2}{3}$ を満たす。

$x<\dfrac{2}{3}$ のとき，①は

$$-(3+\sqrt{6})x+2>1$$
$$(3+\sqrt{6})x<1$$

$3+\sqrt{6}>0$ より

$$x<\dfrac{1}{3+\sqrt{6}}=\dfrac{3-\sqrt{6}}{9-6}=\dfrac{3-\sqrt{6}}{3}$$

$2<\sqrt{6}<3$ よりこれは $x<\dfrac{2}{3}$ を満たす。

よって，$a=1$ のとき，①の解は

$$x<\dfrac{3-\sqrt{6}}{3},\ 3+\sqrt{6}<x$$

(2)　$f(x)=|2-3x|-\sqrt{6}x$ とおくと，①がすべての実数 x について成り立つのは

$$(f(x)\text{の最小値})>a$$

となるときである。

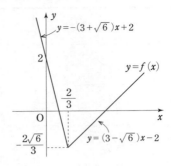

$f(x)$ の最小値は

$$f\left(\dfrac{2}{3}\right)=-\dfrac{2\sqrt{6}}{3}=-\dfrac{\sqrt{24}}{3}$$

$4<\sqrt{24}<5$ であるから

$$-\dfrac{5}{3}<-\dfrac{\sqrt{24}}{3}<-\dfrac{4}{3}$$

したがって，$a<-\dfrac{\sqrt{24}}{3}$ となる最大の整数 a は

$$-2 \quad (\text{②})$$

〔2〕（数学Ⅰ　図形と計量）

Ⅳ [1][2]　【難易度…★】

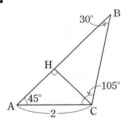

△ABC において

$$\angle\text{ABC}=180°-(45°+105°)$$
$$=30°$$

正弦定理を用いて

$$\dfrac{2}{\sin 30°}=\dfrac{\text{BC}}{\sin 45°}$$

よって

$$\text{BC}=\dfrac{2}{\sin 30°}\sin 45°$$
$$=2\cdot 2\cdot\dfrac{\sqrt{2}}{2}$$
$$=2\sqrt{2}$$

C から AB に垂線 CH を引くと

$$\text{AH}=2\cos 45°=\sqrt{2}$$
$$\text{BH}=2\sqrt{2}\cos 30°=\sqrt{6}$$

— 数ⅠA 46 —

よって
$$AB = AH + BH = \sqrt{2} + \sqrt{6}$$

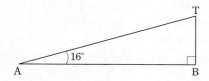

△ABT において
$$\tan 16° = \frac{TB}{AB}$$
よって
$$TB = AB \tan 16° \quad (\textbf{④})$$
$$= (\sqrt{2} + \sqrt{6}) \tan 16°$$

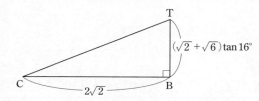

△CBT において
$$\tan \angle TCB = \frac{TB}{BC}$$
$$= \frac{\sqrt{2} + \sqrt{6}}{2\sqrt{2}} \tan 16°$$
$$= \frac{1}{2}(1 + \sqrt{3}) \tan 16°$$

$\sqrt{3} = 1.73$ とし，三角比の表から $\tan 16° = 0.2867$ であるから
$$\tan \angle TCB = \frac{1}{2}(1 + 1.73) \cdot 0.2867$$
$$= 0.391\cdots$$
三角比の表から
$$\tan 21° = 0.3839, \quad \tan 22° = 0.4040$$
であるから，∠TCB は
21°より大きく 22°より小さい　（**②**）

〔3〕（数学Ⅰ　図形と計量）

Ⅳ 1 2　　　【難易度…★★】

(1)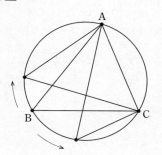

⓪　$\sin B$ は一定で，$\sin A$ は変化するから $\dfrac{\sin B}{\sin A}$ は変化する。

①　正弦定理より
$$\frac{a}{\sin A} = \frac{b}{\sin B}$$
であるから，一定である。

②　$\dfrac{a}{\tan A} = \dfrac{a \cos A}{\sin A}$ であり，$\dfrac{a}{\sin A}$ は一定であるが，$\cos A$ が変化するので $\dfrac{a}{\tan A}$ は変化する。

③　b と B が一定であり，A，C が変化するとき，頂点 B は △ABC の外接円上を動く。B と辺 AC の距離が変化するので，△ABC の面積は変化する。

④　外接円の半径を R とすると，正弦定理より
$$\frac{b}{\sin B} = 2R$$
であり，$\dfrac{b}{\sin B}$ は一定であるから R は一定である。

⑤　B が A または C に近づくと内接円の半径は小さくなり，B が A，C から遠いほど内接円の半径は大きくなるので，内接円の半径は変化する。

したがって，一定であるものは　**①，④**

(2)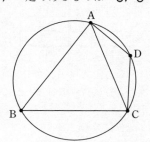

$B + D = 180°$ であるから
$$\sin D = \sin(180° - B)$$
$$= \sin B \quad (\textbf{⓪})$$

$\cos D = \cos(180° - B)$
$ = -\cos B$　**⑦**

$A + B + C = 180°$, $0° < A < B < C < 90°$ であるから
$\sin A < \sin B = \sin D < \sin C$

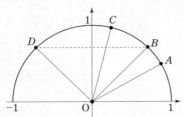

よって，$\sin A$, $\sin B$, $\sin C$, $\sin D$ のうち，最も小さいものは　$\sin A$　**⓪**

$0 < \cos C < \cos B < \cos A$
$\cos D = -\cos B < 0$

より，$\cos A$, $\cos B$, $\cos C$, $\cos D$ のうち，最も小さいものは　$\cos D$　**③**

$0 < \tan A < \tan B < \tan C$
$\tan D = \tan(180° - B) = -\tan B < 0$

より，$\tan A$, $\tan B$, $\tan C$, $\tan D$ のうち，最も大きいものは　$\tan C$　**②**

第2問

〔1〕（数学Ⅰ　データの分析）

Ｖ ① ② ③　　　　　　　　　　【難易度…★★】

(1) 図1のヒストグラムから，固定電話の保有率について次の度数分布表を得る。

階級(%)	度数
50以上～55未満	1
55　～60	0
60　～65	3
65　～70	4
70　～75	20
75　～80	16
80　～85	2
85　～90	1
合計	47

図2の箱ひげ図から，スマートフォンの保有率についておおよそ次のように読み取ることができる。

　　最小値　　　　　　……62
　　第1四分位数 Q_1　……69
　　中央値 Q_2　　　　……71
　　第3四分位数 Q_3　……78
　　最大値　　　　　　……82

47個のデータを小さい(大きくない)順に並べると
　　第1四分位数は　　12番目の値
　　中央値は　　　　　24番目の値
　　第3四分位数は　　36番目の値
である。

⓪～③の散布図のうち
- 固定電話の保有率が図1のヒストグラムと矛盾するものは
　　②……55～60 の階級に点が1個あるなど
　　③……80～85 の階級に点が3個あるなど
- スマートフォンの保有率が図2の箱ひげ図と矛盾するものは
　　①……Q_1 が 70 よりも大きいなど

⓪は図1のヒストグラムとも図2の箱ひげ図とも矛盾しない。
よって，最も適当な散布図は
　　⓪
である。

(2)⓪ パソコンの保有率の最小値はおおよそ53，タブレットの保有率の最大値はおおよそ47である。よって，⓪は正しい。

① 携帯電話の保有率の範囲はおおよそ21，ファクスの保有率の範囲はおおよそ37である。よって，①は正しい。

② スマートフォンの保有率の中央値はおおよそ70～71，固定電話の中央値はおおよそ73である。よって，②は正しくない。

③ 固定電話，パソコン，ファクスの保有率の四分位範囲はそれぞれおおよそ 7, 12, 8 である。ゆえに，四分位範囲が最も大きいのはパソコンの保有率であり，四分位偏差が最も大きいのもパソコンの保有率である。よって，③は正しい。

④ 携帯電話の保有率の第1四分位数は50より小さいので，保有率が50%以下の都道府県の数は12以上である。よって，④は正しい。

⑤ 保有率が70%以上である都道府県の数が最も多いのは第1四分位数が70より大きい固定電話である。よって，⑤は正しい。

⑥ タブレット，ゲーム機，ファクスの保有率は，第1四分位数，中央値，第3四分位数がすべて25以上40以下の範囲にあるので，保有率が25%以上40%以下の都道府県の数は $36-12+1=25$ 以上である。他の通信機器の保有率についてはそうではない。よって，⑥は正しくない。

したがって，正しくないものは

②，⑥

である。

(3)(I)　x が 35 以上で y が 10 以下の都道府県はないが，x が 25 以下で y が 10 以上の都道府県はある。よって，(I)は正しい。

(II)　散布図のすべての点は，直線 $y=x$ の下側にあるので，x は y より大きい値をとり，x の平均値は y の平均値より大きい。また，散布図の点がすべて直線 $y=x$ と直線 $y=x-40$ ではさまれた領域内にあるので，x と y の差の最大値は 40 以下である。よって，(II)は正しい。

(III)　x が増加すると y も増加する傾向があるので，x と y の間には正の相関がある。また，$x'=\dfrac{1}{2}x$ とおくと，x' の標準偏差は x の標準偏差の $\dfrac{1}{2}$ 倍になるが，x' と y の相関係数は x と y の相関係数に等しい。よって，(III)は正しい。

したがって，正誤の組合せとして正しいものは

⓪

である。

変量 x，y の平均値 $\overline{x}$，$\overline{y}$ は

$$\overline{x}=\frac{1}{47}(x_1+x_2+\cdots+x_{47})$$

$$\overline{y}=\frac{1}{47}(y_1+y_2+\cdots+y_{47})$$

であるから

$$\overline{x}-\overline{y}=\frac{1}{47}\{(x_1-y_1)+(x_2-y_2)+\cdots+(x_{47}-y_{47})\}$$

よって

$$(x_1-y_1)+(x_2-y_2)+\cdots+(x_{47}-y_{47})$$
$$=47(\overline{x}-\overline{y})\quad\text{②}$$

である。

変量 $z=x-y$ の平均値 $\overline{z}$ は

$$\overline{z}=\frac{1}{47}(z_1+z_2+\cdots+z_{47})$$
$$=\frac{1}{47}\{(x_1-y_1)+(x_2-y_2)+\cdots+(x_{47}-y_{47})\}$$
$$=\frac{1}{47}\cdot47(\overline{x}-\overline{y})$$
$$=\overline{x}-\overline{y}$$

x，y の分散 $s_x{}^2$，$s_y{}^2$ は

$$s_x{}^2=\frac{1}{47}\{(x_1-\overline{x})^2+(x_2-\overline{x})^2+\cdots+(x_{47}-\overline{x})^2\}$$

$$s_y{}^2=\frac{1}{47}\{(y_1-\overline{y})^2+(y_2-\overline{y})^2+\cdots+(y_{47}-\overline{y})^2\}$$

であり，x，y の共分散を s_{xy} とすると

$$s_{xy}=\frac{1}{47}\{(x_1-\overline{x})(y_1-\overline{y})+(x_2-\overline{x})(y_2-\overline{y})+\cdots$$
$$\cdots+(x_{47}-\overline{x})(y_{47}-\overline{y})\}$$

である。

z の分散 $s_z{}^2$ は

$$s_z{}^2=\frac{1}{47}\{(z_1-\overline{z})^2+(z_2-\overline{z})^2+\cdots+(z_{47}-\overline{z})^2\}$$

ここで，$k=1$，2，$\cdots$，47 に対して

$$(z_k-\overline{z})^2=\{(x_k-y_k)-(\overline{x}-\overline{y})\}^2$$
$$=\{(x_k-\overline{x})-(y_k-\overline{y})\}^2$$
$$=(x_k-\overline{x})^2+(y_k-\overline{y})^2-2(x_k-\overline{x})(y_k-\overline{y})$$

であるから，$k=1$，2，$\cdots$，47 として各辺を加えて，$\dfrac{1}{47}$ をかけると

$$s_z{}^2=s_x{}^2+s_y{}^2-2s_{xy}$$

となる。x と y の相関係数 r_{xy} について

$$r_{xy}=\frac{s_{xy}}{s_x s_y}\qquad\therefore\quad s_{xy}=r_{xy}s_x s_y$$

が成り立つから

$$s_z{}^2=s_x{}^2+s_y{}^2-2r_{xy}s_x s_y\quad\text{（⓪，④）}$$

である。

図 4 より x と y の間には正の相関があり，$r_{xy}>0$ であるから

$$s_z{}^2<s_x{}^2+s_y{}^2$$

であり，$s_z{}^2$ は $s_x{}^2+s_y{}^2$ より小さい（①）。

〔2〕（数学 I　2 次関数）
　　　III ②④⑤⑥　　　　　　【難易度…★】

(1)　$x^2-2(k-2)x+k^2-2k+3=0$　　……①

①の判別式を D とすると

$$\frac{D}{4}=(k-2)^2-(k^2-2k+3)=-2k+1$$

①が異なる 2 実数解をもつとき，$D>0$ より

$$k<\frac{1}{2}$$

このとき，①の実数解は

$$x=k-2\pm\sqrt{1-2k}\quad\text{（⓪，⑤）}$$

(2)　$y=f(x)$ のグラフは $k<\dfrac{1}{2}$ のとき，$\dfrac{D}{4}=1-2k>0$ より x 軸と異なる 2 点で交わり，軸について

$$x=k-2<-\frac{3}{2}$$

— 数IA 49 —

である。さらに
$$f(0)=k^2-2k+3=(k-1)^2+2>\frac{9}{4}$$
であるから，グラフの概形は **③**
また
$$f(-1)=k^2\geq 0$$
であるから
$$\alpha<\beta\leq -1 \quad \text{⓪}$$
が成り立つ。

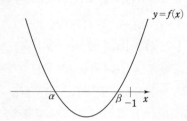

〔3〕（数学Ⅰ　2次関数）
Ⅲ ③ 　　　　　　　　　　　　　【難易度…★★】
(1) 動き始めて1秒後の4個の動点は次の図のようになるから
$$S=2\triangle P_1P_2P_4$$
$$=2\times\frac{1}{2}\cdot 4\cdot 1$$
$$=4$$

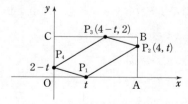

(2) $S=8$ は長方形 OABC の面積に等しいから，次に $S=8$ となるのは4個の動点が4点 O, A, B, C と一致するときであり，それは **6**秒後である。次に，t 秒後 $(0\leq t\leq 6)$ の面積 S を t を用いて表す。

(i) $0<t<2$ のとき

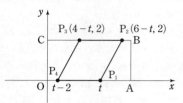

$$S=8-2(\triangle OP_1P_4+\triangle AP_2P_1)$$
$$=8-2\left\{\frac{1}{2}t(2-t)+\frac{1}{2}(4-t)t\right\}$$
$$=2t^2-6t+8$$
$$=2\left(t-\frac{3}{2}\right)^2+\frac{7}{2}$$
この式は $t=0$, 2 のときも成り立つ。

(ii) $2\leq t\leq 4$ のとき

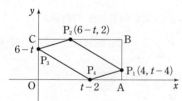

四角形 $P_1P_2P_3P_4$ は平行四辺形であるから
$$S=\{t-(t-2)\}\cdot 2$$
$$=4$$

(iii) $4<t<6$ のとき

$$S=8-2(\triangle OP_4P_3+\triangle AP_1P_4)$$
$$=8-2\left\{\frac{1}{2}(t-2)(6-t)+\frac{1}{2}(6-t)(t-4)\right\}$$
$$=2t^2-18t+44$$
$$=2\left(t-\frac{9}{2}\right)^2+\frac{7}{2}$$
この式は $t=4$, 6 のときも成り立つ。

以上から，$0\leq t\leq 6$ の範囲で S のグラフをかくと次のようになる。

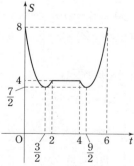

したがって，S が一定値をとるのは，**2**秒後からの**2**秒間であり，S は $t=\dfrac{3}{2}$, $\dfrac{9}{2}$ のとき最小となる。最小値は $\dfrac{7}{2}$ である。

第3問 (数学A　場合の数と確率)

VI [2][3][4][5][6][7] 【難易度…〔1〕★，〔2〕★★】

〔1〕

⓪について：

積の法則から $5 \times 3 = 15$（通り）であるから⓪は正しくない。

①について：

8人からまず2人を選び，残り6人から3人を選ぶと残り3人で1組になる。3人の組が2組あるから，重複を考えて，$\dfrac{{}_8C_2 \times {}_6C_3}{2} = 280$（通り）であり，①は正しい。

②について：

出席番号が1と2の2人の並べ方も考えることになるので，$6! \times 2 = 1440$（通り）であるから②は正しくない。

③について：

一の位が2で，他の位に1，1，1，2，3，3を並べることになるから，同じものを含む順列を計算し，

$\dfrac{6!}{3!2!} = 60$（通り）であり，③は正しい。

以上より，正しい記述は **①，③**

〔2〕 確率を考えるため，すべての球を区別する。

・コインを1枚投げるとき，表，裏が出る確率はいずれも $\dfrac{1}{2}$ である。

赤球を2個取り出すのは，コインは裏が出て，Bから赤球を2個取り出す場合であるから，その確率は

$$\dfrac{1}{2} \cdot \dfrac{{}_2C_2}{{}_4C_2} = \dfrac{1}{2} \cdot \dfrac{1}{6} = \dfrac{1}{12}$$

Aから赤球と白球を1個ずつ取り出す確率は

$$\dfrac{1}{2} \cdot \dfrac{1 \cdot 3}{{}_4C_2} = \dfrac{1}{2} \cdot \dfrac{3}{6} = \dfrac{1}{4} \qquad \cdots\cdots①$$

Bから赤球と白球を1個ずつ取り出す確率は

$$\dfrac{1}{2} \cdot \dfrac{2 \cdot 2}{{}_4C_2} = \dfrac{1}{2} \cdot \dfrac{4}{6} = \dfrac{1}{3} \qquad \cdots\cdots②$$

①，②より，赤球と白球を1個ずつ取り出す確率は

$$\dfrac{1}{4} + \dfrac{1}{3} = \dfrac{7}{12} \qquad \cdots\cdots③$$

また

　　赤球と白球を1個ずつ取り出す事象を X
　　Aから球を取り出す事象を Y

とおくと，③より

$$P(X) = \dfrac{7}{12}$$

①より

$$P(X \cap Y) = \dfrac{1}{4}$$

であるから

$$P_X(Y) = \dfrac{P(X \cap Y)}{P(X)} = \dfrac{\dfrac{1}{4}}{\dfrac{7}{12}} = \dfrac{3}{7}$$

・コインを2枚投げるとき

表が2枚出る確率は　$\left(\dfrac{1}{2}\right)^2 = \dfrac{1}{4}$

裏が2枚出る確率は　$\left(\dfrac{1}{2}\right)^2 = \dfrac{1}{4}$

表と裏が1枚ずつ出る確率は　$1 - \left(\dfrac{1}{4} + \dfrac{1}{4}\right) = \dfrac{1}{2}$

である。

Aから白球を2個取り出す確率は

$$\dfrac{1}{4} \cdot \dfrac{{}_3C_2}{{}_4C_2} = \dfrac{1}{4} \cdot \dfrac{3}{6} = \dfrac{1}{8}$$

Bから白球を2個取り出す確率は

$$\dfrac{1}{4} \cdot \dfrac{{}_2C_2}{{}_4C_2} = \dfrac{1}{4} \cdot \dfrac{1}{6} = \dfrac{1}{24}$$

AとBから白球を1個ずつ取り出す確率は

$$\dfrac{1}{2} \cdot \dfrac{3}{4} \cdot \dfrac{2}{4} = \dfrac{3}{16}$$

よって，白球を2個取り出す確率は

$$\dfrac{1}{8} + \dfrac{1}{24} + \dfrac{3}{16} = \dfrac{17}{48}$$

Aから赤球と白球を1個ずつ取り出す確率は

$$\dfrac{1}{4} \cdot \dfrac{1 \cdot 3}{{}_4C_2} = \dfrac{1}{4} \cdot \dfrac{3}{6} = \dfrac{1}{8} \qquad \cdots\cdots④$$

Bから赤球と白球を1個ずつ取り出す確率は

$$\dfrac{1}{4} \cdot \dfrac{2 \cdot 2}{{}_4C_2} = \dfrac{1}{4} \cdot \dfrac{4}{6} = \dfrac{1}{6} \qquad \cdots\cdots⑤$$

Aから赤球を1個，Bから白球を1個取り出す確率は

$$\dfrac{1}{2} \cdot \dfrac{2}{4} \cdot \dfrac{2}{4} = \dfrac{1}{16} \qquad \cdots\cdots⑥$$

Aから白球を1個，Bから赤球を1個取り出す確率は

$$\dfrac{1}{2} \cdot \dfrac{3}{4} \cdot \dfrac{2}{4} = \dfrac{3}{16} \qquad \cdots\cdots⑦$$

④，⑤，⑥，⑦より，赤球と白球を1個ずつ取り出す確率は

$$\dfrac{1}{8} + \dfrac{1}{6} + \dfrac{1}{16} + \dfrac{3}{16} = \dfrac{13}{24} \qquad \cdots\cdots⑧$$

また

　　赤球と白球を1個ずつ取り出す事象を Z
　　Aから赤球を取り出す事象を W

とおくと，⑧より

— 数IA 51 —

$$P(Z) = \frac{13}{24}$$

④, ⑥より

$$P(Z \cap W) = \frac{1}{8} + \frac{1}{16} = \frac{3}{16}$$

であるから

$$P_z(W) = \frac{P(Z \cap W)}{P(Z)} = \frac{\dfrac{3}{16}}{\dfrac{13}{24}} = \frac{\boldsymbol{9}}{\boldsymbol{26}}$$

第4問 （数学A　整数の性質）

Ⅶ $\boxed{1}\boxed{5}\boxed{6}$, Ⅱ $\boxed{2}$ 【難易度…〔1〕★★, 〔2〕★★】

〔1〕

⓪について：

$135a$ が9の倍数であるならば

$$1+3+5+a = a+9$$

が9の倍数，すなわち，a が9の倍数である。したがって，$a = 0$ または 9 である。よって，⓪は正しくない。

①について：

14以下の自然数のうち，14と互いに素な自然数は1, 3, 5, 9, 11, 13 の6個である。よって，①は正しい。

②について：

$$2^{100} = (2^4)^{25} = (5 \cdot 3 + 1)^{25} = 5N + 1 \quad (N は整数)$$

であるから，2^{100} を5で割った余りは1である。よって，②は正しい。

（注）　2, 2^2, 2^3, 2^4, 2^5, … を5で割った余りは2, 4, 3, 1, 2, … であり，2^n $(n=1, 2, 3, \cdots)$ を5で割った余りは2, 4, 3, 1 を繰り返す。$2^{100} = 2^{4 \cdot 25}$ より，2^{100} と 2^4 は5で割った余りが等しい。

③について：

$$\bar{p} : m, n はともに偶数である$$
$$\bar{q} : m+n, mn はともに偶数である$$

であり

$$\bar{p} \Longrightarrow \bar{q}$$

が成り立つ。よって，対偶を考えて

$$q \Longrightarrow p$$

が成り立つ。

また，$m+n$ が偶数であるとき

「m, n はともに偶数」
または「m, n はともに奇数」

である。さらに，mn が偶数であるとき

「m, n はともに偶数」

であり

$$\bar{q} \Longrightarrow \bar{p}$$

が成り立つ。よって，対偶を考えて

$$p \Longrightarrow q$$

が成り立つ。

以上より

$$p \Longleftrightarrow q$$

すなわち，p は q であるための必要十分条件である。よって，③は正しくない。

（注）

m	n	$m+n$	mn
偶	奇	奇	偶
奇	偶	奇	偶
奇	奇	偶	奇
偶	偶	偶	偶

（左側 p，右側 q）

以上より，正しい記述は　⓪, ①

〔2〕

(1) $\qquad 83x - 38y = 1 \qquad\qquad \cdots\cdots①$

$83 = 38 \cdot 2 + 7$ より，①に代入すると

$$(38 \cdot 2 + 7)x - 38y = 1$$
$$7x - 38(y - 2x) = 1$$

$Y = y - 2x$ とおくと

$$7x - 38Y = 1 \qquad\qquad \cdots\cdots②$$

②を満たす整数解 x, Y のうち，Y が正で最小になるのは

$$x = \boldsymbol{11}, \quad Y = \boldsymbol{2}$$

であり，$y = 2x + Y$ より

$$x = 11, \quad y = \boldsymbol{24}$$

である。

$$83 \cdot 11 - 38 \cdot 24 = 1 \qquad\qquad \cdots\cdots①'$$

①－①'より

$$83(x - 11) - 38(y - 24) = 0$$
$$83(x - 11) = 38(y - 24)$$

83と38は互いに素であるから，①の整数解は

$$\begin{cases} x - 11 = 38k \\ y - 24 = 83k \end{cases} \quad (k は整数)$$

すなわち

$$\begin{cases} x = \boldsymbol{38}k + 11 \\ y = \boldsymbol{83}k + 24 \end{cases}$$

と表される。$x + y$ が3桁の正の整数となるとき

$$100 \leqq 121k + 35 \leqq 999$$

— 数 IA 52 —

$$\frac{65}{121} \leq k \leq \frac{964}{121}$$
k は整数であるから
$$k=1, 2, \cdots, 7$$
の **7** 組存在する。

(2) $\qquad 453=83\cdot 5+38$

であるから
$$83x-453y=1 \qquad \cdots\cdots ③$$
に代入して
$$83x-(83\cdot 5+38)y=1$$
$$83(x-\mathbf{5}y)-38y=1$$
①の解を利用して
$$x-5y=11, \quad y=24$$
すなわち
$$x=131, \quad y=24$$
は③を満たすので
$$83\cdot 131 - 453\cdot 24 = 1 \qquad \cdots\cdots ③'$$
③－③' より
$$83(x-131)-453(y-24)=0$$
$$83(x-131)=453(y-24)$$
83 と 453 は互いに素であるから，③の整数解は
$$\begin{cases} x-131=453l \\ y-24=83l \end{cases} \quad (l \text{ は整数})$$
よって
$$\begin{cases} x=453l+131 \\ y=83l+24 \end{cases}$$
と表される。これより
$$|x-y|=|370l+107|$$
$|x-y|$ が最小となるのは，$l=0$ のときで，最小値は **107**

第5問（数学A　図形の性質）
Ⅷ①②③④⑤⑥，Ⅱ②
【難易度…〔1〕★★，〔2〕★★】

〔1〕
⓪について：
$$(\sqrt{3}+\sqrt{5})^2-4^2=2\sqrt{15}-8$$
$$=\sqrt{60}-\sqrt{64}<0$$
であるから
$$(\sqrt{3}+\sqrt{5})^2<4^2$$
すなわち
$$\sqrt{3}+\sqrt{5}<4$$
したがって，⓪は正しくない。

①について：
　　　　条件 p：$O_1O_2 \geq r_1+r_2$
　　　　条件 q：C_1 と C_2 の共通接線が 4 本存在する
に対し，q であるための必要十分条件は
　　　　2 円が互いに外部にあること
すなわち
　　　　$O_1O_2 > r_1+r_2$

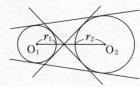

が成り立つことであるから
$$p \Longrightarrow q \text{ は偽} \quad (\text{反例は } O_1O_2=r_1+r_2)$$
$$q \Longrightarrow p \text{ は真}$$
これより，p は q であるための必要条件であるが，十分条件ではない。よって，①は正しい。

②について：
次図のような場合，$\ell /\!/ \alpha$ かつ $\ell \perp m$ であるが，$m \perp \alpha$ ではない。

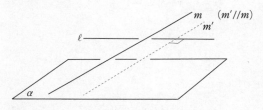

よって，②は正しくない。

③について：
正十二面体は頂点の数が 20，辺の数は 30，面の数は 12 である。よって，③は正しい。

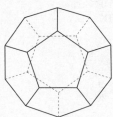

以上より，正しい記述は　**①, ③**

〔2〕

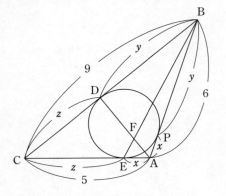

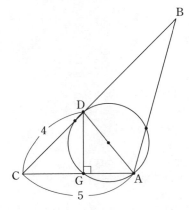

△ABC の内接円と辺 AB の接点を P とし，
AE=AP=x, BP=BD=y, CD=CE=z とおくと

$$\begin{cases} x+y=AB=6 & \cdots\cdots① \\ y+z=BC=9 & \cdots\cdots② \\ z+x=AC=5 & \cdots\cdots③ \end{cases}$$

であるから，$\dfrac{①+②+③}{2}$ より

$$x+y+z=10 \quad\cdots\cdots④$$

④-②, ④-③, ④-① より
$$x=1,\ y=5,\ z=4$$
であるから
$$AE=x=\mathbf{1}$$
$$\dfrac{CD}{BC}=\dfrac{4}{9}$$
であり
$$\triangle ACD=\dfrac{CD}{BC}\cdot\triangle ABC$$
$$=\dfrac{4}{9}S$$

△ADC と直線 BE において，メネラウスの定理を用いると
$$\dfrac{AF}{FD}\cdot\dfrac{DB}{BC}\cdot\dfrac{CE}{EA}=1$$
であるから
$$\dfrac{AF}{FD}\cdot\dfrac{5}{9}\cdot\dfrac{4}{1}=1$$
$$\dfrac{AF}{DF}=\dfrac{\mathbf{9}}{\mathbf{20}}$$

よって
$$\triangle AEF=\dfrac{AE}{AC}\cdot\dfrac{AF}{AD}\cdot\triangle ACD$$
$$=\dfrac{1}{5}\cdot\dfrac{9}{20+9}\cdot\dfrac{4}{9}S$$
$$=\dfrac{\mathbf{4}}{\mathbf{145}}S$$

∠AGD は AD を直径とする円の，直径 AD に対する円周角であるから
$$\angle AGD=90°$$
△ACD の面積に着目して
$$\dfrac{1}{2}AC\cdot DG=\dfrac{4}{9}S$$
が成り立つから
$$\dfrac{1}{2}\cdot 5\cdot DG=\dfrac{40\sqrt{2}}{9}$$
$$\therefore\ DG=\dfrac{\mathbf{16\sqrt{2}}}{\mathbf{9}}$$

よって，△CDG において，三平方の定理を用いると
$$CG=\sqrt{CD^2-DG^2}$$
$$=\sqrt{4^2-\left(\dfrac{16\sqrt{2}}{9}\right)^2}$$
$$=\dfrac{\mathbf{28}}{\mathbf{9}}$$

(注)　△ABC において，余弦定理を用いると
$$\cos\angle ACB=\dfrac{5^2+9^2-6^2}{2\cdot 5\cdot 9}=\dfrac{7}{9}$$
であるから
$$CG=CD\cos\angle ACB=4\cdot\dfrac{7}{9}=\dfrac{28}{9}$$
また，△CDG において，三平方の定理を用いると
$$DG=\sqrt{CD^2-CG^2}=\sqrt{4^2-\left(\dfrac{28}{9}\right)^2}=\dfrac{16\sqrt{2}}{9}$$

第 5 回
実 戦 問 題

解答・解説

第5回　解答・解説

数学 I・A　第5回　（100点満点）

（解答・配点）

問題番号（配点）	解答記号（配点）		正解	自己採点欄	問題番号（配点）	解答記号（配点）		正解	自己採点欄
第1問 (30)	$\dfrac{\text{ア}+\text{イ}\sqrt{3}}{\text{ウ}}$	(2)	$-\dfrac{1+3\sqrt{3}}{2}$		**第2問** (30)	ア，イ	(4)(各2)	①，④ （解答の順序は問わない）	
	エ，オ	(2)	⑤，④			ウ	(2)	②	
	$-\dfrac{\text{カ}+\sqrt{3}}{\text{キ}}$	(2)	$-\dfrac{3+\sqrt{3}}{2}$			エ	(2)	⑤	
	$\dfrac{\text{ク}+\text{ケ}\sqrt{3}}{\text{コ}}$	(2)	$\dfrac{1+3\sqrt{3}}{2}$			オ	(1)	⓪	
	サ	(1)	4			カ	(2)	①	
	シ	(1)	4			キ	(2)	③	
	ス	(1)	1			ク	(2)	①	
	セ	(1)	9			ケ	(1)	⑤	
	ソ	(2)	④			コ	(1)	⑥	
	タ	(2)	③			サ	(1)	⓪	
	チ	(2)	①			シ，ス	(4)(各2)	②，⑦ （解答の順序は問わない）	
	ツ	(2)	⓪			$\dfrac{\text{セ}}{\text{ソ}}$	(2)	$\dfrac{9}{4}$	
	$\dfrac{\text{テ}}{\text{ト}}$	(2)	$\dfrac{1}{7}$			タ	(2)	2	
	$\dfrac{\text{ナニ}}{\text{ヌネ}}$	(2)	$\dfrac{15}{28}$			チ	(2)	①	
	$\dfrac{\text{ノ}\sqrt{\text{ハ}}}{\text{ヒ}}$	(2)	$\dfrac{4\sqrt{3}}{7}$			ツ	(2)	②	
	フ	(2)	4			小　計			
	ヘ	(2)	①						
	小　計								

— 数 I A 56 —

問題番号（配点）	解答記号（配点）		正解	自己採点欄
第3問 (20)	ア	(1)	7	
	イウ	(1)	12	
	エ	(2)	3	
	$\dfrac{オ}{カ}$	(2)	$\dfrac{1}{2}$	
	$\dfrac{キ}{ク}$	(2)	$\dfrac{1}{6}$	
	$\dfrac{ケ}{コ}$	(2)	$\dfrac{1}{6}$	
	サ	(2)	③	
	$\dfrac{シ}{ス}$	(2)	$\dfrac{7}{8}$	
	$\dfrac{セソ}{タチ}$	(2)	$\dfrac{23}{27}$	
	$\dfrac{ツテ}{トナ}$	(2)	$\dfrac{13}{32}$	
	$\dfrac{ニ}{ヌネノ}$	(2)	$\dfrac{1}{234}$	
小　　計				
第4問 (20)	（ア，イ，ウ）	(2)	(0, 2, 1)	
	（エ，オ，カ）	(2)	(1, 0, 2)	
	キク，ケ	(1)	14, 2	
	コ，サ	(1)	3, 5	
	シ	(2)	5	
	ス	(2)	4	
	セ	(2)	⑥	
	ソタ	(2)	11	
	チ	(2)	3	
	ツテト	(2)	128	
	ナニヌ	(2)	215	
小　　計				

問題番号（配点）	解答記号（配点）		正解	自己採点欄
第5問 (20)	ア	(2)	②	
	イ	(2)	④	
	ウ	(2)	⑥	
	エ	(2)	③	
	オ	(2)	3	
	$\dfrac{カ}{キ}$	(2)	$\dfrac{1}{5}$	
	$\dfrac{ク}{ケコ}$	(2)	$\dfrac{1}{18}$	
	サ	(2)	①	
	シ	(2)	⓪	
	ス	(2)	⓪	
小　　計				
合　　計				

(注) 第1問，第2問は必答，第3問～第5問のうちから2問選択，計4問を解答。

解説

第1問

〔1〕（数学Ⅰ　数と式）

Ⅰ ②⑤　　【難易度…★】

(1)
$$\frac{4-\sqrt{3}}{1-\sqrt{3}} = -\frac{4-\sqrt{3}}{\sqrt{3}-1}$$
$$= -\frac{(4-\sqrt{3})(\sqrt{3}+1)}{(\sqrt{3}-1)(\sqrt{3}+1)}$$
$$= -\frac{1+3\sqrt{3}}{2}$$

(2)(i)　　$|(a-1)x+a|<2$　……①

①より
$$-2<(a-1)x+a<2$$
$$-(a+2)<(a-1)x<-(a-2)$$

$a>1$ とすると，$a-1>0$ であるから

$$-\frac{a+2}{a-1}<x<-\frac{a-2}{a-1}　　(⑤, ④)$$

(ii) $a=2-\sqrt{3}$ のとき，$a<1$ より，①の解は(i)と不等号の向きが逆になるから

$$-\frac{a-2}{a-1}<x<-\frac{a+2}{a-1}$$

となり

$$-\frac{a-2}{a-1} = -\frac{-\sqrt{3}}{1-\sqrt{3}}$$
$$= -\frac{\sqrt{3}}{\sqrt{3}-1}$$
$$= -\frac{\sqrt{3}(\sqrt{3}+1)}{2}$$
$$= -\frac{3+\sqrt{3}}{2}$$

$$-\frac{a+2}{a-1} = -\frac{4-\sqrt{3}}{1-\sqrt{3}}$$
$$= \frac{1+3\sqrt{3}}{2}　　((1)より)$$

であるから，①の解は

$$-\frac{3+\sqrt{3}}{2}<x<\frac{1+3\sqrt{3}}{2}$$

〔2〕（数学Ⅰ　集合と命題）

Ⅱ ①②　　【難易度…★★】

$A=\{(2,4),(2,6),(3,6),(4,6)\}$
$B=\{(2,4),(2,5),(2,6),(3,6)\}$

(1) 要素の個数は

A……**4**個，B……**4**個

$A\cap\overline{B}=\{(4,6)\}$ より，要素の個数は **1**個

$A\cup\overline{B}=\overline{\overline{A}\cap B}$ であり，$\overline{A}\cap B=\{(2,5)\}$ より要素の個数は 1個，U の要素は 10個であるから，$A\cup\overline{B}$ の要素の個数は

$$10-1=\mathbf{9}（個）$$

(2)
$$\overline{\overline{A}\cap B}=\overline{\overline{A}}\cup\overline{B}　（ド・モルガンの法則）$$
$$=A\cup\overline{B}$$

であることに注意すると

$$P=(\overline{A}\cup B)\cap(A\cup\overline{B})$$

であり，$\overline{A}\cup B$，$A\cup\overline{B}$ はそれぞれ次図の斜線部分である。

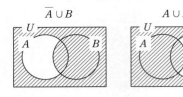

P は $\overline{A}\cup B$ と $A\cup\overline{B}$ の共通部分であるから，次図の斜線部分である（④）。

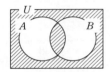

また，同様にして

$$Q=(\overline{A}\cap B)\cup(A\cap\overline{B})$$

であり，$\overline{A}\cap B$，$A\cap\overline{B}$ はそれぞれ次図の斜線部分である。

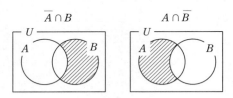

Q は $\overline{A}\cap B$ と $A\cap\overline{B}$ の和集合であるから，次図の斜線部分である。

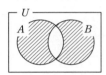

$P=\{(2,3),(2,4),(2,6),(3,4),$
$(3,5),(3,6),(4,5),(5,6)\}$

$Q=\{(2, 5), (4, 6)\}$
であるから
$P\cap Q=\emptyset$ (③)
である。

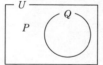

$P\cup Q=U$, $A\cup B\subset U$
$A\cup B\neq U$
であるから
$r \underset{\not\Leftarrow}{\Rightarrow} s$
であり，r は s であるための十分条件であるが，必要条件ではない(⓪)。
$\overline{P}=Q$ であるから
$\overline{P}\cup Q=Q$
である。また
$A\cup B\supset Q$
であるから
$r \underset{\Leftarrow}{\not\Rightarrow} t$
であり，r は t であるための必要条件であるが，十分条件ではない(⓪)。

〔3〕(数学Ⅰ 図形と計量／2次関数)
Ⅳ ②③，Ⅲ ③ 　　　【難易度…★★】

余弦定理を用いて
$$\cos A=\frac{7^2+5^2-8^2}{2\cdot 5\cdot 7}$$
$$=\frac{1}{7}$$

(1)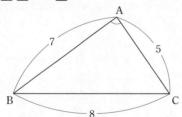

$\sin A=\sqrt{1-\cos^2 A}$
$=\sqrt{1-\dfrac{1}{49}}$
$=\dfrac{4\sqrt{3}}{7}$

正弦定理を用いて
$$\frac{8}{\sin A}=\frac{5}{\sin B}=\frac{7}{\sin C}$$
であり，$\sin A=\dfrac{4\sqrt{3}}{7}$ であるから
$\sin B=\dfrac{5}{8}\sin A$
$=\dfrac{5\sqrt{3}}{14}$
$\sin C=\dfrac{7}{8}\sin A$
$=\dfrac{\sqrt{3}}{2}$

△BPQ において，∠BQP=90° であるから
PQ=BP sin B ……①
$=\dfrac{5\sqrt{3}}{14}x$

△CRP において，∠CRP=90° であるから
PR=CP sin C ……②
$=\dfrac{\sqrt{3}}{2}(8-x)$

よって
PQ・PR$=\dfrac{5\sqrt{3}}{14}x\cdot\dfrac{\sqrt{3}}{2}(8-x)$
$=\dfrac{\mathbf{15}}{\mathbf{28}}x(8-x)$

四角形 PQAR において
∠PQA=∠PRA=90°
より
∠QPR+∠QAR=180°
よって
sin∠QPR=sin(180°−∠QAR)
$=$sin∠QAR
$=\sin A$ ……③
$=\dfrac{\mathbf{4\sqrt{3}}}{\mathbf{7}}$

△PQR の面積は
$\dfrac{1}{2}$PQ・PR sin∠QPR
$=\dfrac{1}{2}\cdot\dfrac{15}{28}x(8-x)\cdot\dfrac{4\sqrt{3}}{7}$
$=\dfrac{15\sqrt{3}}{98}x(8-x)$
$=\dfrac{15\sqrt{3}}{98}(-x^2+8x)$
$=\dfrac{15\sqrt{3}}{98}\{-(x-4)^2+16\}$

$0<x<8$ より，$\triangle$PQR の面積は $x=4$ のとき最大値をとる。

(2)(i) P が辺 BC 上を動くとき，①，②，③より
$$\triangle PQR = \frac{1}{2}PQ \cdot PR \sin\angle QPR$$
$$= \frac{1}{2}BP\sin B \cdot CP\sin C \cdot \sin A$$
$$= \frac{1}{2}x(8-x)\sin A \sin B \sin C$$
$$= \frac{1}{2}\{-(x-4)^2+16\}\sin A \sin B \sin C$$

と表せ
$$S_1 = 8\sin A \sin B \sin C$$

(ii) P が辺 CA 上を動くとき

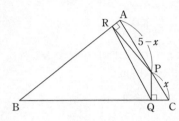

CP$=x$ $(0<x<5)$ とおき，図のように Q，R とすると，(i)と同様にして
$$\triangle PQR = \frac{1}{2}PQ \cdot PR \sin\angle QPR$$
$$= \frac{1}{2}x\sin C \cdot (5-x)\sin A \cdot \sin(180°-B)$$
$$= \frac{1}{2}x(5-x)\sin A \sin B \sin C$$
$$= \frac{1}{2}(-x^2+5x)\sin A \sin B \sin C$$
$$= \frac{1}{2}\left\{-\left(x-\frac{5}{2}\right)^2+\frac{25}{4}\right\}\sin A \sin B \sin C$$

$0<x<5$ より，$x=\frac{5}{2}$ のとき最大値をとる。
よって
$$S_2 = \frac{25}{8}\sin A \sin B \sin C$$

(iii) P が辺 AB 上を動くとき

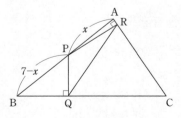

AP$=x$ $(0<x<7)$ とおき，図のように Q，R とする

と，(i)と同様にして
$$\triangle PQR = \frac{1}{2}PQ \cdot PR \sin\angle QPR$$
$$= \frac{1}{2}(7-x)\sin B \cdot x\sin A \cdot \sin(180°-C)$$
$$= \frac{1}{2}x(7-x)\sin A \sin B \sin C$$
$$= \frac{1}{2}\left\{-\left(x-\frac{7}{2}\right)^2+\frac{49}{4}\right\}\sin A \sin B \sin C$$

$0<x<7$ より，$x=\frac{7}{2}$ のとき最大値をとる。
よって
$$S_3 = \frac{49}{8}\sin A \sin B \sin C$$

$8 > \frac{49}{8} > \frac{25}{8}$ より
$$S_1 > S_3 > S_2 \quad (\text{⓪})$$

第2問

〔1〕（数学Ⅰ　データの分析）

V ①②③　　　【難易度…★★】

(1)⓪ 2014 年から 2017 年にかけて最大値は増加しているので正しくない。

① 正しい。

② 正しくない。第 1 四分位数は 1999 年はおおよそ 110，2017 年はおおよそ 95 である。

③ 正しくない。第 3 四分位数はどの時点でも 200 以上であり，第 3 四分位数は大きい方から 12 番目の値である。

④ 正しい。

⑤ 第 1 四分位数は小さい方から 12 番目の値であり，2008 年は 100 より小さいが，2002 年は 100 より大きい。したがって，病院数が 100 以下の都道府県数は，2008 年は 12 以上あり，2002 年は 11 以下であるから正しくない。

したがって，正しいものは　①，④

47 個のデータについて，第 1 四分位数，第 2 四分位数（中央値），第 3 四分位数，最大値をそれぞれ，Q_1，Q_2，Q_3，M とすると，Q_1 は小さい方から 12 番目，Q_2 は小さい方から 24 番目，Q_3 は大きい方から 12 番目の値である。2017 年の箱ひげ図から
　　Q_1：0 以上 100 未満
　　Q_2：100 以上 200 未満
　　Q_3：200 以上 300 未満

M：600 以上 700 未満

であるから，ヒストグラムとして最も適当なものは **②**

(2)(I) 誤り。病院と一般診療所は，施設数が最大となる都道府県は人口 10 万人あたりの施設数は最大でない。

(II) 正しい。

(III) 誤り。歯科診療所は正の相関があるとみられ，病院と一般診療所については相関がみられない。

したがって，正しい組合せは **⑤**

(3)(i) 44 道府県の X，Y のデータを

$$x_1,\ x_2,\ \cdots,\ x_{44}$$
$$y_1,\ y_2,\ \cdots,\ y_{44}$$

とすると

$$\overline{X}=\frac{1}{44}(x_1+x_2+\cdots+x_{44})$$
$$\overline{Y}=\frac{1}{44}(y_1+y_2+\cdots+y_{44})$$

$X-\overline{X}$ の平均値は

$$\frac{1}{44}\{(x_1-\overline{X})+(x_2-\overline{X})+\cdots+(x_{44}-\overline{X})\}$$
$$=\frac{1}{44}(x_1+x_2+\cdots+x_{44})-\overline{X}$$
$$=\overline{X}-\overline{X}=0 \quad (\textbf{⓪})$$

Y の分散 $\sigma_Y{}^2$ は

$$\sigma_Y{}^2=\frac{1}{44}\{(y_1-\overline{Y})^2+(y_2-\overline{Y})^2+\cdots+(y_{44}-\overline{Y})^2\}$$

$Y-\overline{Y}$ の平均値は $X-\overline{X}$ の平均値と同様にして 0 であるから，$\dfrac{Y-\overline{Y}}{\sigma_Y}$ の平均値も 0 である。よって $\dfrac{Y-\overline{Y}}{\sigma_Y}$ の分散は

$$\frac{1}{44}\left\{\left(\frac{y_1-\overline{Y}}{\sigma_Y}\right)^2+\left(\frac{y_2-\overline{Y}}{\sigma_Y}\right)^2+\cdots+\left(\frac{y_{44}-\overline{Y}}{\sigma_Y}\right)^2\right\}$$
$$=\frac{1}{\sigma_Y{}^2}\cdot\frac{1}{44}\{(y_1-\overline{Y})^2+(y_2-\overline{Y})^2+\cdots+(y_{44}-\overline{Y})^2\}$$
$$=\frac{1}{\sigma_Y{}^2}\cdot\sigma_Y{}^2=1$$

よって，$\dfrac{Y-\overline{Y}}{\sigma_Y}$ の標準偏差は

$$\sqrt{1}=1 \quad (\textbf{⓪})$$

(ii) 図 6 は図 5 の各点を X 軸方向に $-\overline{X}$，Y 軸方向に $-\overline{Y}$ だけ平行移動し，X 軸方向に $\dfrac{1}{\sigma_X}$ 倍，Y 軸方向に $\dfrac{1}{\sigma_Y}$ 倍したものである。

よって図 5 における X，Y がともに平均値付近の点は，図 6 において原点付近に移動している。図 6 において原点は，図 5 において X は 75 付近，Y は 46 付近の点であるから，$\overline{X}$ として最も適当なものは

$$75.17 \quad (\textbf{③})$$

(iii) 例えば，図 5 で $(X,\ Y)=(210,\ 112)$ 付近の点は，図 6 で $(X,\ Y)=(3,\ 2.2)$ 付近の点に対応している。

$\overline{Y}=46$ として

$$\frac{112-46}{\sigma_Y}=2.2 \ \text{より} \quad \sigma_Y=30$$

したがって，σ_Y として最も適当なものは

$$\sigma_Y=30.27 \quad (\textbf{⓪})$$

〔2〕（数学Ⅰ　2 次関数／集合と命題）
Ⅲ ②④⑥，Ⅱ ②　　　　　　【難易度…★★】

$$f(x)=ax^2-3x+1$$
$$=a\left(x-\frac{3}{2a}\right)^2-\frac{9}{4a}+1$$

頂点の座標は

$$\left(\frac{3}{2a},\ -\frac{9}{4a}+1\right) \quad (\textbf{⑤},\ \textbf{⑥})$$

(1) $a<0$ のとき

$$\frac{3}{2a}<0,\ -\frac{9}{4a}+1>0$$

であるから，頂点は第 2 象限にある。

さらに，$f(0)=1>0$ であるから，グラフは y 軸の正の部分と交わる。よってグラフの概形として適当なものは **⓪**

このとき，グラフは x 軸の正の部分と負の部分に一つずつ交点をもつので，①は正の解と負の解を一つずつもつ。

したがって，⓪〜⑤では②のみ正しい。

また，$a<0$ より

$$f(1)=a-2<0$$

であるから，グラフは x 軸と $0<x<1$ の範囲に交点をもち，$x>1$ の範囲に交点をもたないから，⑥は正しくない。

$$f(-1)=a+4$$

より，$-4<a<0$ のとき，$f(-1)>0$ となる。よって，グラフは x 軸と $x<-1$ の範囲に交点をもつことがある。したがって，⑦は正しい。

— 数 IA 61 —

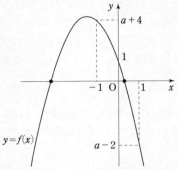

以上から，正しいものは **②, ⑦**

(2) ①が実数解をもつ条件は，$y=f(x)$ のグラフが x 軸と共有点をもつことであるから
$$-\frac{9}{4a}+1 \leq 0$$
$$1 \leq \frac{9}{4a}$$
$a>0$ より
$$0<a\leq\frac{9}{4}$$
$x>1$ の範囲に解をもつ条件は，x 軸と $x>1$ の範囲に共有点をもつことである。
$$f(1)=a-2<0$$
すなわち
$$0<a<2$$
のとき条件を満たす。

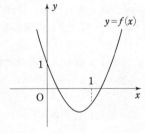

$2\leq a\leq\frac{9}{4}$ のとき
$$f(1)=a-2\geq 0$$
であり，グラフの軸 $x=\frac{3}{2a}$ について
$$\frac{2}{3}\leq\frac{3}{2a}\leq\frac{3}{4}$$
であるから，条件を満たさない。

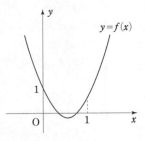

よって，①が $x>1$ の範囲に解をもつ条件は
$$0<a<2$$

(3) $a<0$ のとき(1)より①は異なる二つの実数解をもつ。
(2)より，$0<a<\frac{9}{4}$ のとき①は異なる二つの実数解をもつから，「①が異なる二つの実数解をもつならば，$a<0$」は偽である。
したがって，$a<0$ であることは，①が異なる二つの実数解をもつための
　　十分条件であるが，必要条件ではない　**⓪**
$a<0$ のとき　(1)より①は負の解をもつ。
$a=0$ のとき　①の解は $x=\frac{1}{3}$ で正である。
$a>0$ のとき　$y=f(x)$ のグラフの頂点の x 座標は正であり，$f(0)=1>0$ であるから，$y=f(x)$ のグラフが x 軸と $x<0$ の範囲に交点をもつことはない。したがって①が負の解をもつことはない。
よって，$a<0$ であることは，①が負の解をもつための必要十分条件である。**②**

第3問　(数学A　場合の数と確率)
　　Ⅵ ②⑤⑥⑦　　【難易度…★★】
(1)(i) 三つの異なる正の整数からなる数の組合せは
　(1, 2, 9), (1, 3, 8), (1, 4, 7),
　(1, 5, 6), (2, 3, 7), (2, 4, 6),
　(3, 4, 5)
の
　7 通り
ある。
(ii) 同じ正の整数が二つ以上あるような数の組合せは
　(1, 1, 10), (2, 2, 8), (3, 3, 6),
　(4, 4, 4), (5, 5, 2)
の5通りあるから，(i)の7通りと合わせて，求める組合せは
　12 通り

ある。

(2) 2種類の正の整数を記入する六つの数の組合せは

$$(1, 1, 1, 1, 1, 7)$$
$$(1, 1, 1, 1, 4, 4)$$
$$(1, 1, 1, 3, 3, 3)$$

の

3通り

ある。

(3)(i) Aの得点が，B，Cの得点より大きくなるのは，Aが4を出すときであるから

$$p_A = \frac{3}{6} = \frac{1}{2}$$

である。

Bの得点が，A，Cの得点より大きくなるのは，Aが0，Bが3，Cが1または2を出すときであるから

$$p_B = \frac{3}{6} \cdot \frac{3}{6} \cdot \frac{4}{6} = \frac{1}{6}$$

である。

Cの得点が，A，Bの得点より大きくなるのは，Aが0，Bが1，Cが2または3を出すときであるから

$$p_C = \frac{3}{6} \cdot \frac{3}{6} \cdot \frac{4}{6} = \frac{1}{6}$$

である。

(ii)(I) Aの得点の合計が8点となるのは，Aが0を1回と4を2回出すときであるから，その確率は

$$_3C_1 \cdot \frac{1}{2} \cdot \left(\frac{1}{2}\right)^2 = \frac{3}{8} \qquad \cdots\cdots①$$

である。

Bの得点の合計が5点となるのは，Bが1を2回と3を1回出すときであるから，その確率は

$$_3C_2 \cdot \left(\frac{1}{2}\right)^2 \cdot \frac{1}{2} = \frac{3}{8}$$

である。したがって，(I)は正しい。

(II) Cの得点の合計が7点となるのは，次のいずれかの場合である。

(a) 1を1回と3を2回出す

(b) 2を2回と3を1回出す

(a)の確率は

$$_3C_1 \cdot \frac{1}{3} \cdot \left(\frac{1}{3}\right)^2 = \frac{1}{9}$$

であり，(b)の確率は

$$_3C_2 \cdot \left(\frac{1}{3}\right)^2 \cdot \frac{1}{3} = \frac{1}{9}$$

である。(a)，(b)は互いに排反であるから，Cの得点の合計が7点となる確率は

$$\frac{1}{9} + \frac{1}{9} = \frac{2}{9}$$

である。$\frac{3}{8} > \frac{2}{9}$ であるから，Aの得点の合計が8点となる確率は，Cの得点の合計が7点となる確率より大きい。したがって，(II)は誤り。

(III) Bの得点の合計が9点となるのは，Bが3を3回出すときであるから

$$\left(\frac{1}{2}\right)^3 = \frac{1}{8}$$

Cの得点の合計が8点以上となるのは次のいずれかの場合である。

(c) 3を3回出す

(d) 3を2回と2を1回出す

(c)の確率は

$$\left(\frac{1}{3}\right)^3 = \frac{1}{27}$$

(d)の確率は

$$_3C_2 \cdot \left(\frac{1}{3}\right)^2 \cdot \frac{1}{3} = \frac{1}{9}$$

である。(c)，(d)は互いに排反であるから，Cの得点の合計が8点以上となる確率は

$$\frac{1}{27} + \frac{1}{9} = \frac{4}{27}$$

である。$\frac{1}{8} < \frac{4}{27}$ であるから，Bの得点の合計が9点となる確率は，Cの得点の合計が8点以上となる確率より小さい。したがって，(III)は誤り。

以上より，正誤の組合せとして正しいものは **③**

Bの得点の合計のとり得る値は3，5，7，9であるから，Bの得点の合計が7点以下となる確率は

$$1 - \frac{1}{8} = \frac{7}{8}$$

である。

Cの得点の合計が7点以下となる確率は

$$1 - \frac{4}{27} = \frac{23}{27}$$

である。

Aが勝者となるのは，次のいずれかの場合である。

(e) Aの得点の合計が12点のとき

(f) Aの得点の合計が8点，B，Cの得点の合計がともに7点以下のとき

(g) Aの得点の合計が4点，B，Cの得点の合計がともに3点以下のとき

(e)の確率はAが3回とも4を出すときであるから

$$\left(\frac{1}{2}\right)^3 = \frac{1}{8}$$

— 数IA 63 —

(f)の確率は
$$\frac{3}{8} \cdot \frac{7}{8} \cdot \frac{23}{27} = \frac{161}{576}$$

(g)の確率は，A が 0 を 2 回と 4 を 1 回出し，B，C がともに 1 を 3 回出すときであるから

$$_3C_2 \cdot \left(\frac{1}{2}\right)^2 \cdot \frac{1}{2} \cdot \left(\frac{1}{2}\right)^3 \cdot \left(\frac{1}{3}\right)^3 = \frac{3}{8} \cdot \frac{1}{8} \cdot \frac{1}{27} = \frac{1}{576}$$

(e), (f), (g)は互いに排反であるから，A が勝者となる確率は

$$\frac{1}{8} + \frac{161}{576} + \frac{1}{576} = \frac{13}{32}$$

である。
このとき，A の得点の合計が 4 点である条件付き確率は

$$\frac{\frac{1}{576}}{\frac{13}{32}} = \frac{1}{234}$$

である。

第 4 問 （数学 A　整数の性質）
Ⅷ 5 6　【難易度…〔1〕★★，〔2〕★】

〔1〕　$7x + 5y + 3z = 13$　　　　……(*)
$y \geqq 0$, $z \geqq 0$ より
$$x = 0, \ 1$$

・$x = 0$ のとき
　(*)より $5y + 3z = 13$ から
$$(y, \ z) = (2, \ 1)$$

・$x = 1$ のとき
　(*)より $5y + 3z = 6$ から
$$(y, \ z) = (0, \ 2)$$

以上より，(*)を満たす 0 以上の整数 x, y, z の組は
$$(x, \ y, \ z) = (0, \ 2, \ 1), \ (1, \ 0, \ 2)$$

(1)　$5y + 3z = 76$　　　　　　　　……②
②より
$$z = 0 \text{ のとき } \quad y = \frac{76}{5}$$
$$z = 1 \text{ のとき } \quad y = \frac{73}{5}$$
$$z = 2 \text{ のとき } \quad y = 14$$

以上より，②の 0 以上の整数解 y, z の中で，z の値が最小であるものは
$$y = 14, \ z = 2$$
よって
$$5 \cdot 14 + 3 \cdot 2 = 76 \qquad \qquad ……③$$

が成り立つから，②－③より
$$5(y - 14) + 3(z - 2) = 0$$
$$\therefore \quad 5(y - 14) = -3(z - 2)$$

5 と 3 は互いに素であるから，②の整数解は，k を整数として
$$\begin{cases} y - 14 = 3k \\ z - 2 = -5k \end{cases}$$
と表され
$$y = 14 + 3k, \ z = 2 - 5k \qquad ……④$$

この y, z が $y \geqq 0$, $z \geqq 0$ を満たすための k の条件は
$$\begin{cases} 14 + 3k \geqq 0 \\ 2 - 5k \geqq 0 \end{cases} \quad \therefore \quad -\frac{14}{3} \leqq k \leqq \frac{2}{5}$$
であり，これを満たす整数 k は
$$k = -4, \ -3, \ -2, \ -1, \ 0$$
これと④より，$y \geqq 0$, $z \geqq 0$ を満たす整数 y, z の組は
5 組
あり，④より
$$|y - z| = |(14 + 3k) - (2 - 5k)|$$
$$= |8k + 12|$$
$$= 8\left|k + \frac{3}{2}\right|$$
となるから，$|y - z|$ の最小値は，$k = -1$, -2 のとき
4

(2)　P について：
$$12x + 3z = 125$$
$$\therefore \quad 3(4x + z) = 125$$
x, z が整数のとき，左辺の $3(4x + z)$ は 3 の倍数であるが，右辺の 125 は 3 の倍数でないから，この方程式の整数解は存在しない。

Q について：
$$10x + 5y = 125$$
$$\therefore \quad 2x + y = 25$$
これは，例えば $(x, \ z) = (1, \ 23)$ のときに成り立つ。

R について：
$$7x + 8y = 125$$
これは，例えば $(x, \ y) = (3, \ 13)$ のときに成り立つ。

以上より，x, y, z が 0 以上の整数解をもつ方程式は
QとRのみである　**⑥**

〔2〕
$2^{10} = 1024$, $2^{11} = 2048$ であるから
$$2^{10} < 2000 < 2^{11}$$
よって，2000 を 2 進法で表すと **11** 桁の数であり，
$16^2 = 256$, $16^3 = 4096$ であるから
$$16^2 < 2000 < 16^3$$

よって，2000 を 16 進法で表すと **3** 桁の数である。
灰色 #808080 は R 値，G 値，B 値のすべてが
$$80_{(16)} = 8 \times 16 + 0 = \mathbf{128}$$
であり，金色 #FFD700 の G 値は
$$D7_{(16)} = 13 \times 16 + 7 = \mathbf{215}$$
である。

第5問 （数学A　図形の性質）
Ⅷ 1 2 3 4　　【難易度…★★】

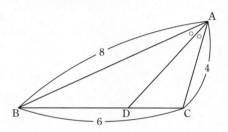

$$6^2 + 4^2 = 52 < 64 = 8^2$$
であるから　∠C > 90°
したがって，△ABC は鈍角三角形(**②**)である。

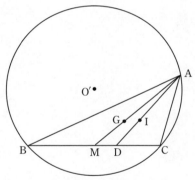

△ABC の重心を G，
△ABC の外心を O′，
△ABC の内心を I とする。

辺 BC の中点を M とすると，BM = 3 < BD であり △ABC の重心 G は線分 AM を 2:1 に内分する点であるから，重心 G は △ABD の内部にある。(**④**)
∠C > 90° であるから，△ABC の外心 O′ は △ABC の外部にある。(**⑥**)
$$BD : DC = 2 : 1$$
$$\quad\quad\quad = AB : AC$$
であるから
$$\angle BAD = \angle CAD$$

△ABC の内心 I は 3 つの内角の二等分線の交点であるから，線分 AD 上にある。(**③**)

(1)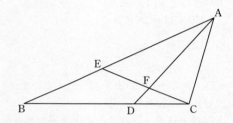

方べきの定理により
$$BE \cdot BA = BD \cdot BC$$
$$BE \cdot 8 = 4 \cdot 6$$
$$BE = \mathbf{3}$$

△ABD と直線 CE にメネラウスの定理を用いて
$$\frac{AE}{EB} \cdot \frac{BC}{CD} \cdot \frac{DF}{FA} = 1$$
$$\frac{8-3}{3} \cdot \frac{6}{6-4} \cdot \frac{DF}{FA} = 1$$
$$\frac{DF}{FA} = \frac{1}{5}$$

よって
$$\frac{FD}{AF} = \mathbf{\frac{1}{5}}$$

であり
$$\triangle CDF = \frac{FD}{AD} \triangle ACD$$
$$= \frac{1}{6} \triangle ACD$$
$$= \frac{1}{6} \cdot \frac{CD}{BC} \triangle ABC$$
$$= \frac{1}{6} \cdot \frac{2}{6} \triangle ABC$$
$$= \mathbf{\frac{1}{18}} \triangle ABC$$

(2)　$$CM = \frac{1}{2} BC = 3$$
AN : NC = 5 : 3 より
$$CN = \frac{3}{8} CA = \frac{3}{2}$$

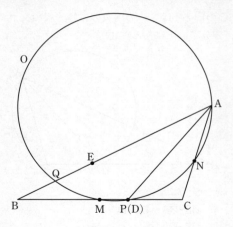

円 O と直線 BC の交点で M と異なる点を P とすると，方べきの定理により
$$CP \cdot CM = CN \cdot CA$$
$$CP \cdot 3 = \frac{3}{2} \cdot 4$$
$$\therefore \quad CP = 2$$

CP=CD であるから，D と P は一致する。すなわち，D は円 O の周上にある。(**⓪**)

また，円 O と直線 AB の交点で A と異なる点を Q とすると，方べきの定理により
$$BQ \cdot BA = BM \cdot BD$$
$$BQ \cdot 8 = 3 \cdot 4$$
$$\therefore \quad BQ = \frac{3}{2}$$

BQ<BE であるから，E は円 O の内部にある。(**⓪**)
また
$$\frac{AE}{EB} \cdot \frac{BM}{MC} \cdot \frac{CN}{NA}$$
$$= \frac{5}{3} \cdot \frac{3}{3} \cdot \frac{\frac{3}{2}}{\frac{5}{2}}$$
$$= 1$$

であるから，チェバの定理の逆により，3 本の直線 AM, BN, CE は 1 点で交わる。(**⓪**)

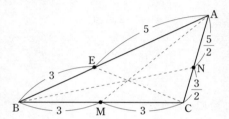

'23
解答・解説

2023 年度

大学入学共通テスト

本試験

解答・解説

■数学Ⅰ・A　得点別偏差値表　平均点：55.65 ／標準偏差：19.62 ／受験者数：346,628

得　点	偏差値	得　点	偏差値	得　点	偏差値	得　点	偏差値	得　点	偏差値
100	72.6	80	62.4	60	52.2	40	42.0	20	31.8
99	72.1	79	61.9	59	51.7	39	41.5	19	31.3
98	71.6	78	61.4	58	51.2	38	41.0	18	30.8
97	71.1	77	60.9	57	50.7	37	40.5	17	30.3
96	70.6	76	60.4	56	50.2	36	40.0	16	29.8
95	70.1	75	59.9	55	49.7	35	39.5	15	29.3
94	69.5	74	59.4	54	49.2	34	39.0	14	28.8
93	69.0	73	58.8	53	48.6	33	38.5	13	28.3
92	68.5	72	58.3	52	48.1	32	37.9	12	27.8
91	68.0	71	57.8	51	47.6	31	37.4	11	27.2
90	67.5	70	57.3	50	47.1	30	36.9	10	26.7
89	67.0	69	56.8	49	46.6	29	36.4	9	26.2
88	66.5	68	56.3	48	46.1	28	35.9	8	25.7
87	66.0	67	55.8	47	45.6	27	35.4	7	25.2
86	65.5	66	55.3	46	45.1	26	34.9	6	24.7
85	65.0	65	54.8	45	44.6	25	34.4	5	24.2
84	64.4	64	54.3	44	44.1	24	33.9	4	23.7
83	63.9	63	53.7	43	43.6	23	33.4	3	23.2
82	63.4	62	53.2	42	43.0	22	32.8	2	22.7
81	62.9	61	52.7	41	42.5	21	32.3	1	22.1
								0	21.6

数　学　2023年度本試験　数学 I・数学 A　（100点満点）

（解答・配点）

問題番号（配点）	解答記号（配点）		正解	自己採点欄
第1問（30）	アイ	（2）	-8	
	ウエ	（1）	-4	
	オ，カ	（2）	2，2	
	キ，ク	（2）	4，4	
	ケ，コ	（3）	7，3	
	サ	（3）	⓪	
	シ	（3）	⑦	
	ス	（2）	④	
	セソ	（2）	27	
	$\dfrac{タ}{チ}$	（2）	$\dfrac{5}{6}$	
	ツ$\sqrt{テト}$	（3）	$6\sqrt{11}$	
	ナ	（2）	⑥	
	ニヌ$(\sqrt{ネノ}+\sqrt{ハ})$	（3）	$10(\sqrt{11}+\sqrt{2})$	
	小　　計			
第2問（30）	ア	（2）	②	
	イ	（2）	⑤	
	ウ	（2）	①	
	エ	（3）	②	
	オ	（3）	②	
	カ	（3）	⑦	
	キ，ク	（3）	4，3	
	ケ，コ	（3）	4，3	
	サ	（3）	②	
	$\dfrac{シ\sqrt{ス}}{セソ}$	（3）	$\dfrac{5\sqrt{3}}{57}$	
	タ，チ	（3）	⓪，⓪	
	小　　計			

問題番号（配点）	解答記号（配点）		正解	自己採点欄
第3問（20）	アイウ	（3）	320	
	エオ	（3）	60	
	カキ	（3）	32	
	クケ	（3）	30	
	コ	（3）	②	
	サシス	（2）	260	
	セソタチ	（3）	1020	
	小　　計			
第4問（20）	アイ	（2）	11	
	ウエオカ	（3）	2310	
	キク	（3）	22	
	ケコサシ	（3）	1848	
	スセソ	（2）	770	
	タチ	（2）	33	
	ツテトナ	（2）	2310	
	ニヌネノ	（3）	6930	
	小　　計			
第5問（20）	アイ	（2）	90	
	ウ	（2）	③	
	エ	（3）	④	
	オ	（3）	③	
	カ	（2）	②	
	キ	（3）	③	
	$\dfrac{ク\sqrt{ケ}}{コ}$	（3）	$\dfrac{3\sqrt{6}}{2}$	
	サ	（2）	7	
	小　　計			
合　　計				

（注） 第1問，第2問は必答。第3問〜第5問のうちから2問選択。計4問を解答。

解　説

第1問

〔1〕（数学Ⅰ　数と式）

Ⅰ ②③⑤　　　　　　　　　【難易度…★】

$$|x+6| \leq 2$$
$$-2 \leq x+6 \leq 2$$
$$\boldsymbol{-8 \leq x \leq -4}$$

$x = (1-\sqrt{3})(a-b)(c-d)$ の場合を考えて
$$|(1-\sqrt{3})(a-b)(c-d)+6| \leq 2$$
$$-8 \leq (1-\sqrt{3})(a-b)(c-d) \leq -4$$

$1-\sqrt{3} < 0$ より
$$-\frac{8}{1-\sqrt{3}} \geq (a-b)(c-d) \geq -\frac{4}{1-\sqrt{3}}$$

ここで
$$-\frac{1}{1-\sqrt{3}} = \frac{1}{\sqrt{3}-1} = \frac{\sqrt{3}+1}{(\sqrt{3}-1)(\sqrt{3}+1)}$$
$$= \frac{\sqrt{3}+1}{2}$$

であるから
$$4(\sqrt{3}+1) \geq (a-b)(c-d) \geq 2(\sqrt{3}+1)$$

よって
$$\boldsymbol{2+2\sqrt{3}} \leq (a-b)(c-d) \leq \boldsymbol{4+4\sqrt{3}}$$

次に
$$(a-b)(c-d) = 4+4\sqrt{3} \quad \cdots\cdots ①$$
$$(a-c)(b-d) = -3+\sqrt{3} \quad \cdots\cdots ②$$

が成り立つとき
$$ac-ad-bc+bd = 4+4\sqrt{3}$$
$$ab-ad-bc+cd = -3+\sqrt{3}$$

辺々引いて
$$ac-ab+bd-cd = 7+3\sqrt{3}$$
$$a(c-b)+(b-c)d = 7+3\sqrt{3}$$
$$(a-d)(c-b) = \boldsymbol{7+3\sqrt{3}} \quad \cdots\cdots ③$$

〔2〕（数学Ⅰ　図形と計量）

Ⅳ ①②③　　　　　　　　　【難易度…★★】

(1) (i)　　　　　　(ii)

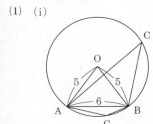 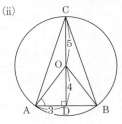

(i) △ABC で正弦定理を用いると
$$\sin\angle ACB = \frac{AB}{2\cdot OA} = \frac{6}{2\cdot 5} = \frac{\boldsymbol{3}}{\boldsymbol{5}} \quad (\boldsymbol{⓪})$$

∠ACB が鈍角のとき，$\cos\angle ACB < 0$ であるから
$$\cos\angle ACB = -\sqrt{1-\sin^2\angle ACB}$$
$$= -\sqrt{1-\left(\frac{3}{5}\right)^2} = -\frac{\boldsymbol{4}}{\boldsymbol{5}} \quad (\boldsymbol{⑦})$$

(ii) △ABC の面積が最大になるのは，直線 OC が AB と垂直になるときであり，このとき3点C，O，D はこの順に並ぶ．点 D は線分 AB の中点になるので，三平方の定理により
$$OD = \sqrt{OA^2-AD^2} = \sqrt{5^2-3^2} = 4$$

よって
$$\tan\angle OAD = \frac{OD}{AD} = \frac{\boldsymbol{4}}{\boldsymbol{3}} \quad (\boldsymbol{④})$$

$$\triangle ABC = \frac{1}{2}\cdot AB\cdot CD = \frac{1}{2}\cdot 6\cdot(5+4) = \boldsymbol{27}$$

(2)

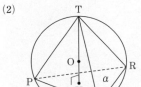 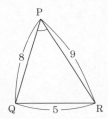

△PQR で余弦定理を用いると
$$\cos\angle QPR = \frac{9^2+8^2-5^2}{2\cdot 9\cdot 8} = \frac{\boldsymbol{5}}{\boldsymbol{6}}$$

$0° < \angle QPR < 180°$ より
$\sin\angle QPR > 0$ であるから
$$\sin\angle QPR = \sqrt{1-\cos^2\angle QPR}$$
$$= \sqrt{1-\left(\frac{5}{6}\right)^2} = \frac{\sqrt{11}}{6}$$

$$\triangle PQR = \frac{1}{2}\cdot PQ\cdot PR\cdot\sin\angle QPR$$
$$= \frac{1}{2}\cdot 8\cdot 9\cdot\frac{\sqrt{11}}{6} = \boldsymbol{6\sqrt{11}}$$

三角錐 TPQR の体積が最大になるのは，直線 OT が平面 α と垂直になるときであり，このとき3点 T，O，H はこの順に並ぶ．

△OPH，△OQH，△ORH において，三平方の定理を用いると
$$PH = \sqrt{OP^2-OH^2}$$
$$QH = \sqrt{OQ^2-OH^2}$$
$$RH = \sqrt{OR^2-OH^2}$$

であり，OP＝OQ＝OR＝5 であるから
$$PH＝QH＝RH \quad (⑥)$$
よって，点 H は △PQR の外心になるので，正弦定理により
$$PH＝\frac{QR}{2\sin\angle QPR}＝\frac{5}{2\cdot\frac{\sqrt{11}}{6}}＝\frac{15}{\sqrt{11}}$$
であり
$$OH＝\sqrt{OP^2-PH^2}＝\sqrt{5^2-\left(\frac{15}{\sqrt{11}}\right)^2}＝\frac{5\sqrt{2}}{\sqrt{11}}$$
三角錐 TPQR の体積は
$$\frac{1}{3}\cdot\triangle PQR\cdot TH＝\frac{1}{3}\cdot6\sqrt{11}\cdot\left(5+\frac{5\sqrt{2}}{\sqrt{11}}\right)$$
$$＝\boldsymbol{10(\sqrt{11}+\sqrt{2})}$$

第2問

〔1〕 （数学Ⅰ　データの分析）

　　　V ①②③ 　　　　　　　　　　　【難易度…★】

(1) 図1のヒストグラムから，次の度数分布表を得る.

階　　級（円）	度数	累積度数
1000 以上 ～ 1400 未満	2	2
1400　　 ～1800	7	9
1800　　 ～2200	11	20
2200　　 ～2600	7	27
2600　　 ～3000	10	37
3000　　 ～3400	8	45
3400　　 ～3800	5	50
3800　　 ～4200	0	50
4200　　 ～4600	1	51
4600　　 ～5000	1	52
合　　計	52	

52 個のデータを小さい（大きくない）順に並べるとき，第1四分位数(Q_1)は 13 番目と 14 番目の値の平均値，第3四分位数(Q_3)は 39 番目と 40 番目の値の平均値であるから

$$Q_1 は 1800 以上 2200 未満の階級 \quad (②)$$
$$Q_3 は 3000 以上 3400 未満の階級 \quad (⑤)$$

に含まれる．よって，四分位範囲(Q_3-Q_1)は 800（＝3000－2200）より大きく，1600（＝3400－1800）より小さい．(⓪)

(2)(i) 地域 E の 19 個のデータを $x_1\leqq x_2\leqq\cdots\leqq x_{19}$ とし，地域 W の 33 個のデータを $y_1\leqq y_2\leqq\cdots\leqq y_{33}$ とすると各値は次のようになる.

	地域 E	地域 W
最小値	x_1	y_1
第1四分位数	x_5	$\frac{y_8+y_9}{2}$
中央値	x_{10}	y_{17}
第3四分位数	x_{15}	$\frac{y_{25}+y_{26}}{2}$
最大値	x_{19}	y_{33}

⓪ 地域Eにおいて，小さい方から5番目(x_5)は第1四分位数であり，図2から第1四分位数は2000より大きいので，⓪は正しくない．

① 地域Eの範囲($x_{19}-x_1$)は，図2からおおよそ$3700-1200=2500$であり，地域Wの範囲($y_{33}-y_1$)は，図3からおおよそ$5000-1400=3600$であるから，①は正しくない．

② 地域Eの中央値(x_{10})は，図2からおおよそ2200であり，地域Wの中央値(y_{17})は，図3からおおよそ2600であるから，②は正しい．

③ 地域Eにおいて，中央値(x_{10})は2600より小さいので，2600未満の市の割合は50％より大きい．地域Wにおいて，中央値(y_{17})は2600より大きいので，2600未満の市の割合は50％より小さい．よって，③は正しくない．

したがって，正しいものは **②**

(ii) 分散は，偏差の2乗の平均値であるから，地域Eにおけるかば焼きの支出金額の分散は，支出金額の偏差の2乗を合計して地域Eの市の数で割った値である．(**②**)

(3) 地域Eにおける，やきとりの支出金額とかば焼きの支出金額の相関係数は，表1から

$$\frac{124000}{590 \cdot 570} = 0.3687\cdots$$
$$\fallingdotseq 0.37 \quad (\pmb{⑦})$$

〔2〕(数学I　2次関数)

Ⅲ ②③　　　　　　　　　　　　　【難易度…★】

(1)
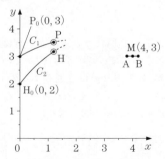

放物線C_1の方程式を，$a<0$として
$$y=ax^2+bx+c$$
とする．C_1は2点$P_0(0, 3)$, $M(4, 3)$を通るので
$$\begin{cases} 3=c \\ 3=16a+4b+c \end{cases}$$
$$\begin{cases} c=3 \\ b=-4a \end{cases}$$

よって，C_1の方程式は
$$y=ax^2-4ax+3$$
$$=a(x-2)^2-4a+3$$
プロ選手のシュートの高さは
$$-4a+3 \quad (x=2)$$
同様にして，放物線C_2の方程式は，$p<0$として
$$y=p\left\{x-\left(2-\frac{1}{8p}\right)\right\}^2-\frac{(16p-1)^2}{64p}+2$$
と表される．
ボールが最も高くなるときの地上の位置は
プロ選手 …… $x=2$
花子さん …… $x=2-\dfrac{1}{8p}$

$p<0$より$2<2-\dfrac{1}{8p}$であるから，花子さんの方がつねにMのx座標に近い．(**②**)

(2)
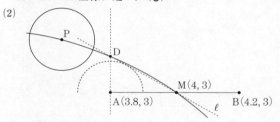

(1)より，C_1の方程式は
$$y=ax(x-4)+3$$
と表される．$AD=\dfrac{\sqrt{3}}{15}$のとき，点Dの座標は$\left(3.8, 3+\dfrac{\sqrt{3}}{15}\right)$であり，$C_1$がDを通るとき
$$3+\frac{\sqrt{3}}{15}=a\cdot 3.8\cdot(-0.2)+3$$
$$a=-\frac{5\sqrt{3}}{57}$$
よって，C_1の方程式は
$$y=-\frac{5\sqrt{3}}{57}(x^2-4x)+3$$
であり，プロ選手のシュートの高さは，(1)より
$$-4a+3=-4\left(-\frac{5\sqrt{3}}{57}\right)+3$$
$$=\frac{20\sqrt{3}}{57}+3$$
$$\fallingdotseq \frac{20\cdot 1.73}{57}+3$$
$$=3.6\cdots$$

花子さんのシュートの高さは約 3.4 であるから，プロ選手のシュートの高さは，花子さんのシュートの高さより約 0.2 (＝3.6－3.4) すなわちボール約 1 個分だけ大きい．(⓪, ⓪)

第 3 問 （数学 A　場合の数と確率）
Ⅵ ② ③ ④　　　　　　　　　　【難易度…★】

(1)

球①の塗り方は 5 通り，球②，球③，球④の塗り方は，それぞれ 4 通りずつあるので，球の塗り方の総数は
$$5 \cdot 4 \cdot 4 \cdot 4 = \mathbf{320}\text{（通り）}$$

(2)

球①の塗り方は 5 通り，球②の塗り方は 4 通り，球③の塗り方は 3 通りあるので，球の塗り方の総数は
$$5 \cdot 4 \cdot 3 = \mathbf{60}\text{（通り）}$$

(3)

赤を 2 回使うとき，赤は球①と③，または球②と④に塗ることになる．

赤を球①と③に塗るとき，球②，球④の塗り方は，それぞれ 4 通りずつある．赤を球②と球④に塗るときも，球①，球③の塗り方は，それぞれ 4 通りずつあるので，球の塗り方の総数は
$$4 \cdot 4 \cdot 2 = \mathbf{32}\text{（通り）}$$

(4)

赤を 3 回，青を 2 回使うとき，赤と青は球②～⑥に塗ることになるので，球の塗り方は $_5C_3$ 通りある．このとき，球①の塗り方は 3 通りあるので，球の塗り方の総数は
$$_5C_3 \cdot 3 = 10 \cdot 3 = \mathbf{30}\text{（通り）}$$

(5)

　図 D　　　　図 F　　　　図 F′

図 D における球の塗り方の総数は，図 F における球の塗り方の総数から，球③と球④が同色になる塗り方を除くことによって求められる．

図 F における球の塗り方の総数は，(1) の塗り方と同

じであり，320 通りある．このうち，球③と球④が同色になるのは，球③と球④を同色に塗り，球②は球③と異なる色，球①は球②，球③と異なる色に塗る場合であるから，図 F′ において球③と球④を同色に塗る塗り方の総数と同じである．その塗り方は(2)より 60 通りある．（**②**）

よって，図 D における球の塗り方の総数は
$$320-60=\textbf{260}\ \text{（通り）}$$

(6)

図 G   図 H   図 H′

(5)の場合と同様に考えると，図 G における球の塗り方の総数は，図 H における球の塗り方の総数から，球④と球⑤が同色になる塗り方を除くことによって求められる．

図 H における球の塗り方の総数は，(1)の場合と同様にして
$$5\cdot4\cdot4\cdot4\cdot4=1280\ \text{（通り）}$$

このうち，球④と球⑤が同色になる塗り方の総数は，図 H′ において球④と球⑤を塗る塗り方の総数と同じであり，その塗り方は(5)より 260 通りある．

よって，図 G における球の塗り方の総数は
$$1280-260=\textbf{1020}\ \text{（通り）}$$

第 4 問 （数学 A　整数の性質）

Ⅶ ①②⑤ 　　　　　　　　【難易度…★】

(1)
$$462=2\cdot3\cdot7\cdot11$$
$$110=2\cdot5\cdot11$$

462 と 110 の両方を割り切る素数のうち，最大のものは　**11**

赤い長方形を並べて作ることができる正方形のうち，辺の長さが最小になるのは，一辺の長さが 462 と 110 の最小公倍数になるときであるから
$$2\cdot3\cdot5\cdot7\cdot11=\textbf{2310}$$

赤い長方形を並べて長方形を作るとき，長方形の縦の長さを x，横の長さを y とすると，k, ℓ を自然数として
$$x=110k,\ \ y=462\ell \qquad\cdots\cdots①$$
と表される．

横の長さと縦の長さの差の絶対値は，①より
$$|y-x|=|462\ell-110k|$$
$$=22|21\ell-5k|$$
であり，$\ell=1$，$k=4$ のとき $|21\ell-5k|=1$ であるから，正方形でない長方形を作るとき，$|y-x|$ の最小値は **22**，このとき
$$x=440,\ \ y=462$$

縦の長さが横の長さより 22 長いとき
$$x-y=22$$
①より
$$110k-462\ell=22$$
$$5k-21\ell=1$$
この式を満たす k, ℓ のうち，ℓ が最小のものは，$\ell=4$，$k=17$ であるから，横の長さが最小になるものは
$$x=110\cdot17=1870$$
$$y=462\cdot4=\textbf{1848}$$

(2)
$$363=3\cdot11^2$$
$$154=2\cdot7\cdot11$$

赤と青の長方形を並べてできる長方形のうち，縦の長さが最小になるのは，110 と 154 の最小公倍数になるときであるから
$$2\cdot5\cdot7\cdot11=\textbf{770}$$

462 と 363 の最大公約数は
$$3\cdot11=\textbf{33}$$

33 の倍数のうちで 770 の倍数でもある最小の正の整数は
$$770\cdot3=\textbf{2310}$$

赤と青の長方形を並べてできる正方形の一辺の長さを

— 数 I A 73 —

z とすると，z は 2310 の倍数であり，横の長さについて
$$z=462m+363n \quad (m, n \text{ は自然数})$$
と表される．

・$z=2310$ のとき
$$462m+363n=2310$$
$$14m+11n=70$$
$$\therefore \quad 11n=14(5-m)$$
これを満たす m, n は存在しない．

・$z=4620$ のとき
$$462m+363n=4620$$
$$14m+11n=140$$
$$\therefore \quad 11n=14(10-m)$$
これを満たす m, n は存在しない．

・$z=6930$ のとき
$$462m+363n=6930$$
$$14m+11n=210$$
$$\therefore \quad 11n=14(15-m)$$
$m=4$，$n=14$ はこの式を満たす．
よって，正方形のうち，辺の長さが最小のものは，一辺の長さが **6930**

第 5 問 （数学 A 図形の性質）

Ⅷ [1] [4] 【難易度…★★】

(1)

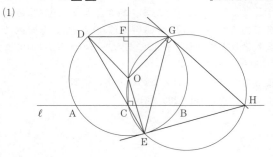

構想
直線 EH が円 O の接線であることを証明するために，∠OEH=**90°** であることを示す．

点 C は線分 AB の中点であるから
$$OC \perp AB$$
また，直線 GH は円 O の接線であるから
$$\angle OGH=90°$$
よって，∠OCH=∠OGH=90° であるから，4 点 C, G, H, O（**③**）は，線分 OH を直径とする円周上にあり
$$\angle CHG=180°-\angle COG$$
$$=\angle FOG \quad (\text{④}) \quad \cdots\cdots ①$$
一方，円 O において弧 DG に対する円周角と中心角を考えることにより
$$\angle DEG=\frac{1}{2}\angle DOG$$
であり，△ODF≡△OGF より ∠DOG=2∠FOG であるから
$$\angle DEG=\angle FOG$$
つまり
$$\angle FOG=\angle DEG \quad (\text{③}) \quad \cdots\cdots ②$$
①，② より
$$\angle CHG=\angle DEG=\angle CEG$$
であるから，4 点 C, G, H, E（**②**）は同一円周上にある．したがって，5 点 O, C, E, H, G は，線分 OH を直径とする円周上にあるので
$$\angle OEH=90°$$
よって，直線 EH は円 O の接線である．

(2)

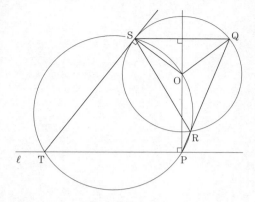

∠OPT＝∠OST＝90°より，4点O，S，T，Pは，線分OTを直径とする円周上にある．
(1)と同様にして
$$\angle PTS = \frac{1}{2}\angle QOS = \angle QRS \quad (\textbf{③})$$
よって，4点P，R，S，Tは同一円周上にあるので，5点O，S，T，P，Rは，線分OTを直径とする円周上にある．

3点O，P，Rを通る円の直径はOTであるから，半径は
$$\frac{1}{2}OT = \frac{\mathbf{3\sqrt{6}}}{\mathbf{2}}$$

∠ORT＝90°より，△ORTに三平方の定理を用いると
$$RT = \sqrt{OT^2 - OR^2}$$
$$= \sqrt{(3\sqrt{6})^2 - (\sqrt{5})^2} = \mathbf{7}$$

'22 解答・解説

2022 年度

大学入学共通テスト
本試験

解答・解説

■**数学Ⅰ・A**　得点別偏差値表　平均点：37.96／標準偏差：17.12／受験者数：357,357

得 点	偏差値	得 点	偏差値	得 点	偏差値	得 点	偏差値	得 点	偏差値
100	86.2	80	74.6	60	62.9	40	51.2	20	39.5
99	85.7	79	74.0	59	62.3	39	50.6	19	38.9
98	85.1	78	73.4	58	61.7	38	50.0	18	38.3
97	84.5	77	72.8	57	61.1	37	49.4	17	37.8
96	83.9	76	72.2	56	60.5	36	48.9	16	37.2
95	83.3	75	71.6	55	60.0	35	48.3	15	36.6
94	82.7	74	71.1	54	59.4	34	47.7	14	36.0
93	82.1	73	70.5	53	58.8	33	47.1	13	35.4
92	81.6	72	69.9	52	58.2	32	46.5	12	34.8
91	81.0	71	69.3	51	57.6	31	45.9	11	34.3
90	80.4	70	68.7	50	57.0	30	45.4	10	33.7
89	79.8	69	68.1	49	56.4	29	44.8	9	33.1
88	79.2	68	67.5	48	55.9	28	44.2	8	32.5
87	78.6	67	67.0	47	55.3	27	43.6	7	31.9
86	78.1	66	66.4	46	54.7	26	43.0	6	31.3
85	77.5	65	65.8	45	54.1	25	42.4	5	30.7
84	76.9	64	65.2	44	53.5	24	41.8	4	30.2
83	76.3	63	64.6	43	52.9	23	41.3	3	29.6
82	75.7	62	64.0	42	52.4	22	40.7	2	29.0
81	75.1	61	63.5	41	51.8	21	40.1	1	28.4
								0	27.8

数　　学　2022年度本試験　数学 I・数学 A　（100点満点）

(解答・配点)

問題番号(配点)	解答記号		正解	配点
第1問 (30)	アイ	(2)	−6	
	ウエ	(2)	38	
	オカ	(2)	−2	
	キク	(2)	18	
	ケ	(2)	2	
	コ．サシス	(3)	0.072	
	セ	(3)	②	
	$\dfrac{ソ}{タ}$	(3)	$\dfrac{2}{3}$	
	$\dfrac{チツ}{テ}$	(2)	$\dfrac{10}{3}$	
	ト≦AB≦ナ	(3)	4≦AB≦6	
	$\dfrac{ニヌ}{ネ}$，$\dfrac{ノ}{ハ}$	(3)	$\dfrac{-1}{3}$，$\dfrac{7}{3}$	
	ヒ	(3)	4	
小　　計				
第2問 (30)	ア	(2)	3	
	イ	(2)	2	
	ウ	(3)	5	
	エ	(2)	9	
	オ	(1)	⑥	
	カ	(2)	①	
	キ, ク	(3)	③, ①	
	ケ, コ, サ	(3)	②, ②, ⓪	
	シ, ス	(2)	⓪, ③	
	セ	(4)	②	
	ソ．タチ	(3)	0.63	
	ツ	(3)	③	
小　　計				

(注)　第1問，第2問は必答。第3問～第5問のうちから2問選択。計4問を解答。

問題番号(配点)	解答記号		正解	配点
第3問 (20)	ア	(1)	1	
	イ, ウ	(1)	1, 2	
	エ	(2)	2	
	オ, カ	(1)	1, 3	
	キク, ケコ	(2)	65, 81	
	サ	(2)	8	
	シ	(2)	6	
	スセ	(1)	15	
	ソ, タ	(2)	3, 8	
	チツ, テト	(3)	11, 30	
	ナニ, ヌネ	(3)	44, 53	
小　　計				
第4問 (20)	ア, イウ	(3)	1, 39	
	エオ	(2)	17	
	カキク	(2)	664	
	ケ, コ	(2)	8, 5	
	サシス	(3)	125	
	セソタチツ	(3)	12207	
	テト	(3)	19	
	ナニヌネノ	(2)	95624	
小　　計				
第5問 (20)	ア, イ	(2)	1, 2	
	ウ, エ, オ	(2)	2, ①, ③	
	カ, キ, ク	(2)	2, ②, ③	
	ケ	(2)	4	
	コ, サ	(2)	3, 2	
	シス, セ	(2)	13, 6	
	ソタ, チ	(2)	13, 4	
	ツテ, トナ	(3)	44, 15	
	ニ, ヌ	(3)	1, 3	
小　　計				
合　　計				

解　説

第1問

〔1〕（数学I　数と式）

I ③ ④　　　　　　　　【難易度…★】

$$a+b+c=1 \quad \cdots\cdots①$$
$$a^2+b^2+c^2=13 \quad \cdots\cdots②$$

(1) $(a+b+c)^2 = a^2+b^2+c^2+2ab+2bc+2ca$
$\qquad\qquad = a^2+b^2+c^2+2(ab+bc+ca)$

①，②を代入して
$$1^2 = 13 + 2(ab+bc+ca)$$
$$\therefore\ ab+bc+ca = -6 \quad \cdots\cdots③$$

よって
$(a-b)^2+(b-c)^2+(c-a)^2$
$= a^2-2ab+b^2+b^2-2bc+c^2+c^2-2ca+a^2$
$= 2(a^2+b^2+c^2)-2(ab+bc+ca)$
$= 2\cdot13-2(-6) \quad $（②，③より）
$= \mathbf{38} \quad \cdots\cdots④$

(2) $a-b = 2\sqrt{5}$

$b-c=x,\ c-a=y$ とおくと
$x+y = (b-c)+(c-a)$
$\quad = b-a$
$\quad = -(a-b)$
$\quad = -2\sqrt{5} \quad \cdots\cdots⑤$

④より
$(2\sqrt{5})^2 + x^2 + y^2 = 38$
$\therefore\ x^2+y^2 = \mathbf{18} \quad \cdots\cdots⑥$

また
$(x+y)^2 = x^2+y^2+2xy$

と⑤，⑥より
$(-2\sqrt{5})^2 = 18 + 2xy$
$\therefore\ xy = 1$

よって
$(a-b)(b-c)(c-a) = 2\sqrt{5}\,xy$
$\qquad\qquad\qquad\quad = \mathbf{2\sqrt{5}}$

〔2〕（数学I　図形と計量）

IV ①　　　　　　　　【難易度…★】

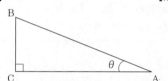

地図上において，AC，BC の長さの関係は
$$\frac{BC}{AC} = \tan 16°$$

実際の AC，BC の長さを，それぞれ b，a とすると，縮尺を考えて
$$AC = \frac{b}{100000},\quad BC = \frac{a}{25000}$$

であるから
$$\frac{\frac{a}{25000}}{\frac{b}{100000}} = \tan 16°$$
$$\therefore\ \frac{a}{b} = \frac{1}{4}\tan 16°$$

よって，実際の角である ∠BAC について
$$\tan\angle BAC = \frac{a}{b} = \frac{1}{4}\tan 16°$$

三角比の表より
$$\tan 16° = 0.2867$$

であるから
$$\tan\angle BAC = \frac{1}{4}\cdot 0.2867 = 0.071675$$
$$\fallingdotseq \mathbf{0.072}$$

三角比の表より
$$\tan 4° = 0.0699,\quad \tan 5° = 0.0875$$

であるから，∠BAC の大きさは 4°より大きく 5°より小さい．　②

〔3〕（数学I　図形と計量/2次関数）

IV ① ②，III ③　　　　　【難易度…★】

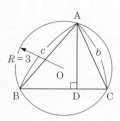

△ABC において，AB=c，AC=b とする．

(1) $c=5$，$b=4$ のとき，正弦定理より
$$\sin\angle ABC = \frac{b}{2R} = \frac{4}{2\cdot 3} = \frac{\mathbf{2}}{\mathbf{3}}$$

直角三角形 ABD において
$$AD = c\sin\angle ABC = 5\cdot\frac{2}{3} = \frac{\mathbf{10}}{\mathbf{3}}$$

(2) $\qquad 2c+b=14 \qquad$ ……①
△ABC は半径 3(直径 6)の円に内接しているので
$$0<b\leqq 6 \quad かつ \quad 0<c\leqq 6$$
① より $b=14-2c$ であるから
$$0<14-2c\leqq 6 \quad かつ \quad 0<c\leqq 6$$
$$4\leqq c<7 \quad かつ \quad 0<c\leqq 6$$
よって,AB($=c$)のとり得る値の範囲は
$$4\leqq c\leqq 6 \qquad ……②$$
(1)と同様にして,正弦定理より
$$\sin\angle\mathrm{ABC}=\frac{b}{2\cdot 3}=\frac{b}{6}$$
であり
$$\mathrm{AD}=c\sin\angle\mathrm{ABC}=c\cdot\frac{b}{6}=\frac{bc}{6}$$
① より
$$\mathrm{AD}=\frac{(14-2c)c}{6}=-\frac{1}{3}c^2+\frac{7}{3}c$$
$$=-\frac{1}{3}\left(c-\frac{7}{2}\right)^2+\frac{49}{12}$$
② の範囲を考えて,$c=4$ のとき AD は最大となり
最大値 **4**

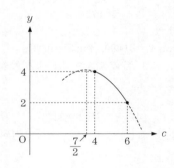

第2問
〔1〕(数学Ⅰ 2次関数/集合と命題)
Ⅲ [1][2][4][5],Ⅱ [1][2] 【難易度…★★】
$$x^2+px+q=0 \qquad ……①$$
$$x^2+qx+p=0 \qquad ……②$$
(1) $p=4$,$q=-4$ のとき,① の解は
$$x^2+4x-4=0$$
$$\therefore\ x=-2\pm 2\sqrt{2}$$
② の解は
$$x^2-4x+4=0$$
$$(x-2)^2=0$$
$$\therefore\ x=2 \quad (重解)$$
よって,$n=\mathbf{3}$ である.
$p=1$,$q=-2$ のとき,① の解は
$$x^2+x-2=0$$
$$(x-1)(x+2)=0$$
$$\therefore\ x=1,\ -2$$
② の解は
$$x^2-2x+1=0$$
$$(x-1)^2=0$$
$$\therefore\ x=1 \quad (重解)$$
よって,$n=\mathbf{2}$ である.
(2) $p=-6$ のとき,①,② より
$$x^2-6x+q=0 \qquad ……①'$$
$$x^2+qx-6=0 \qquad ……②'$$
$n=3$ になるのは,次のような場合である.
(ⅰ) ①′ が重解をもつ
(ⅱ) ②′ が重解をもつ
(ⅲ) ①′ と ②′ が共通の解をもつ
(ⅰ)の場合
①′ の判別式を D_1 とすると
$$\frac{D_1}{4}=9-q=0 \quad \therefore\ q=9$$
このとき ①′ の重解は $x=3$ であり,②′ の解は
$$x^2+9x-6=0$$
$$\therefore\ x=\frac{-9\pm\sqrt{105}}{2}$$
よって,$n=3$ である.
(ⅱ)の場合
②′ の判別式を D_2 とすると
$$D_2=q^2+24>0$$
よって,②′ は重解をもたない.
(ⅲ)の場合
花子さんと太郎さんの会話から,①′ と ②′ の共通

な解を α とすると
$$\alpha^2-6\alpha+q=0 \quad\cdots\cdots\text{①}''$$
$$\alpha^2+q\alpha-6=0 \quad\cdots\cdots\text{②}''$$
②″−①″ より
$$(q+6)\alpha-(q+6)=0$$
$$(q+6)(\alpha-1)=0$$
$$\therefore\ q=-6,\ \alpha=1$$

・$q=-6$ のとき
　①′ と ②′ は一致して
$$x^2-6x-6=0$$
$$\therefore\ x=3\pm\sqrt{15}$$
よって，$n=2$ である．

・$\alpha=1$ のとき
　①″(②″) より $q=5$，このとき ①′ の解は
$$x^2-6x+5=0$$
$$(x-1)(x-5)=0$$
$$\therefore\ x=1,\ 5$$
　②′ の解は
$$x^2+5x-6=0$$
$$(x-1)(x+6)=0$$
$$\therefore\ x=1,\ -6$$
よって，$n=3$ である．

(i)，(ii)，(iii) より，$n=3$ となる q の値は
$$q=\mathbf{5,\ 9}$$

(3) ③ より
$$y=x^2-6x+q$$
$$\ \ =(x-3)^2+q-9$$
③のグラフは，頂点の座標が $(3,\ q-9)$ の下に凸の放物線であり，q の値が1から増加するとき，頂点は点 $(3,\ -8)$ から y 軸の正の方向に移動する．よって，グラフの移動の様子を示しているのは **❻**

④ より
$$y=x^2+qx-6$$
$$\ \ =\left(x+\frac{q}{2}\right)^2-\frac{q^2}{4}-6$$
④のグラフは，頂点の座標が $\left(-\dfrac{q}{2},\ -\dfrac{q^2}{4}-6\right)$ の下に凸の放物線であり，q の値が1から増加するとき
$$-\frac{q}{2}\ は\ -\frac{1}{2}\ から減少する$$
$$-\frac{q^2}{4}-6\ は\ -\frac{25}{4}\ から減少する$$
よって，頂点は x 座標も y 座標も減少する方向に移動するので，グラフの移動の様子を示しているのは **❶**

(4) (2) より $5<q<9$ ……⑤ である．
$$f(x)=x^2-6x+q$$
$$g(x)=x^2+qx-6$$
とおくと
$$A=\{x\,|\,f(x)<0\}$$
$$B=\{x\,|\,g(x)<0\}$$

(3) より，$y=f(x)$ の頂点の座標は $(3,\ q-9)$ であり，⑤ から $q-9<0$ であるから，$y=f(x)$ のグラフは x 軸と2点で交わる．

$y=g(x)$ の頂点の座標は $\left(-\dfrac{q}{2},\ -\dfrac{q^2}{4}-6\right)$ であり ⑤ から $-\dfrac{9}{2}<-\dfrac{q}{2}<-\dfrac{5}{2}$ であるから，頂点は $-\dfrac{9}{2}<x<-\dfrac{5}{2}$ の範囲にあり，また $-\dfrac{q^2}{4}-6<0$ から $y=g(x)$ のグラフは x 軸と2点で交わる．
さらに
$$f(1)=g(1)=q-5>0$$
に注意すると，2つのグラフの概形は次のようになる．

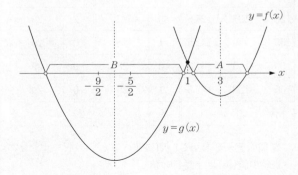

よって，$A\ne\varnothing$，$B\ne\varnothing$ であり，$A\cap B=\varnothing$ であるから
$x\in A$ は，$x\in B$ であるための必要条件でも十分条件でもない．(**❸**)

また，$B\subset\overline{A}\ (B\ne\overline{A})$ であるから
$x\in B$ は，$x\in\overline{A}$ であるための十分条件であるが，必要条件ではない．(**❶**)

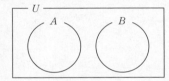

(注) (2)(ⅲ)より，$a=1$ は①′ と②′ の共通な解であるから $f(1)=g(1)$ に注意．

〔2〕（数学Ⅰ　データの分析）
　　　Ⅴ①②③　　　　　　　　　【難易度…★】

(1)　図1と図2のヒストグラムから，教員1人あたりの学習者数について，次の度数分布表を得る．

階　級（人）	階級値	2009年度(国数) 度数	累積度数	2018年度(国数) 度数	累積度数
0 以上～ 15 未満	7.5	0	0	1	1
15 　～ 30	22.5	11	11	9	10
30 　～ 45	37.5	6	17	11	21
45 　～ 60	52.5	4	21	2	23
60 　～ 75	67.5	3	24	1	24
75 　～ 90	82.5	2	26	2	26
90 　～105	97.5	0	26	1	27
105 　～120	112.5	1	27	0	27
120 　～135	127.5	0	27	2	29
135 　～150	142.5	1	28	0	29
150 　～165	157.5	0	28	0	29
165 　～180	172.5	1	29	0	29
合　　計		29		29	

29個のデータを小さい順に並べると
　　最小値(m)は1番目の値
　　第1四分位数(Q_1)は7番目と8番目の値の平均値
　　中央値(Q_2)は15番目の値
　　第3四分位数(Q_3)は22番目と23番目の値の平均値
　　最大値(M)は29番目の値
であるから，上の度数分布表よりそれぞれの値を含む階級とその階級値は次のようになる．

	2009 年度		2018 年度	
	階　　級	階級値	階　　級	階級値
m	15 以上～ 30 未満	22.5	0 以上～ 15 未満	7.5
Q_1	15 　～ 30	22.5	15 　～ 30	22.5
Q_2	30 　～ 45	37.5	30 　～ 45	37.5
Q_3	60 　～ 75	67.5	45 　～ 60	52.5
M	165 　～180	172.5	120 　～135	127.5

・2009年度と2018年度の中央値(Q_2)が含まれる階級の階級値は，いずれも37.5であり等しい．（②）

・2009年度と2018年度の第1四分位数(Q_1)が含まれる階級の階級値は，いずれも22.5であり等しい．（②）

・第3四分位数(Q_3)が含まれる階級の階級値は，2009年度は67.5，2018年度は52.5であるから，2018年度の方が小さい．（⓪）

・2009年度の範囲$(M-m)$は 165−30＝135 以上であり，2018年度の範囲$(M-m)$は，135 未満であるから，2018年度の方が小さい．（⓪）

・2009年度の四分位範囲(Q_3-Q_1)は，60−30＝30 以上，75−15＝60 未満の値であり，2018年度の四分位範囲(Q_3-Q_1)は，45−30＝15 以上，60−15＝45 未満の値であるから，両者の大小を判断できない．（③）

(2)　図3の箱ひげ図から，2009年度における教育機関1機関あたりの学習者数について，おおよそ，次のように読み取ることができる．
　　　　最小値　　　　$m=50$
　　　　第1四分位数　$Q_1=85$
　　　　中央値　　　　$Q_2=145$
　　　　第3四分位数　$Q_3=240$
　　　　最大値　　　　$M=485$
4つの散布図 ⓪～④ のうち
　　　　$m=50$ と矛盾するものはない
　　　　$Q_1=85$ と矛盾するものは①，③
　　　　$Q_2=145$ と矛盾するものは③
　　　　$Q_3=240$ と矛盾するものは⓪
　　　　$M=485$ と矛盾するものは①
　よって，散布図として最も適当なものは❷である．

(3)　表1から，S と T の相関係数は

$$\frac{(S と T の共分散)}{(S の標準偏差) \times (T の標準偏差)} = \frac{735.3}{39.3 \times 29.9}$$
$$= 0.625 \cdots$$
$$\fallingdotseq \mathbf{0.63}$$

(4) S と T の相関係数が 0.63 であることから，⓪と②の散布図は適当ではないと思われる．

また，散布図 ① では S の平均値は 81.8 より大きく，T の平均値も 72.9 より大きいと読み取ることができる．散布図 ③ は表1の値と矛盾がない．

よって，最も適当な散布図は**③**である．

第3問 （数学 A　場合の数と確率）
Ⅵ [1][2][5][7]　　　　　【難易度…★★】

プレゼントの交換会に参加する人を A，B，C，…… とし，各参加者が持参したプレゼントをそれぞれ小文字で a, b, c, …… とする．

(1)(i) 2人で交換会を開く場合，2人の参加者を A，B とする．

2人でプレゼントを交換するとき，プレゼントの受け取り方は
$$(A, B) = (a, b), (b, a)$$
の2通りあり，このうち交換会が終了するのは
$$(A, B) = (b, a)$$
の場合であるから，**1** 通りである．

よって，1回目の交換で交換会が終了する確率は
$$\mathbf{\frac{1}{2}}$$

(ii) 3人で交換会を開く場合，3人の参加者を A，B，C とする．

3人でプレゼントを交換するとき，プレゼントの受け取り方は
$$(A, B, C) = (a, b, c), (a, c, b),$$
$$(b, a, c), (b, c, a),$$
$$(c, a, b), (c, b, a)$$
の $3! = 6$ 通りあり，このうち交換会が終了するのは
$$(A, B, C) = (b, c, a), (c, a, b)$$
の場合であり，**2** 通りある．

よって，1回目の交換で交換会が終了する確率は
$$\frac{2}{6} = \mathbf{\frac{1}{3}}$$

(iii) 3人で交換会を開く場合，1回の交換で交換会が終了しない確率は，(ii) より
$$1 - \frac{1}{3} = \frac{2}{3}$$
であるから，1回目から4回目までの交換で交換会が終了しない確率は
$$\left(\frac{2}{3}\right)^4 = \frac{16}{81}$$

よって，4回以下の交換で交換会が終了する確率は，余事象を考えて
$$1 - \frac{16}{81} = \mathbf{\frac{65}{81}}$$

(2) 4人で交換会を開く場合，プレゼントを配る方法は全部で $4! = 24$ 通りある．

(i) 4人のうち，ちょうど1人が自分の持参したプレ

— 数 I A 83 —

ゼントを受け取る場合，自分の持参したプレゼントを受け取る1人を選ぶ方法は

$$_4C_1 = 4 \text{ 通り}$$

残りの3人が自分以外の人の持参したプレゼントを受け取る方法は(1)(ii)より

2 通り

であるから，求める場合の数は

$$4 \cdot 2 = 8 \text{ 通り}$$

(ii) 4人のうち，ちょうど2人が自分の持参したプレゼントを受け取る場合，自分の持参したプレゼントを受け取る2人を選ぶ方法は

$$_4C_2 = 6 \text{ 通り}$$

残りの2人が自分以外の人の持参したプレゼントを受け取る方法は，(1)(i)より

1 通り

であるから，求める場合の数は

$$6 \cdot 1 = 6 \text{ 通り}$$

(iii) 4人のうち，3人が自分の持参したプレゼントを受け取るのは，4人全員が自分の持参したプレゼントを受け取る場合であるから，その方法は

1 通り

(i)，(ii)，(iii)より，1回目の交換で交換会が終了しない受け取り方の総数は

$$8 + 6 + 1 = \mathbf{15}$$

したがって，1回目の交換で交換会が終了する受け取り方は

$$24 - 15 = 9 \text{ 通り}$$

であり，その確率は

$$\frac{9}{24} = \frac{3}{8}$$

(3) 5人で交換会を開く場合，プレゼントを配る方法は全部で 5! = 120 通りある．

(2)の場合と同様にして，1回目の交換で交換会が終了しないプレゼントの受け取り方の総数を求める．

・5人のうち，ちょうど1人が自分の持参したプレゼントを受け取る場合の数は

$$_5C_1 \cdot 9 = 45 \text{ 通り}$$

・5人のうち，ちょうど2人が自分の持参したプレゼントを受け取る場合の数は

$$_5C_2 \cdot 2 = 20 \text{ 通り}$$

・5人のうち，ちょうど3人が自分の持参したプレゼントを受け取る場合の数は

$$_5C_3 \cdot 1 = 10 \text{ 通り}$$

・5人全員が自分の持参したプレゼントを受け取る場合の数は

1 通り

よって，1回目の交換で交換会が終了しない受け取り方の総数は

$$45 + 20 + 10 + 1 = 76 \text{ 通り}$$

したがって，1回目の交換で交換会が終了する受け取り方の総数は

$$120 - 76 = 44 \text{ 通り}$$

であり，その確率は

$$\frac{44}{120} = \frac{11}{30}$$

(4) A，B，C，D，Eの5人で交換会を開く場合，A，B，C，Dがそれぞれ自分以外の人の持参したプレゼントを受け取るのは，次の場合がある．

・A，B，C，D，Eの5人全員が，それぞれ自分以外の人の持参したプレゼントを受け取る場合で，この場合の数は(3)より

44 通り

・A，B，C，Dの4人が，それぞれ自分以外の人の持参したプレゼントを受け取り，Eは自分が持参したプレゼントを受け取る場合で，この場合の数は(2)より

9 通り

よって，求める条件付き確率は

$$\frac{44}{44 + 9} = \frac{44}{53}$$

(注) 交換会に参加した全員が，自分以外の人の持参したプレゼントを受け取るように交換する方法を完全順列などという．

第 4 問 （数学 A　整数の性質）

Ⅶ ③ ⑤　　　　　　　　　　　【難易度…★★】

(1) 　　　$5^4x - 2^4y = 1$ 　　　　　　……①

$5^4 = 625,\ 2^4 = 16$ であり

　　　　$625 = 16 \cdot 39 + 1$

であるから

　　　　$625 - 16 \cdot 39 = 1$

　　　　$5^4 \cdot 1 - 2^4 \cdot 39 = 1$ 　　　　　……①′

よって，①の整数解のうち，x が正で最小になるのは

　　　　$x = 1,\ y = 39$

①−①′ より

　　　　$5^4(x-1) - 2^4(y-39) = 0$

　　　　$5^4(x-1) = 2^4(y-39)$

5^4 と 2^4 は互いに素であるから，①の整数解は

　　　　$\begin{cases} x-1 = 2^4 k \\ y-39 = 5^4 k \end{cases}$

　　　　$\begin{cases} x = 2^4 k + 1 \\ y = 5^4 k + 39 \end{cases}$ 　　$(k$ は整数$)$

と表される.

①の整数解のうち，x が 2 桁の正の整数で最小になるのは，$k=1$ のときで

　　　　$x = 2^4 + 1 = \mathbf{17},\ y = 5^4 + 39 = \mathbf{664}$

(2) 　　$625^2 = (5^4)^2 = 5^8 = 5^5 \cdot 5^3$

であるから，625^2 は 5^5 で割り切れる.

(1) より，$m = 39$ とすると

　　　　$625 = 2^4 m + 1$

であるから

　　　　$625^2 = (2^4 m + 1)^2$

　　　　　　　$= 2^8 m^2 + 2^5 m + 1$

　　　　　　　$= 2^5(2^3 m^2 + m) + 1$

よって，625^2 を 2^5 で割ったときの余りは 1 である.

(3) 　　　$5^5 x - 2^5 y = 1$ 　　　　　　……②

$x,\ y$ を②の整数解とする. ② より

　　　　$5^5 x = 2^5 y + 1$

であるから

　　$5^5 x$ は 5^5 の倍数であり，かつ，2^5 で割ると 1 余る数である.

一方，(2) より

　　625^2 は 5^5 の倍数であり，かつ，2^5 で割ると 1 余る数である.

よって

　　$5^5 x - 625^2$ は 5^5 の倍数，かつ，2^5 の倍数である.

5^5 と 2^5 は互いに素であるから

　　$5^5 x - 625^2$ は $5^5 \cdot 2^5$ の倍数である.

したがって

　　　　$5^5 x - 625^2 = 5^5 \cdot 2^5 \ell$ 　　$(\ell$ は整数$)$

と表されるので，両辺を 5^5 で割ると

　　　　$x - 5^3 = 2^5 \ell$

　　　　$\therefore\ x = 2^5 \ell + 5^3 = 32\ell + 125$

②の整数解のうち，x が 3 桁の正の整数で最小になるのは $\ell = 0$ のときで

　　　　$x = \mathbf{125}$

このとき，②より

　　　　$y = \dfrac{5^5 \cdot 125 - 1}{2^5} = \mathbf{12207}$

（注） ②は

　　　　$5^4 \cdot 5x - 2^4 \cdot 2y = 1$

と変形できるので，①の一般解を利用して

　　　　$\begin{cases} 5x = 2^4 k + 1 = 15k + (k+1) \\ 2y = 5^4 k + 39 \end{cases}$

と表される整数 $x,\ y$ を求める.

k は奇数かつ $k+1$ は 5 の倍数であることに注意して，x が 3 桁の正の整数で最小になるのは，$k = 39$ のときで

　　　　$x = 125,\ y = 12207$

(4) 　$11^4 = 14641,\ 2^4 = 16$ であり

　　　　$14641 = 16 \cdot 915 + 1$

　　　　$11^4 = 2^4 \cdot 915 + 1$

(2)と同様にして，$M = 915$ とすると

　　　　$11^4 = 2^4 M + 1$

であるから

　　　　$11^8 = (2^4 M + 1)^2$

　　　　　　　$= 2^8 M^2 + 2^5 M + 1$

　　　　　　　$= 2^5(2^3 M^2 + M) + 1$

よって，11^8 を 2^5 で割ったときの余りは 1 である.

不定方程式

　　　　$11^5 x - 2^5 y = 1$ 　　　　　　……③

について，$x,\ y$ を③の整数解とすると

　　　　$11^5 x = 2^5 y + 1$

であるから

　　$11^5 x$ は 11^5 の倍数であり，かつ，2^5 で割ると 1 余る数である.

一方

　　11^8 は 11^5 の倍数であり，かつ，2^5 で割ると 1 余る数である.

よって

　　$11^5 x - 11^8$ は 11^5 の倍数，かつ，2^5 の倍数である.

— 数 I A 85 —

11^5 と 2^5 は互いに素であるから
$11^5 x - 11^8$ は $11^5 \cdot 2^5$ の倍数である．
したがって
$$11^5 x - 11^8 = 11^5 \cdot 2^5 n \quad (n \text{ は整数})$$
と表されるので，両辺を 11^5 で割ると
$$x - 11^3 = 2^5 n$$
$$\therefore \quad x = 2^5 n + 11^3 = 32n + 1331$$
③ の整数解のうち，x が正の整数で最小になるのは $n = -41$ のときで
$$x = 32 \cdot (-41) + 1331 = \mathbf{19}$$
このとき，③ より
$$y = \frac{11^5 \cdot 19 - 1}{2^5} = \mathbf{95624}$$

(注) 不定方程式
$$11^4 x - 2^4 y = 1$$
の一般解は
$$\begin{cases} x = 2^4 p + 1 \\ y = 11^4 p + 915 \end{cases} \quad (p \text{ は整数})$$
と表される．
(3)の場合と同様にして，③ は
$$11^4 \cdot 11 x - 2^4 \cdot 2 y = 1$$
と変形できるので
$$\begin{cases} 11 x = 2^4 p + 1 = 11 p + (5p + 1) \\ 2 y = 11^4 p + 915 \end{cases}$$
と表される整数 x, y を求める．
p は奇数かつ $5p + 1$ は 11 の倍数であることに注意して，x が正の整数で最小になるのは，$p = 13$ のときで
$$x = 19, \quad y = 95624$$

第5問 （数学A 図形の性質） 【難易度…★】
Ⅷ ②③④

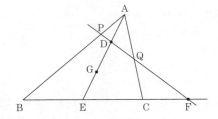

点 F が辺 BC の C 側の延長上にある場合を考える．
(1) 点 G は △ABC の重心であるから
$$AG : GE = 2 : 1$$
$$BE : EC = 1 : 1$$
点 D が線分 AG の中点であるとき
$$AD = DG = GE$$
であるから
$$\frac{AD}{DE} = \mathbf{\frac{1}{2}}$$
△ABE と直線 PF にメネラウスの定理を用いると
$$\frac{AP}{PB} \cdot \frac{BF}{FE} \cdot \frac{ED}{DA} = 1 \quad \cdots\cdots ①$$
が成り立つので
$$\frac{AP}{BP} \cdot \frac{BF}{EF} \cdot \frac{2}{1} = 1$$
$$\therefore \quad \frac{BP}{AP} = 2 \cdot \frac{BF}{EF} \quad \left(\frac{\mathbf{0}}{\mathbf{3}}\right) \quad \cdots\cdots ②$$
また，△AEC と直線 DF にメネラウスの定理を用いると
$$\frac{AD}{DE} \cdot \frac{EF}{FC} \cdot \frac{CQ}{QA} = 1 \quad \cdots\cdots ③$$
が成り立つので
$$\frac{1}{2} \cdot \frac{EF}{CF} \cdot \frac{CQ}{AQ} = 1$$
$$\therefore \quad \frac{CQ}{AQ} = 2 \cdot \frac{CF}{EF} \quad \left(\frac{\mathbf{2}}{\mathbf{3}}\right) \quad \cdots\cdots ④$$
②，④ より
$$\frac{BP}{AP} + \frac{CQ}{AQ} = 2\left(\frac{BF}{EF} + \frac{CF}{EF}\right)$$
$$= 2 \cdot \frac{BF + CF}{EF}$$
ここで
$$BF + CF = (BC + CF) + CF$$
$$= BC + 2CF$$

$$= 2EC + 2CF$$
$$= 2(EC + CF)$$
$$= 2EF$$

であるから
$$\frac{BF + CF}{EF} = 2 \quad \cdots\cdots ⑤$$

よって
$$\frac{BP}{AP} + \frac{CQ}{AQ} = 2 \cdot 2 = \mathbf{4} \quad \cdots\cdots ⑥$$

(2)

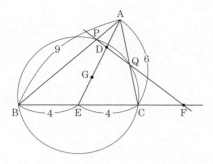

方べきの定理より
$$AP \cdot AB = AQ \cdot AC$$
が成り立つので
$$AP \cdot 9 = AQ \cdot 6$$
$$\therefore \quad AQ = \frac{\mathbf{3}}{\mathbf{2}} AP$$

$AP = x$, $AQ = y$ とおくと
$$y = \frac{3}{2} x \quad \cdots\cdots ⑦$$

⑥ より
$$\frac{9-x}{x} + \frac{6-y}{y} = 4$$
$$\frac{9}{x} - 1 + \frac{6}{y} - 1 = 4$$
$$\therefore \quad \frac{3}{x} + \frac{2}{y} = 2 \quad \cdots\cdots ⑧$$

⑦ を ⑧ に代入して
$$\frac{3}{x} + \frac{2}{\frac{3}{2}x} = 2$$
$$\frac{13}{3x} = 2$$
$$\therefore \quad x = \frac{13}{6}$$

⑦ より
$$y = \frac{3}{2} \cdot \frac{13}{6} = \frac{13}{4}$$

よって
$$AP = \frac{\mathbf{13}}{\mathbf{6}}, \quad AQ = \frac{\mathbf{13}}{\mathbf{4}}$$

このとき，$CQ = 6 - \frac{13}{4} = \frac{11}{4}$ であり
$$\frac{CQ}{AQ} = \frac{\frac{11}{4}}{\frac{13}{4}} = \frac{11}{13}$$

$CF = z$ とおくと，④ より
$$\frac{11}{13} = 2 \cdot \frac{z}{4+z}$$
$$11(4+z) = 26z$$
$$\therefore \quad z = \frac{44}{15}$$

よって
$$CF = \frac{\mathbf{44}}{\mathbf{15}}$$

(3) $\dfrac{DE}{AD} = a$ とおく．① より
$$\frac{BP}{AP} = \frac{DE}{AD} \cdot \frac{BF}{EF} = a \cdot \frac{BF}{EF}$$

③ より
$$\frac{CQ}{AQ} = \frac{DE}{AD} \cdot \frac{CF}{EF} = a \cdot \frac{CF}{EF}$$

であるから，⑤ より
$$\frac{BP}{AP} + \frac{CQ}{AQ} = a \cdot \frac{BF + CF}{EF} = a \cdot 2 = 2a$$

よって，$\dfrac{BP}{AP} + \dfrac{CQ}{AQ} = 10$ となるのは，$2a = 10$ すなわち $a = 5$ のときである．このとき
$$AD = \frac{1}{6} AE$$
$$DG = AG - AD = \frac{2}{3} AE - \frac{1}{6} AE = \frac{1}{2} AE$$

であるから
$$\frac{AD}{DG} = \frac{\frac{1}{6} AE}{\frac{1}{2} AE} = \frac{\mathbf{1}}{\mathbf{3}}$$

(注) 点 F が辺 BC の B 側の延長上にある場合も，同様にして求めることができる．

2021 年度

大学入学共通テスト
本試験（第 1 日程）

解答・解説

'21
解答・解説

■数学Ⅰ・A　得点別偏差値表　平均点：57.68／標準偏差：19.49／受験者数：356,493

得 点	偏差値	得 点	偏差値	得 点	偏差値	得 点	偏差値	得 点	偏差値
100	71.7	80	61.5	60	51.2	40	40.9	20	30.7
99	71.2	79	60.9	59	50.7	39	40.4	19	30.2
98	70.7	78	60.4	58	50.2	38	39.9	18	29.6
97	70.2	77	59.9	57	49.7	37	39.4	17	29.1
96	69.7	76	59.4	56	49.1	36	38.9	16	28.6
95	69.1	75	58.9	55	48.6	35	38.4	15	28.1
94	68.6	74	58.4	54	48.1	34	37.9	14	27.6
93	68.1	73	57.9	53	47.6	33	37.3	13	27.1
92	67.6	72	57.3	52	47.1	32	36.8	12	26.6
91	67.1	71	56.8	51	46.6	31	36.3	11	26.0
90	66.6	70	56.3	50	46.1	30	35.8	10	25.5
89	66.1	69	55.8	49	45.5	29	35.3	9	25.0
88	65.6	68	55.3	48	45.0	28	34.8	8	24.5
87	65.0	67	54.8	47	44.5	27	34.3	7	24.0
86	64.5	66	54.3	46	44.0	26	33.7	6	23.5
85	64.0	65	53.8	45	43.5	25	33.2	5	23.0
84	63.5	64	53.2	44	43.0	24	32.7	4	22.5
83	63.0	63	52.7	43	42.5	23	32.2	3	21.9
82	62.5	62	52.2	42	42.0	22	31.7	2	21.4
81	62.0	61	51.7	41	41.4	21	31.2	1	20.9
								0	20.4

数　　学　　2021年度　第1日程　数学Ⅰ・数学A　（100点満点）

（解答・配点）

問題番号（配点）	解答記号		正解	自己採点欄
第1問 (30)	（ア x＋イ）（x－ウ）	(2)	$(2x+5)(x-2)$	
	$\dfrac{-エ\pm\sqrt{オカ}}{キ}$	(2)	$\dfrac{-5\pm\sqrt{65}}{4}$	
	$\dfrac{ク+\sqrt{ケコ}}{サ}$	(2)	$\dfrac{5+\sqrt{65}}{2}$	
	シ	(2)	6	
	ス	(2)	3	
	$\dfrac{セ}{ソ}$	(2)	$\dfrac{4}{5}$	
	タチ	(2)	12	
	ツテ	(2)	12	
	ト	(1)	②	
	ナ	(1)	⓪	
	ニ	(1)	①	
	ヌ	(3)	③	
	ネ	(2)	②	
	ノ	(2)	②	
	ハ	(2)	⓪	
	ヒ	(2)	③	
小　計				
第2問 (30)	ア	(3)	②	
	イウ x＋$\dfrac{エオ}{5}$	(3)	$-2x+\dfrac{44}{5}$	
	カ.キク	(2)	2.00	
	ケ.コサ	(3)	2.20	
	シ.スセ	(2)	4.40	
	ソ	(2)	③	
	タとチ	(4)（各2）	①と③（解答の順序は問わない）	
	ツ	(2)	①	
	テ	(3)	④	
	ト	(3)	⑤	
	ナ	(3)	②	
小　計				

（注）　第1問，第2問は必答。第3問～第5問のうちから2問選択。計4問を解答。

問題番号（配点）	解答記号		正解	自己採点欄
第3問 (20)	$\dfrac{ア}{イ}$	(2)	$\dfrac{3}{8}$	
	$\dfrac{ウ}{エ}$	(3)	$\dfrac{4}{9}$	
	$\dfrac{オカ}{キク}$	(3)	$\dfrac{27}{59}$	
	$\dfrac{ケコ}{サシ}$	(2)	$\dfrac{32}{59}$	
	ス	(3)	③	
	$\dfrac{セソタ}{チツテ}$	(4)	$\dfrac{216}{715}$	
	ト	(3)	⑧	
小　計				
第4問 (20)	ア	(1)	2	
	イ	(1)	3	
	ウ，エ	(3)	3, 5	
	オ	(2)	4	
	カ	(2)	4	
	キ	(1)	8	
	ク	(2)	1	
	ケ	(2)	4	
	コ	(1)	5	
	サ	(2)	③	
	シ	(3)	6	
小　計				
第5問 (20)	$\dfrac{ア}{イ}$	(2)	$\dfrac{3}{2}$	
	$\dfrac{ウ\sqrt{エ}}{オ}$	(2)	$\dfrac{3\sqrt{5}}{2}$	
	カ$\sqrt{キ}$	(2)	$2\sqrt{5}$	
	$\sqrt{ク}r$	(2)	$\sqrt{5}\,r$	
	ケ$-r$	(2)	$5-r$	
	$\dfrac{コ}{サ}$	(2)	$\dfrac{5}{4}$	
	シ	(2)	1	
	$\sqrt{ス}$	(2)	$\sqrt{5}$	
	$\dfrac{セ}{ソ}$	(2)	$\dfrac{5}{2}$	
	タ	(2)	①	
小　計				
合　計				

— 数ⅠA 90 —

解　説

第1問

〔1〕（数学Ⅰ　数と式）
　　Ⅰ ①②　　　　　　　　　　【難易度…★】
$$2x^2+(4c-3)x+2c^2-c-11=0 \quad \cdots\cdots ①$$

(1) $c=1$ のとき，① より
$$2x^2+x-10=0$$
$$(2x+5)(x-2)=0$$
$$\therefore \quad x=-\frac{5}{2},\ 2$$

(2) $c=2$ のとき，① より
$$2x^2+5x-5=0$$
$$\therefore \quad x=\frac{-5\pm\sqrt{65}}{4}$$

大きい方の解 α は $\alpha=\frac{-5+\sqrt{65}}{4}$ であるから
$$\frac{1}{\alpha}=\frac{4}{-5+\sqrt{65}}=\frac{4}{\sqrt{65}-5}\cdot\frac{\sqrt{65}+5}{\sqrt{65}+5}$$
$$=\frac{5+\sqrt{65}}{10}$$
$$\frac{5}{\alpha}=\frac{5+\sqrt{65}}{2}$$

$8^2<65<9^2$ より $8<\sqrt{65}<9$ であるから
$$\frac{13}{2}<\frac{5}{\alpha}<7$$

よって，$m<\frac{5}{\alpha}<m+1$ を満たす整数 m は
$$m=6$$

(3) ① より
$$x=\frac{-(4c-3)\pm\sqrt{(4c-3)^2-4\cdot 2(2c^2-c-11)}}{4}$$
$$=\frac{-(4c-3)\pm\sqrt{97-16c}}{4}$$

① の解が異なる2つの有理数であるための条件は
　　$97-16c$ が正の平方数になること
である．c は正の整数であることから，次の表を得る．

c	1	2	3	4	5	6
$97-16c$	81	65	49	33	17	1

よって，求める c の値は

$c=1,\ 3,\ 6$
であり，**3** 個ある．

〔2〕（数学Ⅰ　図形と計量）
　　Ⅳ ①②③　　　　　　　　　　【難易度…★★】

(1) $\cos A=\frac{3}{5}$ より
$$\sin A=\sqrt{1-\cos^2 A}=\sqrt{1-\left(\frac{3}{5}\right)^2}=\frac{4}{5}$$
$$\triangle ABC=\frac{1}{2}bc\sin A=\frac{1}{2}\cdot 6\cdot 5\cdot\frac{4}{5}=\mathbf{12}$$
$$\triangle AID=\frac{1}{2}\cdot AI\cdot AD\cdot\sin\angle DAI$$
$$=\frac{1}{2}bc\sin(180°-A)$$
$$=\frac{1}{2}bc\sin A$$
$$=\mathbf{12}$$

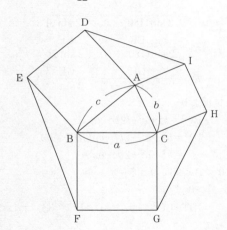

(2) $S_1=a^2$, $S_2=b^2$, $S_3=c^2$ から
$$S_1-S_2-S_3=a^2-b^2-c^2$$
余弦定理より
$$\cos A=\frac{b^2+c^2-a^2}{2bc}$$
であるから
・$0°<A<90°$ のとき
　$\cos A>0$ より　$b^2+c^2-a^2>0$
　　$\therefore\ S_1-S_2-S_3<0$　（**②**）
・$A=90°$ のとき
　$\cos A=0$ より　$b^2+c^2-a^2=0$
　　$\therefore\ S_1-S_2-S_3=0$　（**⓪**）

・$90°<A<180°$ のとき
 $\cos A<0$ より $b^2+c^2-a^2<0$
 $\therefore S_1-S_2-S_3>0$ (①)

(3) (1)と同様にして
$$T_1=\frac{1}{2}bc\sin(180°-A)=\frac{1}{2}bc\sin A$$
$$T_2=\frac{1}{2}ca\sin(180°-B)=\frac{1}{2}ca\sin B$$
$$T_3=\frac{1}{2}ab\sin(180°-C)=\frac{1}{2}ab\sin C$$
よって
$$T_1=T_2=T_3=\triangle ABC \quad (③)$$

(4) $\triangle ABC$ の外接円の半径を R_0 として，$\triangle AID$, $\triangle BEF$, $\triangle CGH$ の外接円の半径を，それぞれ R_A, R_B, R_C とする．正弦定理より
$$R_0=\frac{BC}{2\sin A}=\frac{CA}{2\sin B}=\frac{AB}{2\sin C}$$
$$R_A=\frac{ID}{2\sin(180°-A)}=\frac{ID}{2\sin A}$$
$$R_B=\frac{EF}{2\sin(180°-B)}=\frac{EF}{2\sin B}$$
$$R_C=\frac{GH}{2\sin(180°-C)}=\frac{GH}{2\sin C}$$
余弦定理より
$$BC^2=b^2+c^2-2bc\cos A$$
$$ID^2=b^2+c^2-2bc\cos(180°-A)$$
$$=b^2+c^2+2bc\cos A$$

(i) $0°<A<90°$ のとき
 $\cos A>0$ より
  $ID^2>BC^2$ $\therefore$ $ID>BC$ (②)
 よって
$$\frac{ID}{2\sin A}>\frac{BC}{2\sin A} \text{ から } R_A>R_0 \quad (②)$$

(ii) $90°<A<180°$ のとき
 $\cos A<0$ より
  $BC^2>ID^2$ $\therefore$ $BC>ID$
 よって
$$\frac{BC}{2\sin A}>\frac{ID}{2\sin A} \text{ から } R_0>R_A$$

これより，外接円の半径が最も小さい三角形について考えると

・$0°<A<B<C<90°$ のとき
 (i)の場合と同様にして
  $ID>BC$ より $R_A>R_0$
  $EF>CA$ より $R_B>R_0$
  $GH>AB$ より $R_C>R_0$
 よって，外接円の半径が最も小さいのは R_0 であり，三角形は $\triangle ABC$ (⓪)

・$0°<A<B<90°<C$ のとき
 (i), (ii)の場合と同様にして
  $ID>BC$ より $R_A>R_0$
  $EF>CA$ より $R_B>R_0$
  $AB>GH$ より $R_0>R_C$
 よって，外接円の半径が最も小さいのは R_C であり，三角形は $\triangle CGH$ (③)

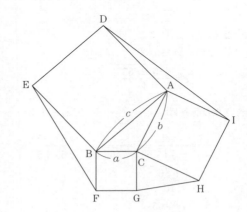

第2問

〔1〕（数学Ⅰ　2次関数）
　　　Ⅲ ③　　　　　　　　　　　　　　【難易度…★】

(1) ストライド x は1歩あたりの進む距離，ピッチ z は1秒あたりの歩数であるから，1秒あたりの進む距離は xz（②）と表される．よって，100 m を走るのにかかる時間（タイム）は

$$（タイム）=\frac{100}{xz} \quad \cdots\cdots①$$

(2) ピッチ z がストライド x の1次関数で表されるとき
$$z = ax + b$$
とおけるので，1回目と2回目のデータより
$$\begin{cases} 4.70 = 2.05a + b \\ 4.60 = 2.10a + b \end{cases}$$
$$\therefore\ a = -2,\ b = 8.8 = \frac{44}{5}$$

よって
$$z = -2x + \frac{44}{5} \quad \cdots\cdots②$$

と表され，3回目のデータも ② を満たす．
ストライドの最大値が 2.40，ピッチの最大値が 4.80 のとき
$$x \leqq 2.40 \quad かつ \quad z \leqq 4.80$$
② より
$$-2x + \frac{44}{5} \leqq 4.80 \ から\ x \geqq 2$$

よって，x の値の範囲は
$$\mathbf{2.00} \leqq x \leqq 2.40 \quad \cdots\cdots③$$

① より $y = xz$ とおき，② を代入すると
$$y = x\left(-2x + \frac{44}{5}\right) = -2x^2 + \frac{44}{5}x$$
$$= -2\left(x - \frac{11}{5}\right)^2 + \frac{242}{25}$$

③ の範囲で，y の値が最大になるのは
$$x = \frac{11}{5} = \mathbf{2.20}$$

のときで，最大値は $\frac{242}{25}$．このとき ② より
$$z = -2 \cdot \frac{11}{5} + \frac{44}{5} = \frac{22}{5} = 4.40$$

よって，タイムが最もよくなるのは，ストライドが 2.20，ピッチが **4.40** のときであり，このときタイムは
$$\frac{100}{\frac{242}{25}} \fallingdotseq 10.33 \quad （③）$$

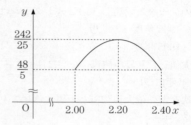

〔2〕（数学Ⅰ　データの分析）
　　　Ⅴ ①②③　　　　　　　　　　　【難易度…★】

(1) 第1次産業の就業者割合について
・四分位範囲は，1975年度から2000年度までは，後の時点になるにしたがって減少している．
・左側のひげの長さより右側のひげの長さの方が長い年度（例えば1990年度）がある．
よって，⓪は正しいが，①は正しくない．
第2次産業の就業者割合について
・中央値は，1990年度以降，後の時点になるにしたがって減少している．
・第1四分位数は，1975年度から1980年度へ，および1985年度から1990年度へは増加している．
よって，②は正しいが，③は正しくない．
第3次産業の就業者割合について
・第3四分位数は，後の時点になるにしたがって増加している．
・最小値は，後の時点になるにしたがって増加している．
よって，④，⑤ともに正しい．
以上より，正しくないものは **①，③**

(2) 47個のデータを小さいものから順に並べて
$$x_1 \leqq x_2 \leqq x_3 \leqq \cdots\cdots \leqq x_{46} \leqq x_{47}$$
とする．このとき，最小値 (m) は x_1，第1四分位数 (Q_1) は x_{12}，中央値 (Q_2) は x_{24}，第3四分位数 (Q_3) は x_{36}，最大値 (M) は x_{47} になる．
図1の箱ひげ図から，1985年度と1995年度のデータは，おおよそ，次のように読みとることができる．

1985年度	m	Q_1	Q_2	Q_3	M
第1次産業	0.5	8	13	19	26
第3次産業	45	50	53	58	69

1995年度	m	Q_1	Q_2	Q_3	M
第1次産業	0.5	5.5	8	13	17
第3次産業	51	54.5	58	63	73

これらのデータと矛盾しないヒストグラムは

       1985 年度 …… ⓪

       1995 年度 …… ④

(注) 最大値(M)と最小値(m)などに注意する.

・1985 年度について

  第 1 次産業の最大値(26)と矛盾するヒストグラムは

  ⓪, ②, ④

  第 3 次産業の最大値(69)と矛盾するヒストグラムは

  ⓪, ②, ④

  第 3 次産業の最小値(45)と矛盾するヒストグラムは

  ②, ③, ④

・1995 年度について

  第 1 次産業の最大値(17)と矛盾するヒストグラムは

  ⓪, ①, ③

  第 3 次産業の最小値(51)と矛盾するヒストグラムは

  ⓪, ①, ③

  第 1 次産業の第 1 四分位数(5.5)と矛盾するヒストグラムは ②, ③

  第 3 次産業の第 1 四分位数(54.5)と矛盾するヒストグラムは ②, ③

(3) 1975 年度から 2015 年度への変化について

(I) 第 1 次産業と第 2 次産業の間の相関は弱くなっている. よって, (I)は誤っている.

(II) 第 2 次産業と第 3 次産業の間の相関は強くなっている. よって, (II)は正しい.

(III) 第 3 次産業と第 1 次産業の間の相関は弱くなっている. よって, (III)は誤っている.

したがって, 正誤の組合せとして正しいものは ⑤

(4) 男性の就業者数と女性の就業者数を合計すると就業者数の全体になることから, 第 1 次産業の就業者数割合と女性の就業者数割合の散布図は, 図 4 の散布図と, 男性の就業者数割合の目盛りが 50 % の直線に関して対称になる.

よって, 最も適当な散布図は ②

第 3 問 (数学 A 場合の数と確率)

VI 5 6 7 【難易度…★】

(1)

当たり … $\frac{1}{2}$	当たり … $\frac{1}{3}$
はずれ … $\frac{1}{2}$	はずれ … $\frac{2}{3}$
A	B

(i) 箱 A, B において, 3 回中ちょうど 1 回当たる確率を, それぞれ p_A, p_B とすると, 反復試行の確率より

$$p_A = {}_3C_1 \cdot \frac{1}{2} \cdot \left(\frac{1}{2}\right)^2 = \frac{3}{8} \qquad \cdots\cdots①$$

$$p_B = {}_3C_1 \cdot \frac{1}{3} \cdot \left(\frac{2}{3}\right)^2 = \frac{4}{9} \qquad \cdots\cdots②$$

(ii) 2 つの箱 A, B において, それぞれの箱を選ぶ確率は $\frac{1}{2}$ であるから, 箱 A を選び, 3 回中ちょうど 1 回当たる確率は

$$P(A \cap W) = \frac{1}{2}p_A = \frac{3}{16}$$

箱 B を選び, 3 回中ちょうど 1 回当たる確率は

$$P(B \cap W) = \frac{1}{2}p_B = \frac{2}{9}$$

よって, A, B どちらか一方の箱を選び, 3 回中ちょうど 1 回当たる確率は

$$P(W) = P(A \cap W) + P(B \cap W)$$
$$= \frac{3}{16} + \frac{2}{9}$$
$$= \frac{59}{144}$$

したがって, 3 回中ちょうど 1 回当たったとき, 選んだ箱が A である条件付き確率は

$$P_W(A) = \frac{P(W \cap A)}{P(W)} = \frac{\frac{3}{16}}{\frac{59}{144}} = \frac{27}{59}$$

選んだ箱が B である条件付き確率は

$$P_W(B) = \frac{P(W \cap B)}{P(W)} = \frac{\frac{2}{9}}{\frac{59}{144}} = \frac{32}{59}$$

(2) 事実(＊)について

$$p_A : p_B = \frac{3}{8} : \frac{4}{9} = 27 : 32$$

— 数 I A 94 —

$$P_W(A) : P_W(B) = \frac{27}{59} : \frac{32}{59} = 27 : 32$$

よって，$P_W(A)$ と $P_W(B)$ の比 （❸）は，① の確率 p_A と ② の確率 p_B の比に等しい.

(注) (ii) の計算より

$$P_W(A) : P_W(B) = P(W \cap A) : P(W \cap B)$$
$$= \frac{1}{2} p_A : \frac{1}{2} p_B$$
$$= p_A : p_B$$

が成り立つ.

(3)

|当たり … $\frac{1}{4}$|
|はずれ … $\frac{3}{4}$|

C

箱 C において，3 回中ちょうど 1 回当たる確率を p_C とすると

$$p_C = {}_3C_1 \cdot \frac{1}{4} \cdot \left(\frac{3}{4}\right)^2 = \frac{27}{64}$$

3 つの箱 A，B，C から 1 つの箱を選ぶ確率は，それぞれ $\frac{1}{3}$ であるから，3 つの箱から 1 つを選び，3 回中ちょうど 1 回当たる事象を W とおくと

$$P(A \cap W) = \frac{1}{3} p_A = \frac{1}{8}$$
$$P(B \cap W) = \frac{1}{3} p_B = \frac{4}{27}$$
$$P(C \cap W) = \frac{1}{3} p_C = \frac{9}{64}$$

よって

$$P(W) = P(A \cap W) + P(B \cap W) + P(C \cap W)$$
$$= \frac{1}{8} + \frac{4}{27} + \frac{9}{64} = \frac{715}{1728}$$

したがって

$$P_W(A) = \frac{P(W \cap A)}{P(W)} = \frac{\dfrac{1}{8}}{\dfrac{715}{1728}} = \mathbf{\frac{216}{715}}$$

(4)

|当たり … $\frac{1}{5}$|
|はずれ … $\frac{4}{5}$|

D

箱 D において，3 回中ちょうど 1 回当たる確率を p_D

とすると

$$p_D = {}_3C_1 \cdot \frac{1}{5} \cdot \left(\frac{4}{5}\right)^2 = \frac{48}{125}$$

4 つの箱 A，B，C，D から 1 つの箱を選ぶ確率は，それぞれ $\frac{1}{4}$ であるから，4 つの箱から 1 つを選び，3 回中ちょうど 1 回当たる事象を W とおくと

$$P_W(A) : P_W(B) : P_W(C) : P_W(D)$$
$$= P(W \cap A) : P(W \cap B) : P(W \cap C) : P(W \cap D)$$
$$= \frac{1}{4} p_A : \frac{1}{4} p_B : \frac{1}{4} p_C : \frac{1}{4} p_D$$
$$= p_A : p_B : p_C : p_D$$

ここで

$$p_A = \frac{3}{8} = 0.375$$
$$p_B = \frac{4}{9} = 0.444\cdots$$
$$p_C = \frac{27}{64} = 0.421875$$
$$p_D = \frac{48}{125} = 0.384$$

であるから，どの箱からくじを引いた可能性が高いかを，可能性が高い方から順に並べると

B，C，D，A　（❽）

第4問 （数学A 整数の性質）
Ⅶ 5 　　　　　　　【難易度…★】

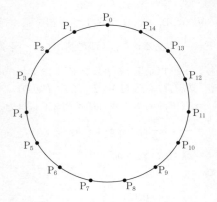

点の移動について，反時計回りを正の向き，時計回りを負の向きとする．

(1) さいころを5回投げて，偶数の目が a 回，奇数の目が b 回出て石が P_1 に移動するならば
$$\begin{cases} a+b=5 \\ 5a-3b=1 \end{cases} \quad \therefore \quad a=\mathbf{2}, \ b=\mathbf{3}$$

（注）石が15個先に移動すると元の点に戻ることから，n を整数として
$$\begin{cases} a+b=5 \\ 5a-3b=1+15n \end{cases}$$
とおくと
$$a=2+\frac{15n}{8}, \ b=3-\frac{15n}{8}$$
a, b は 0 以上の整数であるから，$n=0$ として
$$a=2, \ b=3$$

(2) 　　$5x-3y=8$ 　　……①

(1) より
$$5\cdot2-3\cdot3=1$$
両辺に 8 をかけて
$$5\cdot16-3\cdot24=8 \quad ……②$$
①－② より
$$5(x-16)-3(y-24)=0$$
$$5(x-16)=3(y-24)$$
5 と 3 は互いに素であるから，①の整数解は，k を整数として
$$\begin{cases} x-16=3k \\ y-24=5k \end{cases}$$
つまり
$$\begin{cases} x=16+3k(=2\cdot8+\mathbf{3}k) \\ y=24+5k(=3\cdot8+\mathbf{5}k) \end{cases}$$

と表すことができる．
$0 \leq y < 5$ のとき
$$0 \leq 24+5k < 5$$
$$-\frac{24}{5} \leq k < -\frac{19}{5}$$
k は整数であるから　$k=-4$
よって
$$x=\mathbf{4}, \ y=\mathbf{4}$$
したがって，さいころを 8 回投げて，偶数の目が 4 回，奇数の目が 4 回出れば，石を点 P_8 に移動させることができる．

(3) （＊）に注意すると，さいころを投げて
　　偶数の目が 3 回出る
または
　　奇数の目が 5 回出る
と，石は元の点に戻る．
よって，偶数の目が $4-3=\mathbf{1}$ 回，奇数の目が 4 回出れば，石を点 P_8 に移動させることができる．このとき，さいころは $\mathbf{5}$ 回投げる．

(4) さいころを投げて，偶数の目が x 回，奇数の目が y 回出ると，石は
$$z=5x-3y$$
で表される点に移動する．
さいころを投げる最小回数を考えるとき，（＊）に注意すると，x, y は
$$x=0, 1, 2; y=0, 1, 2, 3, 4 \quad ……③$$
の範囲で考えればよい．
5 と 3 は互いに素であるから，③を満たす 15 組の (x, y) によって，石が移動する点 $P_0, P_1, \cdots\cdots, P_{14}$ が決まる．
したがって，最小回数が最も大きくなるのは
$$x=2, \ y=4$$
の場合で，このとき
$$z=5\cdot2-3\cdot4=-2(=13-15)$$
より，さいころを $\mathbf{6}$ 回投げて，石は点 P_{13}（③）に移動する．

（注）
・さいころを 1 回投げて，移動できる点は
　$(x, y)=(0, 1)$ のとき $z=-3$ … P_{12} （②）
　$(x, y)=(1, 0)$ のとき $z=5$ 　… P_5
・さいころを 2 回投げて，移動できる点は
　$(x, y)=(0, 2)$ のとき $z=-6$ … P_9
　$(x, y)=(1, 1)$ のとき $z=2$ 　… P_2
　$(x, y)=(2, 0)$ のとき $z=10$ … P_{10} （⓪）

・さいころを3回投げて，移動できる点は
 　$(x, y) = (0, 3)$ のとき　$z = -9$　… P_6
 　$(x, y) = (1, 2)$ のとき　$z = -1$　… P_{14}　（④）
 　$(x, y) = (2, 1)$ のとき　$z = 7$　… P_7
・さいころを4回投げて，移動できる点は
 　$(x, y) = (0, 4)$ のとき　$z = -12$　… P_3
 　$(x, y) = (1, 3)$ のとき　$z = -4$　… P_{11}　（①）
 　$(x, y) = (2, 2)$ のとき　$z = 4$　… P_4
・さいころを5回投げて，移動できる点は
 　$(x, y) = (1, 4)$ のとき　$z = -7$　… P_8
 　$(x, y) = (2, 3)$ のとき　$z = 1$　… P_1
・さいころを6回投げて，移動できる点は
 　$(x, y) = (2, 4)$ のとき　$z = -2$　… P_{13}　（③）

第5問　（数学A　図形の性質）
Ⅷ 1 2 4　　　　　　　　　　【難易度…★】

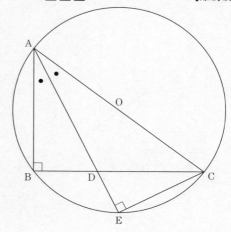

△ABC は ∠ABC＝90° の直角三角形である．
角の二等分線の性質から
　　　　AB：AC＝BD：DC
が成り立つので
　　　　3：5＝BD：DC
よって
　　　　$BD = \dfrac{3}{8}BC = \dfrac{3}{8} \cdot 4 = \boldsymbol{\dfrac{3}{2}}$
△ABD で三平方の定理を用いると
　　　　$AD = \sqrt{AB^2 + BD^2} = \sqrt{3^2 + \left(\dfrac{3}{2}\right)^2} = \boldsymbol{\dfrac{3\sqrt{5}}{2}}$
辺 AC は外接円 O の直径であるから，∠AEC＝90° である．△ABD∽△AEC から相似比を考えて
　　　　$\dfrac{AB}{AE} = \dfrac{AD}{AC}$
が成り立つので
　　　　$\dfrac{3}{AE} = \dfrac{\dfrac{3\sqrt{5}}{2}}{5}$　　∴　$AE = \boldsymbol{2\sqrt{5}}$

（注）　方べきの定理より
　　　　AD・DE＝BD・DC
　が成り立つので
　　　　$\dfrac{3\sqrt{5}}{2} \cdot DE = \dfrac{3}{2} \cdot \dfrac{5}{2}$
　　　　$DE = \dfrac{\sqrt{5}}{2}$
よって

$$AE = AD + DE = \frac{3\sqrt{5}}{2} + \frac{\sqrt{5}}{2} = 2\sqrt{5}$$

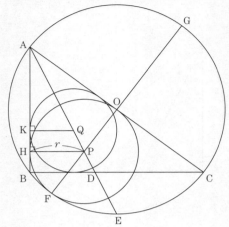

円Pと辺ABとの接点をHとすると，∠AHP=90°，PH=r であり，△AHP∽△ABD から
$$\frac{AH}{AB} = \frac{HP}{BD} = \frac{AP}{AD}$$
が成り立つので
$$\frac{AH}{3} = \frac{r}{\frac{3}{2}} = \frac{AP}{\frac{3\sqrt{5}}{2}}$$
$$\therefore \quad AH = 2r, \quad AP = \sqrt{5}\,r \quad \cdots\cdots ①$$
2円が接するとき，2円の中心と接点は同一直線上にあるので，直線FPは外接円の中心Oを通る．線分FGは円Oの直径になるから
$$FG = AC = 5$$
よって
$$PG = FG - FP = 5 - r$$
方べきの定理から
$$AP \cdot PE = FP \cdot PG$$
が成り立つので
$$\sqrt{5}\,r \cdot (2\sqrt{5} - \sqrt{5}\,r) = r(5-r)$$
$$r(4r - 5) = 0$$
$r > 0$ より
$$r = \frac{5}{4}$$
△ABCの内接円Qの半径を r' とすると，△ABCの面積を考えて
$$\frac{r'}{2}(3+4+5) = \frac{1}{2} \cdot 4 \cdot 3$$
$$r' = 1$$

円Qと辺ABとの接点をKとすると
$$BK = QK = r' = 1$$
から
$$AK = AB - BK = 3 - 1 = 2$$
△AKQで三平方の定理を用いると
$$AQ = \sqrt{AK^2 + QK^2} = \sqrt{2^2 + 1^2} = \sqrt{5}$$
また，① より
$$AH = 2 \cdot \frac{5}{4} = \frac{5}{2}$$
以上から
$$AH \cdot AB = \frac{5}{2} \cdot 3 = \frac{15}{2}$$
$$AQ \cdot AD = \sqrt{5} \cdot \frac{3\sqrt{5}}{2} = \frac{15}{2}$$
$$AQ \cdot AE = \sqrt{5} \cdot 2\sqrt{5} = 10$$
点Aは，3点B，D，Qを通る円の外部，3点B，E，Qを通る円の外部にあり
$$AH \cdot AB = AQ \cdot AD$$
$$AH \cdot AB \neq AQ \cdot AE$$
が成り立つので，方べきの定理の逆により
 ・点Hは3点B，D，Qを通る円の周上にある．
 ・点Hは3点B，E，Qを通る円の周上にはない．
したがって，(a)，(b)の正誤の組合せとして正しいものは **⓪**

駿台文庫の共通テスト対策

過去問演習から本番直前総仕上げまで駿台文庫が共通テスト対策を強力サポート

2024共通テスト対策 実戦問題集

共通テストを徹底分析
「予想問題」＋「過去問」をこの1冊で！

◆駿台オリジナル予想問題5回
◆2023年度共通テスト本試験問題
◆2022年度共通テスト本試験問題
◆2021年度共通テスト本試験問題（第1日程）
　　　　　　　　　　　　　　　　計8回収録

科目　〈全19点〉
- 英語リーディング
- 英語リスニング
- 数学Ⅰ・A
- 数学Ⅱ・B
- 国語
- 物理基礎
- 物理
- 化学基礎
- 化学
- 生物基礎
- 生物
- 地学基礎
- 世界史B
- 日本史B
- 地理B
- 現代社会
- 倫理
- 政治・経済
- 倫理, 政治・経済

B5判／税込 各1,485円
※物理基礎・化学基礎・生物基礎・地学基礎は税込各1,100円

- 駿台講師陣が総力をあげて作成。
- 詳細な解答・解説は使いやすい別冊挿み込み。
- 仕上げは、「直前チェック総整理」で弱点補強。
  （英語リスニングにはついておりません）
- 『英語リスニング』の音声はダウンロード式（MP3ファイル）。
- 『現代社会』は『政治・経済』『倫理, 政治・経済』の一部と重複しています。

2024共通テスト 実戦パッケージ問題『青パック』

6教科全19点各1回分を、1パックに収録。

収録科目
- 英語リーディング
- 英語リスニング
- 数学Ⅰ・A
- 数学Ⅱ・B
- 国語
- 物理基礎
- 物理
- 化学基礎
- 化学
- 生物基礎
- 生物
- 地学基礎
- 世界史B
- 日本史B
- 地理B
- 現代社会
- 倫理
- 政治・経済
- 倫理, 政治・経済

B5判／箱入り　税込1,540円

- 共通テストのオリジナル予想問題。
- 『英語リスニング』の音声はダウンロード式（MP3ファイル）。
- マークシート解答用紙・自己採点集計用紙付。
- わかりやすい詳細な解答・解説。

【短期攻略共通テスト対策シリーズ】

共通テスト対策の短期完成型問題集。
1ヵ月で完全攻略。　　　　※年度版ではありません。

●英語リーディング〈改訂版〉	2023年秋刊行予定	価格未定
●英語リスニング〈改訂版〉	刀祢雅彦編著	1,320円
●数学Ⅰ・A基礎編	吉川浩之・榎明夫共著	1,100円
●数学Ⅱ・B基礎編	吉川浩之・榎明夫共著	1,100円
●数学Ⅰ・A実戦編	榎明夫・吉川浩之共著	880円
●数学Ⅱ・B実戦編	榎明夫・吉川浩之共著	880円
●現代文	奥村・松本・小坂共著	1,100円
●古文	菅野三恵・柳田縁共著	935円
●漢文	久我昌則・水野正明共著	935円
●物理基礎	溝口真己著	935円
●物理	溝口真己著	1,100円
●化学基礎	三門恒雄著	770円
●化学	三門恒雄著	1,100円
●生物基礎	佐野(恵)・布施・佐野(芳)・指田・橋本共著	880円
●生物	佐野(恵)・布施・佐野(芳)・指田・橋本共著	1,100円
●地学基礎	小野雄一著	1,045円
●地学	小野雄一著	1,320円
●日本史B	福井紳一著	1,100円
●世界史B	川西・今西・小林共著	1,100円
●地理B	阿部恵伯・大久保史子共著	1,100円
●現代社会	清水雅博著	1,155円
●政治・経済	清水雅博著	1,155円
●倫理	村中和之著	1,155円
●倫理, 政治・経済	村中和之・清水雅博共著	1,320円

A5判／税込価格は、上記の通りです。

駿台文庫株式会社

〒101-0062 東京都千代田区神田駿河台1-7-4　小畑ビル6階
TEL 03-5259-3301　FAX 03-5259-3006
https://www.sundaibunko.jp

駿台文庫のお薦め書籍

多くの受験生を合格へと導き，先輩から後輩へと受け継がれている駿台文庫の名著の数々。

システム英単語〈5訂版〉
システム英単語Basic〈5訂版〉
霜 康司・刀祢雅彦 共著
システム英単語　　　　B6判　税込1,100円
システム英単語Basic　B6判　税込1,100円

入試数学「実力強化」問題集
杉山義明 著　　B5判　税込2,200円

英語 ドリルシリーズ
英作文基礎10題ドリル	竹岡広信 著　B5判　税込990円	英文法基礎10題ドリル	田中健一 著　B5判　税込990円
英文法入門10題ドリル	田中健一 著　B5判　税込913円	英文読解入門10題ドリル	田中健一 著　B5判　税込935円

国語 ドリルシリーズ
現代文読解基礎ドリル〈改訂版〉	池尻俊也 著　B5判　税込935円	古典文法10題ドリル〈漢文編〉	斉京宣行・三宅崇広 共著　B5判　税込 880円
現代文読解標準ドリル	池尻俊也 著　B5判　税込990円	漢字・語彙力ドリル	霜 栄 著　B5判　税込1,023円
古典文法10題ドリル〈古文基礎編〉	菅野三恵 著　B5判　税込935円		
古典文法10題ドリル〈古文実戦編〉〈三訂版〉	菅野三恵・福沢健・下屋敷雅暁 共著　B5判　税込990円		

生きる シリーズ
霜 栄 著
生きる漢字・語彙力〈三訂版〉　　B6判　税込1,023円
生きる現代文キーワード〈増補改訂版〉　B6判　税込1,023円
共通テスト対応　生きる現代文 随筆・小説語句　B6判　税込 770円

開発講座シリーズ
霜 栄 著
現代文 解答力の開発講座　　　　　　　　　A5判　税込1,320円　**NEW**
現代文 読解力の開発講座〈新装版〉　　　　A5判　税込1,100円
現代文 読解力の開発講座〈新装版〉オーディオブック　税込2,200円

国公立標準問題集CanPass（キャンパス）シリーズ
英語	山口玲児・高橋康弘 共著　A5判　税込 990円	物理基礎+物理	溝口真己・椎名泰司 共著　A5判　税込1,210円
数学I・A・II・B〈改訂版〉	桑畑信泰・古梶裕之 共著　A5判　税込1,210円	化学基礎+化学	犬塚壮志 著　A5判　税込1,210円
数学III〈改訂版〉	桑畑信泰・古梶裕之 共著　A5判　税込1,100円	生物基礎+生物	波多野善崇 著　A5判　税込1,210円
現代文	清水正史・多田圭太朗 共著　A5判　税込 990円		
古典	白鳥永興・福田忍 共著　A5判　税込 924円		

東大入試詳解シリーズ〈第2版〉
25年 英語　　　25年 現代文　　25年 化学　　25年 世界史
20年 英語リスニング　25年 古典　　25年 生物　　25年 地理
25年 数学〈文科〉　20年 物理・上　25年 日本史
25年 数学〈理科〉　20年 物理・下
A5判（物理のみB5判）　全て税込2,530円
※2023年秋〈第3版〉刊行予定（物理・下は除く）

京大入試詳解シリーズ〈第2版〉
25年 英語　　25年 現代文　　25年 化学　　20年 日本史
25年 数学〈文系〉　25年 古典　　15年 生物　　20年 世界史
25年 数学〈理系〉　　　　　　　25年 物理
A5判　各税込2,750円　生物は税込2,530円
※生物は第2版ではありません

2024-駿台 大学入試完全対策シリーズ 大学・学部別

A5判／税込2,750〜6,050円

【国立】
- ■北海道大学〈文系〉　前期
- ■北海道大学〈理系〉　前期
- ■東北大学〈文系〉　前期
- ■東北大学〈理系〉　前期
- ■東京大学〈文科〉　前期※
- ■東京大学〈理科〉　前期※
- ■一橋大学　前期※
- ■東京工業大学　前期
- ■名古屋大学〈文系〉　前期
- ■名古屋大学〈理系〉　前期
- ■京都大学〈文系〉　前期
- ■京都大学〈理系〉　前期
- ■大阪大学〈文系〉　前期
- ■大阪大学〈理系〉　前期
- ■神戸大学〈文系〉　前期
- ■神戸大学〈理系〉　前期
- ■九州大学〈文系〉　前期
- ■九州大学〈理系〉　前期

【私立】
- ■早稲田大学　法学部
- ■早稲田大学　文化構想学部
- ■早稲田大学　文学部
- ■早稲田大学　教育学部-文系
- ■早稲田大学　商学部
- ■早稲田大学　社会科学部
- ■早稲田大学　基幹・創造・先進理工学部
- ■慶應義塾大学　法学部
- ■慶應義塾大学　経済学部
- ■慶應義塾大学　理工学部
- ■慶應義塾大学　医学部

※リスニングの音声はダウンロード式（MP3ファイル）

2024-駿台 大学入試完全対策シリーズ 実戦模試演習

B5判／税込1,980〜2,530円

- ■東京大学への英語※
- ■東京大学への数学
- ■東京大学への国語
- ■東京大学への理科(物理・化学・生物)
- ■東京大学への地理歴史
　（世界史B・日本史B・地理B）

※リスニングの音声はダウンロード式（MP3ファイル）

- ■京都大学への英語
- ■京都大学への数学
- ■京都大学への国語
- ■京都大学への理科(物理・化学・生物)
- ■京都大学への地理歴史
　（世界史B・日本史B・地理B）
- ■大阪大学への英語※
- ■大阪大学への数学
- ■大阪大学への国語
- ■大阪大学への理科(物理・化学・生物)

駿台文庫株式会社
〒101-0062 東京都千代田区神田駿河台1-7-4　小畑ビル6階
TEL 03-5259-3301　FAX 03-5259-3006
https://www.sundaibunko.jp

① 20230706